John Medina

# Brain Rules für den Job

## Erfolgreich arbeiten im Büro und Homeoffice

Aus dem amerikanischen Englisch
von Angelika Pfaller

Geschützte Warennamen (Warenzeichen) werden nicht besonders kenntlich gemacht. Aus dem Fehlen eines solchen Hinweises kann also nicht geschlossen werden, dass es sich um einen freien Warennamen handelt. Der Verlag weist ausdrücklich darauf hin, dass im Text enthaltene externe Links vom Verlag nur bis zum Zeitpunkt des Redaktionsschlusses eingesehen werden konnten. Auf spätere Veränderungen hat der Verlag keinerlei Einfluss. Eine Haftung des Verlages ist daher ausgeschlossen.

**Bibliografische Information der Deutschen Nationalbibliothek**
Die Deutsche Nationalbibliothek verzeichnet diese Publikation in der Deutschen Nationalbibliografie; detaillierte bibliografische Daten sind im Internet über http://www.dnb.de abrufbar.



Anregungen und Zuschriften bitte an:
Hogrefe AG
Lektorat Psychologie
Länggass-Strasse 76
3012 Bern
Schweiz
Tel. +41 31 300 45 00
info@hogrefe.ch
www.hogrefe.ch

Lektorat: Dr. Susanne Lauri
Herstellung: Daniel Berger
Umschlagabbildung: Tascha Rassadornyindee/EyeEm, gettyimages.com
Umschlaggestaltung: Claude Borer, Riehen
Satz: Claudia Wild, Konstanz
Druck und buchbinderische Verarbeitung: Multiprint Ltd., Kostinbrod
Printed in Bulgaria
Auf säurefreiem Papier gedruckt

Das vorliegende Buch ist eine Übersetzung aus dem amerikanischen Englisch. Der Originaltitel „Brain Rules for Work – The Science of Thinking Smarter in the Office and at Home“ von John Medina ist 2021 bei Pear Press in Seattle, WA, erschienen.


1. Auflage 2023


(E-Book-ISBN_PDF 978-3-456-96237-5)
(E-Book-ISBN_EPUB 978-3-456-76237-1)
ISBN 978-3-456-86237-8
https://doi.org/10.1024/86237-000

Brain Rules für den Job

# Brain Rules für den Job

John Medina

*Meinem lieben Freund Bruce Hosford,*
*einem der warmherzigsten Menschen, die ich kenne.*

# Inhaltsverzeichnis

# Zehn Brain Rules für den Job

1. Teams sind produktiver, aber nur, wenn sie aus den richtigen Leuten bestehen.
2. Ihr Arbeitstag könnte sich ein bisschen anders darstellen und anfühlen als bisher. Planen Sie entsprechend.
3. Das Gehirn entwickelte sich in der freien Natur und denkt, dass es immer noch dort lebt.
4. Scheitern sollte eine Option sein – solange Sie daraus lernen.
5. Leader brauchen eine Menge Empathie und ein klein wenig Bereitschaft zur Härte.
6. Macht ist wie Feuer. Sie kann für warme Mahlzeiten sorgen oder Ihr Haus niederbrennen.
7. Berühren Sie Ihr Publikum emotional, dann haben Sie seine Aufmerksamkeit – zumindest für zehn Minuten.
8. Sie können Konflikte lösen, indem Sie Ihre Gedanken verändern. Ein Bleistift hilft dabei ungemein.
9. Ihr „Arbeitsgehirn“ und Ihr „Heimgehirn“ sind ein und dasselbe. Sie haben nur ein Gehirn, aber es funktioniert an beiden Orten.
10. Für Veränderungen braucht es mehr als Entschlossenheit und Geduld.

# Einleitung

Vor einiger Zeit hielt ich eine Vorlesung an einer Business School. Gleich zu Beginn stellte ich den Studierenden[1] die Frage: „Warum haben Handschuhe fünf Finger?"

Ich wartete kurz, ob jemand auf meine Frage antworten würde, aber da aus dem Publikum nur vereinzelt Gelächter und irritierte Blicke kamen, gab ich mir selbst die Antwort: „Ganz einfach: weil wir an jeder Hand fünf Finger haben!" Als Reaktion darauf erntete ich noch mehr Gelächter, und bestimmt auch mehr Irritation. Schließlich waren die Studierenden gekommen, um zu hören, was ein Neurowissenschaftler über die Geschäftswelt zu sagen hatte, die in ein paar Jahren *ihnen* gehören würde. Was in aller Welt könnten Handschuhe und Finger mit ihrer Arbeit oder ihrem Gehirn – oder gar beidem – zu tun haben?

„Tja", fuhr ich augenzwinkernd fort, „bestimmt fragen Sie sich, warum ich Ihnen so offensichtliche Weisheiten mitteile. Ganz einfach: Genau wie Ihre Hand fünf Finger hat, besitzt auch Ihr Gehirn eine bestimmte kognitive Form. Es ist so angelegt, dass es auf gewisse Umgebungen äußerst produktiv reagiert – aber in anderen ist seine Produktivität gleich null." Insofern, argumentierte ich weiter, sei Ergonomie nicht nur ein Thema für unsere Hände, sondern auch für unser Denken. Meine eindringliche Empfehlung lautete deshalb: „Wenn Sie einen Arbeitsplatz so einrichten möchten, dass dort optimale Leistungen erzielt werden können, sollten Sie das kognitive Äquivalent des Fünf-Finger-Handschuhs berücksichtigen."

Da dies in Unternehmen meist *nicht* der Fall ist, lud ich meine Zuhörer zu einem Gedankenexperiment ein: Was wäre, wenn Arbeitsplätze *tatsächlich* so auf das Gehirn zugeschnitten wären wie Handschuhe auf die Hand? Wie sähen Unternehmen aus, die wissenschaftliche Erkenntnisse über das Gehirn und seine Funktionen für ihre Geschäfte nutzen? Wie wären ihre Führungsstrukturen aufgebaut? Wie sähen die physischen Arbeitsplätze dort aus? In welchem Umfeld würden Kreativität, Produktivität und die Fähigkeit, Dinge einfach durchzuziehen, am besten gedeihen?

---

1 In diesem Buch wird auf eine gendergerechte Sprache geachtet, dennoch soll der Text gut lesbar bleiben. Aus diesem Grund werden nicht immer alle Geschlechterformen genannt oder das Gender-Sternchen gesetzt. Es sind jedoch immer Frauen, Männer und nicht binäre Personen gemeint.

Fragen wie diese zu beantworten, ist das Ziel dieses Buches. Wir befassen uns damit, wie Ihre Produktivität am Arbeitsplatz durch die Anwendung verhaltensbezogener und kognitiver Neurowissenschaft gesteigert werden kann. Sich mit deren Ergebnissen auseinanderzusetzen, ist definitiv relevant für Sie, ob Sie nun im schicken Eckbüro am Firmenhauptsitz oder in der zum Homeoffice umfunktionierten Abstellkammer arbeiten. Betrachten Sie es als Training der kognitiven Ergonomie.

Dennoch haben Sie es hier mit einem eher untypischen Buch über Arbeit zu tun. Bei so gut wie jedem Konzept, auf das wir Bezug nehmen, hatte Charles Darwin seine fachkundigen Hände im Spiel. Anhand seiner evolutionären Theorien gehen wir folgender zentraler Fragestellung nach: Wie arbeiten wir mit einem Gehirn, das zwar im 21. Jahrhundert betrieben wird, aber immer noch denkt, es würde in der urzeitlichen Serengeti leben? Wir beschäftigen uns damit, wie dieses glibberige, drei Pfund schwere Problemlösungsgenie, das exakt darauf programmiert ist, Mammuts zu erlegen und Beeren zu pflücken, stattdessen lernt, Meetings zu leiten und Kalkulationstabellen zu analysieren.

Manchmal fügt sich das Gehirn nur widerwillig. Es ist schließlich noch nicht lange genug im Trainingslager der Zivilisation, um die Fesseln des Pleistozäns – der prähistorischen Epoche, in der sich das Organ im Schädel der ersten modernen Menschen herausbildete – vollständig zu überwinden. Hin und wieder passt es sich dem modernen Leben aber auch anstandslos an, vor allem dann, wenn wir seine inneren Mechanismen gut genug durchschauen, um im Einklang *mit* seinen natürlichen Präferenzen statt *gegen* sie zu arbeiten. Kurz gesagt, wir beleuchten in diesem Buch, wie der wissenschaftliche Aspekt des Verhaltens den wirtschaftlichen Aspekt unseres Handelns prägt.

Dabei gehen wir nach zehn *Brain Rules* vor, die wissenschaftlich validierte Erkenntnisse über das Gehirn enthalten. Jede dieser „Regeln" lässt sich auf einen anderen Bereich des Arbeitslebens anwenden. Bei einigen geht es um spezielle berufliche Themen wie Personalauswahl oder Präsentationen, bei anderen dagegen um allgemeinere Fragestellungen von der Arbeitsplatzgestaltung bis zum Umgang mit anderen Menschen. Wir finden heraus, warum Sie nach Zoom-Meetings immer so müde sind, und ergründen, was Sie in Ihrem Büro – egal ob zu Hause oder in der Firma – verändern könnten, um produktiver zu sein (ein Tipp vorweg: Stellen Sie Pflanzen auf). Außerdem erfahren wir, warum sich Menschen nach einer Beförderung mehr für Sex interessieren. Wir erforschen die kognitiv-neurowissenschaftlichen Grundlagen von Kreativität und Teamarbeit und lernen die effektivsten Methoden kennen, um bei PowerPoint-Präsentationen zu glänzen. Zum Schluss klären wir dann, warum Veränderungen für die meisten Menschen so schwierig sind. Aus all diesem Wissen „erstricken" wir uns Masche für Masche unseren Fünf-Finger-Handschuh, um in Zukunft cleverer zu arbeiten.

## Das Gehirn ist unglaublich

Beginnen wir mit einigen Hintergrundinformationen. Zunächst ein paar Worte zu mir, Ihrem Handschuh-Ausstatter.

Ich bin molekularer Entwicklungsbiologe mit einem besonderen Forschungsinteresse an der Genetik psychiatrischer Störungen. Diesem Interesse gehe ich beruflich sowohl im wissenschaftlichen als auch im wirtschaftlichen Kontext nach: Einerseits bin ich außerordentlicher Professor für Bioingenieurwesen an der University of Washington und andererseits analytischer Berater für kommerzielle Unternehmen in der Privatwirtschaft. Aus letzterem Engagement ergab sich der eingangs erwähnte Vortrag an der Business School.

Im Rahmen meiner Tätigkeiten ist es mir ein großes Anliegen, Erkenntnisse aus der Hirnforschung auf Aspekte unseres täglichen Lebens zu übertragen. Ich habe sogar drei Bücher geschrieben, wo es genau darum geht (*Gehirn und Erfolg*, *Brain Rules für Ihr Baby* und *Brain Rules fürs Älterwerden*), und bin nach wie vor zutiefst beeindruckt von den Fähigkeiten des Gehirns. Um mein Publikum an dieser Faszination teilhaben zu lassen, eröffne ich meine Vorträge und Bücher immer mit einem konkreten Fallbeispiel.

Dieser Tradition folgend, möchte ich mit einem unspektakulären Typen und seiner ziemlich spektakulären Gehirnerschütterung beginnen. Jason Padgett war ein unterdurchschnittlicher Student und hatte das College abgebrochen. Im Grunde genommen interessierte er sich hauptsächlich für seine Muskeln und seine Vokuhila-Frisur. Er hasste Mathe, liebte *Mädels* (um es in seinen Worten auszudrücken), und sein Leben bestand in erster Linie aus „Party machen". Bei einer dieser Partys wurde Jason brutal angegriffen und bewusstlos geschlagen. Als er in der Notaufnahme wieder zu sich kam, hatte er eine schwere Gehirnerschütterung. Die Ärzte injizierten ihm ein starkes Schmerzmittel und schickten ihn nach Hause. Ab diesem Zeitpunkt war er ein völlig anderer.

Seitdem Jason wieder bei Bewusstsein war, nahm er die Umrisse von Menschen zunehmend geometrisch wahr. Innerhalb weniger Tage begann er aus heiterem Himmel, ziemlich detaillierte mathematische Formen zu zeichnen. Einmal – er war noch nicht vollständig genesen – fertigte er solche Skizzen in einem Einkaufszentrum an. Dort wurde ein Mann auf seine Zeichnungen aufmerksam und sprach ihn an. „Hallo, ich bin Physiker", stellte er sich vor und fragte: „Woran arbeiten Sie hier?" Und dann sagte der Mann etwas, das Jasons Leben verändern sollte: „Das sieht mir danach aus, als würden Sie versuchen, das Raum-Zeit-Kontinuum und diskrete Strukturen des Universums darzustellen."

Jason war perplex. Der Unbekannte lächelte und fragte: „Haben Sie schon einmal darüber nachgedacht, einen Mathekurs zu belegen?"

Als Jason den Vorschlag des Physikers schließlich in die Tat umsetzte, machte er eine ebenso überraschende wie komische Entdeckung: Aus dem Partylöwen Jason war ein Mathematikgenie geworden. Seine quantitative Superkraft bestand darin, mathematische Fraktale – komplexe geometrische Gebilde – zeichnen zu können. Daraus entwickelte sich rasch ein breites Spektrum an weiteren mathematischen Fähigkeiten. Wissenschaftler aus Finnland, die Jasons Gehirn untersuchten, fanden heraus, dass ihm durch seine Verletzungen ein vollständiger Zugang zu mathematikspezifischen Hirnregionen möglich wurde, wo er zuvor kaum über die Grundrechenarten hinausgekommen war. Das Ganze war jedoch eine zwiespältige Angelegenheit, denn gleichzeitig entwickelte er eine Zwangsstörung und lebte einige Jahre lang zurückgezogen als Eremit.

Es kommt bei Inselbegabten äußerst selten vor, dass ihr besonderes Talent so plötzlich einsetzt, wie es bei Jason der Fall war. In der Literatur werden nur rund 40 solcher Fälle mit erworbenem Savant-Syndrom beschrieben, und nicht alle davon sind Mathegenies. Andere zeigen plötzlich herausragende Fertigkeiten im Zeichnen oder Schreiben oder entwickeln ungewöhnliche mechanische Fähigkeiten. Wir haben keine Ahnung, wie eine solche Veränderung zustande kommt. Jason Padgetts Ansicht nach schlummern in uns allen verborgene kognitive Superkräfte – es geht nur darum, Zugang zu ihnen finden.

Das ist vielleicht ein bisschen hochgegriffen, aber allein der Gedanke, dass es so sein könnte, ist überwältigend und nur einer von vielen Gründen, warum mich das Gehirn so fasziniert und mir bei meiner Arbeit niemals langweilig wird.

(Ach ja: Versuchen Sie zu Hause bitte nicht, Jasons Fall nachzustellen. Die meisten Menschen mit so schweren Verletzungen wie er wachen nicht als Albert Einstein auf. Manche wachen sogar überhaupt nicht mehr auf.)

## Energiefresser

Um die wissenschaftliche Betrachtungsweise von Menschen wie Jason zu verstehen, brauchen wir ein rudimentäres Verständnis davon, wie das Gehirn arbeitet. Wir alle – ob Genies oder Normalos – haben eine verblüffende und fast schon lästige Veranlagung: Unser Gehirn ist permanent darauf aus, Energie zu sparen. Es verhält sich wie ein nerviger Vater oder eine nervige Mutter, die uns ständig erinnern, das Licht auszuschalten, wenn wir aus dem Zimmer gehen. Das Gehirn überwacht, wie viel Energie vom Körper verbraucht wird, wie viel er benötigt und wodurch der Tank wieder aufgefüllt werden kann. Diese Berechnungen beanspruchen einen so großen Teil seiner „Arbeitszeit", dass manche Wissenschaftler sogar der Ansicht sind, Energiesparen sei seine *Hauptfunktion*. Die Hirnforscherin Lisa Feldman Barrett formuliert es so:

*Jede Handlung, die Sie vollziehen (oder nicht vollziehen), basiert auf einer ökonomischen Entscheidung – Ihr Gehirn wägt ab, ob es an der Zeit ist Ressourcen einzusetzen oder sie einzusparen.*

Das Gehirn hat einen berechtigten Grund, sich viele Gedanken um die Ressourcen zu machen, denn beim Energieverbrauch verhält es sich wie ein drei Pfund schweres SUV: Es macht zwar nur zwei Prozent unseres Körpergewichts aus, schluckt aber 20 Prozent des zur Verfügung stehenden Treibstoffs.

Das mag sich nach viel anhören, aber 20 Prozent reichen gerade einmal aus, damit das Gehirn überhaupt funktioniert. Es hat einfach zu viel zu tun (– das sollten Sie immer im Hinterkopf haben, wenn Sie eine Präsentation ausarbeiten). Um seiner Überlastung entgegenzuwirken, versucht es ständig, sich das Leben leichter zu machen. Beispielsweise reduziert es das, worauf es seine Aufmerksamkeit richtet. Am besten lässt sich das an der visuellen Informationsverarbeitung verdeutlichen: Das Auge konfrontiert das Gehirn zunächst mit einer schwindelerregenden Informationsflut von 10 Milliarden Bit pro Sekunde, aber dann treten die Energiewächter in Aktion. Bis die Informationen im hinteren Teil des Gehirns ankommen (die Bereiche, wo Sie tatsächlich etwas zu sehen beginnen), haben sie die Übertragungsrate bereits auf lächerliche 10 000 Bit pro Sekunde gedrosselt.

Das Gehirn macht sich so viele Gedanken um seine Energiereserven, dass es sich selbst ständig per Livestream mit Vorhersagen versorgt, wie viel Energie zu bestimmten Zeitpunkten jeweils benötigt wird, um zu überleben. Aber seine Prognosen beschränken sich nicht auf die Treibstoffreserve, sondern beziehen sich auch auf viele andere Bereiche: von den Absichten anderer Menschen bis hin zu den besten Strategien zu ihrer Beeinflussung. Wenn Sie ein Unternehmen leiten oder Führungskraft werden möchten, könnte diese Information nützlich sein.

## Eine süße Ladung

Welche Art von Energieressourcen konsumiert das Gehirn eigentlich? Und was macht es aus dieser Energie?

Die Antwort auf die erste Frage ist allen Süßigkeiten-Fans geläufig. Unser Gehirn verbraucht hauptsächlich Zucker (Glukose), und zwar über ein Viertel Pfund pro Tag. Die Antwort auf die zweite Frage lässt sich in einem Wort zusammenfassen: *Elektrizität*. Das Gehirn verwandelt Zucker in elektrische Energie und erfüllt damit den Großteil seiner Aufgaben. Dazu gehört unter anderem, Informationen von einer Hirnregion zur anderen zu schicken.

Um diesem elektrischen Informationsaustausch zu lauschen, müssen Sie sich nur ein paar Elektroden auf die Kopfhaut kleben. Da gibt es einiges zu hören, auch wenn Sie denken, Ihr Gehirn hätte gerade nichts zu tun. Schließlich muss es viele lebensnotwendige Prozesse am Laufen halten, zum Beispiel Ihren Herzschlag und Ihre Atmung. Beides erfordert Energie.

Wie viel Energie benötigt das Gehirn? Wissenschaftler aus Stanford haben überschlagen, dass ein Roboter für alle Aufgaben, die ein ganz normales Gehirn im Ruhezustand ausführt, 10 Megawatt Strom bräuchte. Das entspricht der durchschnittlichen Produktion eines kleinen Staudamms. Das Gehirn wendet für diese Aufgaben lediglich 12 Watt auf – etwa so viel wie eine kleine Glühbirne. Kein Wunder, dass es sich so viele Gedanken um seine Energiereserven macht!

Wie kam es dazu, dass unser Gehirn gleichermaßen zum Energiefresser und zum Energiesparer mutiert ist? Um dies zu verstehen, müssen wir ein bisschen tiefer in unserer evolutionären Vergangenheit graben. Und genau das tun wir in den folgenden Buchkapiteln.

Dabei wird uns klar, dass wir nicht von Anfang an mit einem so leistungsstarken 12-Watt-Gehirn gesegnet waren. Die erste Version war viel kleiner und kaum von einem Primatengehirn zu unterscheiden. Seine direkten Nachkommen sind heute noch im zentralafrikanischen Dschungel anzutreffen.

Außerdem erfahren wir, dass sich unsere Entwicklung vor etwa sechs bis neun Millionen Jahren von der unserer affenartigen Verwandten abzuspalten begann. Die Gründe dafür verlieren sich im Dunkel der Vorzeit. Im Zuge dessen haben wir die Fortbewegung auf allen Vieren aufgegeben und uns stattdessen für den viel riskanteren Gang auf zwei Beinen entschieden, bei dem wir unser Körpergewicht fortwährend von einem Fuß auf den anderen verlagern müssen. Eine potenziell gefährliche Entwicklung, denn unser Schwerpunkt verschob sich dadurch nach oben. Das außerordentlich wichtige und empfindliche Gehirn in unserem Schädel (der kolossale acht Prozent unseres Körpergewichts ausmacht) war nun der am weitesten vom Boden entfernte Körperteil. Das Gleichgewicht zu halten, wurde zur Überlebensfrage. Einige Forscher sind der Ansicht, dass diese Veränderung eine ganze Reihe neuer Anforderungen an die Gehirnfunktion gestellt und dadurch unserer kognitiven Überlegenheit den Weg bereitet hat. Unsere Gehirne wurden größer, komplizierter und brauchten immer mehr Treibstoff.

Wie fast alles in der Paläontologie des Menschen sind viele Aspekte dieser Entwicklungsgeschichte einschließlich ihrer zeitlichen Verortung umstritten. Eigentlich ist das Einzige, worüber sich die Wissenschaftler einig sind, dass Stehen eine gewisse Zeit lang keine große Rolle spielte. Bis wir drei Millionen Jahre alt waren, hatten wir lediglich gelernt, mit teilweise bearbeiteten Gesteinsbrocken auf andere Dinge einzuschlagen. Doch das sollte sich ändern.

## Erste Bündnisse

Das Zusammentreffen mehrerer geologischer Ereignisse führte vor mehr als zwei Millionen Jahren zu einer dramatischen Veränderung des Erdklimas. Es wurde insgesamt kühler, und der feuchte afrikanische Dschungel, wo unsere Vorfahren (die Hominiden) beheimatet waren, begann auszutrocknen. Unser zuvor so beständiges Klima wurde ziemlich instabil. Die Aridisierung Afrikas hatte begonnen. Sie führte zu einer Ausdehnung der Sahara und ist ein Prozess, der bis heute anhält.

Für uns barg diese Entwicklung ein gewisses Katastrophenpotenzial. Den Großteil unserer Zeit über hatten wir ein feucht-nasses Klima genossen, in dem wir relativ leicht überleben konnten. Nun aber war die Situation komplizierter geworden. Wir konnten unsere Nahrung nicht mehr einfach von den Bäumen pflücken und mit einem Schluck Wasser aus dem Fluss um die Ecke hinunterspülen. Durch die Umstände wurden wir zwangsläufig von Wald- zu Steppenbewohnern. Unsere Vorfahren überlebten den Übergang von der Nass- zur Trockenperiode, indem sie zu nicht sesshaften Jägern und Sammlern wurden und in trockeneren Gefilden umherzogen: der afrikanischen Savanne. Um den Anforderungen dieses Lebensstils gerecht zu werden, war es nötig, sich nahezu komplett zu verändern.

Mit dem Wegfall der Lebensmittelversorgung aus dem Regenwald waren wir gezwungen, bei der Suche nach Nahrung und Wasser immer längere Strecken zu Fuß zurückzulegen. Derlei Veränderungen setzten unsere im Umbauprozess befindlichen, energiehungrigen Gehirne neuerlich unter Druck. Unter allen Umständen mussten wir (a) uns merken, wo wir waren, (b) uns entscheiden, wohin wir wollten, und (c) herausfinden, wie wir von dort, wo wir waren, an den Ort kämen, wo wir hinwollten. Es ist kein Zufall, dass uns genau dieselbe Hirnregion, die für die Gedächtnisbildung zuständig ist (der Hippocampus), auch bei der räumlichen Orientierung in der Ebene unterstützt.

Durch den Klimawandel mussten wir nicht nur lernen, uns in unserer physischen Umgebung zurechtzufinden, sondern auch in unseren sozialen Beziehungen. Mit anderen zu kooperieren, wurde in der Savanne rasch zur Überlebensfrage. Sie fragen sich weshalb? Im Vergleich zu fast allen anderen Raubtieren unserer Größe waren (und sind) wir eine körperlich ziemlich schwache Spezies. Unsere Eckzähne sind so klein und stumpf, dass es sogar eine Herausforderung ist, ein komplett durchgebratenes Steak zu kauen. Unsere Fingernägel (oder Klauen) kommen oft nicht einmal gegen Plastikverpackungen an.

Diese Defizite stellten uns vor eine evolutionäre Wahl: entweder körperlich größer zu werden und damit einem ähnlichen „Wachstumsplan" zu folgen wie die Elefanten – die evolutionäre Entwicklung eines riesenhaften Körperbaus würde allerdings eine halbe Ewigkeit dauern. Oder intelligenter zu werden, indem wir ein paar neuronale Netze umbauen und eine Entwicklung vorantreiben, die ohnehin bereits eingesetzt hatte: den Aufbau sozialer Beziehungen zu anderen Menschen. Eine solche Veränderung würde nicht so viel Zeit in Anspruch nehmen wie der Versuch, die Größe eines Elefanten zu erreichen, aber die gleiche Wirkung erzielen. Über das daraus resultierende Konzept des *Verbündeten* würden wir unsere Biomasse effektiv verdoppeln, ohne unsere Biomasse tatsächlich zu verdoppeln.

Angesichts der Tatsache, dass die Körpergröße eines durchschnittlichen Hominiden aus dem Pliozän auf 160 Zentimeter geschätzt wird, können Sie sich denken, welchen Weg wir eingeschlagen haben.

## Mammutkooperationen

Die Kooperation mit anderen hat sich als nützlich erwiesen. Wir konnten dadurch Projekte verwirklichen, die alleine unmöglich gewesen wären – genau wie heute. Es gibt grandiose Beispiele dafür, was 160 Zentimeter große Menschen als Gruppe zustande bringen, wenn sie sich gut organisieren. Zum Beispiel können sie Profis für das Anlegen von Fallgruben werden.

Ein paar Meilen nördlich von Mexiko-Stadt wurden ein paar dieser verhängnisvollen Gruben von Bauarbeitern entdeckt, die eigentlich eine Mülldeponie ausheben sollten. Die Arbeiter fanden außerdem mehrere Hundert Mammutknochen, alle auf zwei Gruben konzentriert. Insgesamt wurden 14 Mammuts sowie urzeitliche Überreste von Kamelen und Pferden gefunden. Keines der Tiere wies Anzeichen eines natürlichen Todes auf. Natürlich waren das nicht die einzigen prähistorischen Fanggruben, die je entdeckt wurden, aber dieser Fund war besonders merkwürdig: Die Tiere waren getötet, geschlachtet, gehäutet und ritualisiert worden; bei einem waren die Knochen in „symbolischer Formation" angeordnet – so bezeichneten es die Forscher. Von jedem Mammut fehlte die linke Schulter; die Wissenschaftler konnten sich also nur über rechte Schultern die Köpfe zerbrechen. Alle Mammutschädel standen auf dem Kopf.

Nach Ansicht der Forscher waren diese ungewöhnlichen Gruben das Werk prähistorischer Jäger: Sie hoben sie aus und scheuchten die Tiere hinein, um sie dort mit Speeren zu töten. Mit rund 1,70 Metern Tiefe und 25 Metern Durchmesser waren die Gruben definitiv groß genug dafür; möglicherweise befand sich auch Schlamm darin. Außerdem fanden sich Hinweise auf eine längere Reihe von Gruben neben diesen beiden, was auf ein riesiges Tötungsareal von industriellem Ausmaß schließen lässt.

Wozu das Ganze? Ein ausgewachsenes Mammut hatte eine Schulterhöhe von über drei Metern und wog ca. acht Tonnen. Ein 160 Zentimeter großer Mensch hätte keine Chance gehabt, auch nur eines dieser Tiere im Alleingang zu erlegen – und, wie gesagt: Dort befanden sich 14 Skelette. Um ein gut funktionierendes Franchisesystem zur Mammutschlachtung zu entwickeln, mussten die prähistorischen Jäger und Sammler ihre Anstrengungen koordinieren. Und tatsächlich war aus praktisch jedem physischen Detail der Funde in Mexiko-Stadt auf Kooperativität zu schließen, vom Graben der Löcher über das mundgerechte Zerlegen der Beute bis hin zur Ausgestaltung der Rituale.

Einige Aspekte dieser Geschichte werden kontrovers diskutiert und selbstverständlich noch genauer erforscht. Unstrittig ist jedoch die Tatsache, dass die Evolution dazu in der Lage war, ein nur 160 Zentimeter großes Wesen zum mächtigsten Raubtier der Steinzeit zu machen.

## Verbindungen

Spulen wir ein paar Millionen Jahre vor. Wir wissen heute, dass das Gehirn eines der wirkmächtigsten Problemlösungswerkzeuge ist, das die Evolution hervorgebracht hat. Aber wie funktioniert es? Was zeichnet es aus? Wofür benötigt es so viel Energie? Und was finden wir vor, wenn wir einen Blick in unser unglaubliches Gehirn werfen? Zeit für ein paar Grundlagen der Gehirnbiologie.

Es hat viele Jahrhunderte gedauert, dahinterzukommen, dass dieser anschlussfähige Kernel überhaupt etwas Wichtiges tut. Schließlich ist so ein Gehirn einfach nur da, im Gegensatz zum Herzen (das schlägt) oder der Lunge (die atmet). Dementsprechend bestand die frühe Forschung zum Großteil aus langweiligen kartografischen Übungen. Die ersten Neuroanatomen brachen die Schädeldecke auf, sahen sich das Darunterliegende an und verteilten Namen.

Viele Gehirnstrukturen wurden nach ganz alltäglichen Dingen benannt. *Kortex* bedeutet zum Beispiel *Rinde*. Vielleicht erinnerte die dünne Schicht um das Gehirn einen Neuroanatomen an einen Baumstamm. *Thalamus* bedeutet *Schlafzimmer*; möglicherweise dachte jemand, diese Gehirnstruktur sähe danach aus (– tut sie aber nicht). *Amygdala* ist das griechische Wort für *Mandel*. Ihre Form erinnert tatsächlich an die Steinfrucht mit der harten Schale. Im Gehirn gibt es sogar ein Paar kleiner, rundlicher Strukturen mit der Bezeichnung *Mamillarkörper* (von lat. *mamilla* = Brustwarze). Gerüchten zufolge stammt diese von einem Neuro-Kartografen, der bei ihrem Anblick an die Brüste seiner Frau denken musste.

Die frühe Forschung ging davon aus, dass jede Hirnregion hochspezialisiert sei und jeweils dezidiert eigene Aufgaben hätte. Damit lag sie zwar teilweise richtig, aber aus heutiger Sicht ergibt sich ein differenzierteres und dynamischeres Bild von den Gehirnstrukturen und ihren Funktionen. Wir wissen jetzt, dass das Gehirn keine Ansammlung eigentümlich benannter Regionen mit exklusiven Aufgaben ist, sondern aus Hunderten weitläufiger, dynamischer und miteinander verbundener Netzwerken besteht. Ein komplizierteres Kommunikationssystem werden Sie nirgendwo anders finden. Nervenzellen sind als Cluster angeordnet, für die häufig noch die alten Bezeichnungen gebräuchlich sind. Sie können sich diese Cluster wie Städte vorstellen, die über kilometerlange neurale „Straßen“ – die Nervenbahnen – miteinander verbunden sind. In Ihrem Schädel, der ja nicht viel größer als eine Cantaloupe-Melone ist, drängt sich ein Straßennetz von über 800 000 Kilometern. Das entspricht mehr als dem Dreifachen dessen, was das gesamte Highway-Netz der Vereinigten Staaten aufzubieten hat.

Natürlich bestehen diese Netzwerke nicht aus gehärtetem Asphalt, sondern aus matschigen Zellen. Im Gehirn gibt es viele verschiedene Zelltypen. Die bekanntesten von ihnen sind die *Nervenzellen* oder *Neuronen*. Ein typisches Neuron sieht aus wie ein verschreckter Wischmopp: ein langer Stiel mit vorgelagertem Kopf, dem die Haare zu Berge stehen. In Ihrem Schädel befinden sich dichtgedrängt etwa 86 Milliarden dieser merkwürdig geformten Zellen.

Bei der Erzeugung individueller Verbindungen in den Netzwerken des Gehirns werden die Enden dieser Wischmopps aneinandergereiht. Dazwischen liegen winzig kleine Räume, die sogenannten *Synapsen*. Ein gewöhnliches Neuron besitzt mehrere Tausend solcher Synapsen. Neuronale Bahnen sind in verblüffend komplexen Formationen miteinander verwoben. Eine Handvoll Gehirn sieht aus wie der Wurzelballen eines Rhododendronstrauches.

## Verdrahtung

Eine Karte eines solchen Wurzelballens anzufertigen, ist eine ziemliche Herausforderung. Was aber viele kluge Leute nicht davon abhält, es dennoch zu versuchen. Trotz ihrer Bemühungen, die oft das überschaubare Budget des defizitären US-Haushalts sprengen, gibt es immer noch keine verbindliche Karte aller Schaltkreise im menschlichen Gehirn. Eine derartige Karte nennt man *strukturelles Konnektom*. Dabei sind die Strukturen noch nicht einmal der am schwierigsten zu kartierende Part. Es ist weitaus komplizierter, eine Karte der Gehirnfunktionen zu erstellen oder der Art und Weise, wie bestimmte Schaltkreise bei einer konkreten Aufgabe zusammenarbeiten. Das wäre dann ein *funktionales Konnektom*. Der Grund, weshalb diese Art von Karte so schwer anzufertigen ist, liegt darin, dass unser Gehirn gegenüber den Schaltkreisen in seinem Inneren eine unerklärliche Großzügigkeit walten lässt und ihnen viele neuronale „Beschäftigungsperspektiven“ bietet.

Manche Schaltkreise besitzen relativ stabile Stellenbeschreibungen. Sie sind fest im Gehirn verdrahtet und funktionieren bei allen Menschen ähnlich. Sehen wir uns zum Beispiel zwei spezifische Bereiche der linken Gehirnhälfte an, das Broca- und das Wernicke-Areal. Diese Angehörigen der „Linksfraktion“ sind für die menschliche Sprache zuständig. Wenn das Broca-Areal einer bestimmten Person beschädigt wird, beeinträchtigt dies ihre Fähigkeit zur Sprachproduktion (was als Broca-Aphasie bezeichnet wird). Nichtsdestotrotz wird diese Person im Allgemeinen immer noch dazu in der Lage sein, gesprochene und geschriebene Sprache zu verstehen. Eine Verletzung im Wernicke-Areal (die zu einer Wernicke-Aphasie führt), hat den gegenteiligen Effekt: Sie führt dazu, dass geschriebene und gesprochene Sprache nicht mehr verstanden wird, wirkt sich aber erstaunlicherweise nicht auf die Fähigkeit zur Sprachproduktion aus.

Solche fest verdrahteten Schaltkreise können irrwitzig spezifisch sein – und das nicht nur, wenn es um Sprache geht. Betrachten wir einen Mann, der in der Forschung „R. F. S." genannt wird. Aufgrund einer Erkrankung hatte R. F. S. die Fähigkeit verloren, Zahlen wahrzunehmen, was sich auf höchst skurrile Weise äußerte. Sobald sein Gehirn eine Zahl erkannte, verschwamm sie vor seinen Augen, bewegte sich und zerfiel dann zu einem Haufen wirrer Linien. Wurden seinem Gehirn dagegen Buchstaben vorgesetzt, trat dieses Phänomen nie auf. Er konnte das gesamte Alphabet ohne Probleme erkennen, lesen und schreiben. Auch sprechen klappte einwandfrei. Im Endeffekt war einer seiner neuronalen Schaltkreise beschädigt worden, der speziell für die Verarbeitung von Zahlen zuständig war und mit der übrigen visuellen Wahrnehmung rein gar nichts zu tun hatte.

Dies als Überspezialisierung zu bezeichnen, wäre vermutlich noch untertrieben. Dennoch ist eine derart feste Verdrahtung bei Gehirnschaltkreisen sehr selten. Die meisten entsprechen *keiner* universellen, für alle Menschen gültigen Schablone. Manche Schaltkreise weisen Konfigurationsmuster auf, die so spezifisch sind wie ein Fingerabdruck. Das bedeutet, dass das Gehirn eines jeden Menschen anders verdrahtet ist. Gehirnstrukturen zu kartieren und jeweils einer Funktion zuzuordnen, ist daher ein zähes Unterfangen. Auseinanderzuklamüsern, welche Schaltkreise bei allen Menschen vorhanden und welche einmalig sind, frustriert Neurowissenschaftler schon seit Jahrzehnten.

## Plastizität

Die Aufgabe wird noch schwieriger, wenn man berücksichtigt, dass das Gehirn dazu in der Lage ist, sich spontan neu zu verdrahten. Das mag zwar seltsam klingen, ist aber eigentlich ganz normal. Tatsächlich geschieht es gerade jetzt, während Sie diesen Satz lesen. Immer wenn Sie etwas lernen, verdrahtet sich das Gehirn neu. Jedes Mal, wenn Sie eine neue Information verarbeiten, verändern sich die Beziehungen zwischen Ihren Neuronen. Dabei werden neue Verknüpfungen hergestellt oder bereits bestehende elektrische Verbindungen verändert. Diese Neuverdrahtung bezeichnen wir als *neuronale Plastizität*. Eric Kandel erhielt den Nobelpreis, unter anderem weil er herausfand, dass das Gehirn meistens fest verdrahtet ist, um nicht fest verdrahtet zu werden.

Wissen Sie, was das bedeutet? Ihre Entscheidung, mit welchen Dingen Sie sich eingehend beschäftigen, hat großen Einfluss darauf, wie Ihr Gehirn funktioniert. Das kann weitreichende Auswirkungen auf Ihre Beziehung zu Stress haben und darauf, wie viel Kreativität Sie in Ihrem Leben zulassen. Darauf werden wir in diesem Buch zu sprechen kommen.

Die Fähigkeit des Gehirns, sich selbst zu reorganisieren, kann absurde Ausmaße annehmen. Ich denke dabei an den Fall eines sechsjährigen Jungen, der an schwerer Epilepsie litt. Um sein Leben zu retten, mussten ihm die Chirurgen eine Hälfte seines Gehirns entfernen (Hemisphärektomie). In seinem Fall war es die linke Gehirnhälfte, wo sich beide Sprachzentren befinden, das Broca- und das Wernicke-Areal. Man sollte meinen, dass der Junge nach so einer großflächigen Entfernung von Nervengewebe mit klar umrissenem Aufgabenbereich für den Rest seines Lebens nicht mehr dazu in der Lage gewesen wäre zu sprechen oder Sprache zu verstehen.

Genau dies war aber *nicht* der Fall. Innerhalb von zwei Jahren hatte die verbliebene rechte Gehirnhälfte viele Funktionen der linken übernommen, darunter auch die Fähigkeit, menschliche Sprache zu erzeugen und zu verstehen. Die Sprachfähigkeit des damals Achtjährigen wurde auf wundersame Weise wiederhergestellt!

Soll das heißen, dass das Gehirn so plastisch ist, dass es Defizite erkennen, vorübergehend zu einer neuronalen Werkstatt mutieren und sich dann selbst regenerieren kann? Ja, genau so lief es bei diesem Jungen ab. Und er ist kein Einzelfall! In der Forschungsliteratur finden sich viele solcher verblüffender Wiederherstellungsberichte. Der in diesem Bereich forschende Neurologe John Freeman von der Johns Hopkins University meint dazu:

> *Je jünger eine Person zum Zeitpunkt einer Hemisphärektomie ist, umso weniger Einschränkungen gibt es beim Sprechen. Wohin die Sprache in der rechten Gehirnhälfte übertragen wird und was sie dort verdrängt, hat bislang niemand genau herausgefunden.*

Dies sind nur einige der Herausforderungen, mit denen Wissenschaftler beim Versuch, eine umfassende Karte des Konnektoms zu erstellen, konfrontiert werden. Insofern ist dieses Ziel möglicherweise immer noch Jahre entfernt. Dennoch sind wir nicht komplett ahnungslos in Bezug auf die Funktionsweise des Gehirns. Durch Spezialisierung haben die Forscher in meinem Fachgebiet das wissenschaftliche Äquivalent einer „Teile und herrsche“-Strategie verfolgt. Wie das genau aussieht und welche Veränderungen gerade im Gange sind, sehen wir uns als Nächstes an.

Traditionell wurde Hirnforschung in drei verschiedene Teildisziplinen unterteilt: Die erste untersuchte das Gehirn auf molekularer Ebene. Dabei gingen die Wissenschaftler der Frage nach, wie winzige DNA-Schnipsel zur Hirnfunktion beitragen.

Die zweite Teildisziplin erforschte die Hirnfunktionen auf Ebene der Zellen, also der winzig kleinen, verschreckten Wischmopps, um die es vor ein paar Seiten ging. Dabei betrachtete man die Zellen sowohl individuell (als einzelne Mopps) als auch im Netzwerk (als Gruppen von Mopps). Und die dritte Teildisziplin befasste sich auf Verhaltensebene mit den Gehirnfunktionen. Damit gehört sie zur Experimentellen Psychologie und Sozialpsychologie. In jedem Kapitel dieses Buches kommen wir auf Arbeiten und Erkenntnisse aus diesen Bereichen zu sprechen.

Über die Jahre haben sich die Grenzen zwischen molekularen, zellulären und verhaltensbezogenen Herangehensweisen glücklicherweise verwischt, da viele Forscher sich bestimmten Fragestellungen disziplinübergreifend widmen. Für diese Verschmelzung gibt es sogar einen Oberbegriff, den wir im gesamten Buch verwenden: *kognitive Neurowissenschaften*. Dieses Forschungsgebiet befasst sich damit, Verbindungen zwischen biologischen Prozessen und Verhalten aufzuzeigen. In der Verhaltensforschung geht es bei weitem am chaotischsten zu. Dazu gleich mehr.

## Skepsis und die Nörgelprüfung

Im Rahmen meiner wissenschaftlichen Tätigkeit berate ich häufig Geschäftsleute zu Aspekten des menschlichen Verhaltens. In der Regel mündet dies in eine Diskussion darüber, wie man Hirnforschung mit einer gesunden Portion Skepsis betrachtet. Ich bin ein netter Typ, aber als Molekularbiologie mit Interesse an psychiatrischen Störungen kann ich ziemlich misstrauisch sein, wenn es darum geht, was die Forschung über die Komplexität des menschlichen Verhaltens sagt (und was nicht). Es gibt jede Menge hanebüchenen Unsinn da draußen, vor allem im Bereich der Selbsthilfe. Eine Klientin bezeichnete meine skeptische Herangehensweise einmal als Medina-Nörgelprüfung. Damit meinte sie, dass die von mir vermittelten Fakten evidenzbasiert sind und durch Studien gestützt werden, die mittels Peer-Review (also durch andere Forscher aus dem Fachgebiet) beurteilt und oft mehrfach repliziert worden sind. Genau wie es meistens in der Wissenschaft der Fall ist.

Durch denselben nörgeligen Filter sind auch die Informationen in diesem Buch gelaufen, aber aus Gründen der Lesbarkeit habe ich mich dazu entschieden, die Referenzen nicht direkt in den Text einzubauen. Selbstverständlich können Sie sie aber gerne konsultieren. Ich möchte Sie sogar ausdrücklich dazu ermuntern, die in diesem Buch erwähnten Studien im Literaturverzeichnis (siehe Link auf Seite 260) nachzuschlagen.

Was also sage ich meinen Klienten aus der Wirtschaft, wenn sie Erkenntnisse aus der Hirnforschung auf ihre Welt anwenden möchten? Da mir klar ist, dass man nicht Karriere machen kann, indem man populären Mythen einfach nur den Mittelfinger zeigt, rate ich dazu, folgende vier Punkte zu berücksichtigen.

*1. Die Forschung in diesem Bereich ist noch nicht ausgereift.*

Selbst beim Verständnis grundlegender Gehirnfunktionen stehen wir noch ganz am Anfang. Nach all den Jahren wissen wir immer noch nicht, woher Ihr Gehirn weiß, wie Ihre Unterschrift auszusehen hat, oder wie es sich daran erinnert, um 15 Uhr die Kinder abzuholen. Es wird noch lange dauern, bis uns die Hirnforschung sagen kann, was eine gute Führungskraft auszeichnet und was es braucht, um ein guter Parkwächter zu sein.

*2. Viele Ergebnisse sind schwer reproduzierbar.*

Menschliches Verhalten ist chaotisch, und darüber zu forschen, kann ähnlich konfus sein. Vor einigen Jahren erschütterte eine bittere Erkenntnis die Welt der Verhaltensforschung: Wir sind nicht immer dazu in der Lage, wichtige Ergebnisse aus psychologischen Forschungsexperimenten zu reproduzieren. Der an der University of Virginia tätige Forscher Brian Nosek rief das sogenannte „Reproducibility Project" ins Leben. Im Rahmen dieses Projekts wurde versucht, herausragende Ergebnisse der Verhaltensforschung zu wiederholen. Gemeinsam mit seinem Team fand er heraus, dass nur 50 Prozent der veröffentlichen Ergebnisse experimenteller psychologischer Forschung erfolgreich (und unabhängig) repliziert werden konnten.

So ein Audit ist natürlich eine gute Sache, auch wenn es Schockwellen durch die Fachwelt sandte. Viele Wissenschaftler überprüften frühere Forschungsergebnisse sorgfältig auf Fehler und änderten Schlussfolgerungen ab, wo dies gerechtfertigt erschien. Eine zugegebenermaßen frustrierende Aktion. Wir wussten ohnehin herzlich wenig über die Funktion des Gehirns, und dennoch mussten einige der Erkenntnisse, die wir als belastbar – ja, sogar als kanonisch – betrachtet hatten, neu überdacht werden.

*3. Die Ursprünge des Verhaltens sind komplex.*

Vielleicht kennen Sie die alte Debatte zum Thema „Anlage vs. Umwelt" (engl. *nature vs. nurture*). Jahrelang herrschte Krieg zwischen den Vertretern dieser beiden Lager. Eine Seite war der Auffassung, dass die Ursprünge des Verhaltens primär genetisch bedingt seien (Anlage), wohingegen die andere Seite die Ansicht vertrat, dass das Verhalten in erster Linie nicht genetische Ursachen habe (Umwelt).

Mittlerweile haben die Forscher einen Waffenstillstand geschlossen und sich der Tatsache ergeben, dass fast jedes menschliche Verhalten sowohl auf Veranlagung als auch auf Erziehung basierende Komponenten hat. Diejenigen, die mühsam ihre geschätzten molekularen, zellulären oder verhaltensbezogenen Lehen beackert hatten, wurden nach dieser Erkenntnis zu besseren Forschern, weil sie die eigenen Grenzen überwanden und sich häufig auch an multidisziplinären Projekten beteiligten. Auch ich erkläre meinen Klienten, dass fast jedes denkbare Verhalten sowohl anlage- als auch umweltbedingte Komponenten besitzt. Das Geheimnis besteht darin, die jeweiligen Anteile zu bestimmen.

*4. Es gibt ein inhärentes Problem bei Kristallkugeln.*

Der letzte Punkt betrifft eine Sache, die erst seit Kurzem Eingang in die Gespräche mit meinen Klienten gefunden hat. Dieses Buch wurde größtenteils 2020–2021 geschrieben und ist damit durch den COVID-19-Infektionszyklus geprägt. Es war erschütternd, die globale Wirtschaft taumeln zu sehen, als hätte dieser unsichtbare Gegner ihr einen Schlag in die Magengrube verpasst. Wissenschaftler vieler Fachrichtungen sind immer noch dabei, den Schaden zu begutachten – was noch Jahre dauern kann – und die langfristigen Auswirkungen der viral vermittelten sozialen und wirtschaftlichen Brüche zu analysieren. Da die Pandemie noch so aktuell ist, sind aussagekräftige und belastbare Beweise für diese Auswirkungen derzeit äußerst rar. Daher warne ich meine Klienten davor, sich zu sehr auf Leute zu verlassen, die in Kristallkugeln schauen, um Verhaltensvorhersagen über die Zukunft der Arbeit nach COVID-19 zu treffen.

Wenn man von der Treffergenauigkeit anderer Vorhersagen ausgeht, werden die meisten ohnehin falsch liegen. Welche Gefahren der Blick in die Zukunft bergen kann, illustriert vielleicht am besten die sogenannte Work-Life-Balance – ein Thema, mit dem wir uns im entsprechenden Kapitel beschäftigen werden. (Um es gleich vorwegzunehmen: Manche glauben, dass das Virus dauerhafte Veränderungen nach sich zieht, aber ich bin mir da nicht so sicher.) Irgendwann werden die Soziologen seine Auswirkungen verstehen. Und auch Sie und ich, aber Näheres dazu müssen wir Veröffentlichungen überlassen, die weitaus jüngeren Datums als dieses Buch sind. Vielleicht tröstet Sie der Gedanke, dass wir auf den nachfolgenden Seiten ohnehin keine Vorhersagen für die Zukunft treffen. Stattdessen werden wir die Zukunft ganz neu denken.

Alles in allem bin ich – trotz eingehender Medina-Nörgelprüfung – der festen Überzeugung, dass die kognitive Neurowissenschaft der Business-Welt viel zu sagen hat. Die evidenzbasierten Vorschläge in diesem Buch sind es wert, näher unter die Lupe genommen und ausprobiert zu werden. In der Praxis ist es noch ein weiter Weg, bis wir wissen, wie die Arbeitswelt aussähe, wenn ihr jemand einen kognitiven Fünf-Finger-Handschuh verpassen würde.

# 1
# Teams

**Brain Rule:**

Teams sind produktiver, aber nur, wenn sie aus den richtigen Leuten bestehen

Ursprünglich wollte ich dieses Kapitel mit einem Zitat von Scott Adams eröffnen. Adams ist der Erfinder von *Dilbert*, dem leidgeprüften Comichelden des Arbeitsalltags. Sie kennen ihn aus der Zeitung. In einem der Comics sieht man Dilbert und sein Team beim Feedbackgespräch mit dem Vorgesetzten. Der Chef kommentiert die eher dürftige Teamleistung und verkündet dann: „Ich habe nur einen Teamwork-Belohnungs-Becher mitgebracht, deshalb müssen Sie der Reihe nach daraus trinken."

Inzwischen finde ich allerdings, dass ein anderer Einstieg besser passt, und möchte deshalb mit einer Beschreibung des animierten Kurzfilms *Bambi Meets Godzilla* starten.

*Bambi Meets Godzilla* beginnt mit einem ellenlangen Vorspann aus Credit-Angaben. Dann sieht man Bambi zufrieden auf der Weide grasen, während im Hintergrund leise Hirtenmusik erklingt. Diese idyllische Szene dauert eine Minute, dann taucht plötzlich Godzillas riesiger, schuppiger Fuß auf und quetscht Bambi platt. Im Anschluss an diesen Gewaltakt werden die Worte *The End* eingeblendet. Es folgt der Abspann mit einem Dank an Tokio für seine Hilfe, „Godzilla für diesen Film zu gewinnen". Dann wird der Bildschirm schwarz.

Warum beginne ich mit Godzilla und nicht mit Dilbert? Weil sämtliche Arbeitskonzepte, die direkte zwischenmenschliche Interaktion erfordern, im Jahr 2020 von einem ebenso gewaltigen und unerwarteten Fuß platt gemacht wurden. Es war der Fuß von COVID-19.

Kann angesichts der jüngsten turbulenten Ereignisse irgendjemand mit Bestimmtheit sagen, was *heute* nötig ist, damit Teams effektiv arbeiten? Können die kognitiven Neurowissenschaften irgendetwas Relevantes zu dieser Frage beisteuern?

Die erfreuliche Antwort lautet ja, zumindest was den verhaltenswissenschaftlichen Zweig anbelangt, und zwar aus einem ganz bestimmten Grund: Darwin ist stärker als COVID-19. Die Dynamik von Teamarbeit und sozialem Miteinander, die unsere prä- und postpandemischen Arbeitsumgebungen befeuert, bestand auch schon vor vierzigtausend Jahren. Damals ermöglichte diese interaktive Kooperativität den Menschen, zwei wichtige darwinistische Bedürfnisse zu befriedigen: das Bedürfnis nach Nahrung und das Bedürfnis nach Schutz und Sicherheit. Ohne Teamwork hätten wir in den unwegsamen Ebenen der Serengeti nicht überleben können. Und wir können es immer noch nicht, verflixtes Virus, auch nicht in den unwegsamen Vorstandsetagen von Unternehmen mit mehr als – keine Ahnung – zwei Mitarbeitern.

Bereits vor der Pandemie wurde persönliche Zusammenarbeit im Geschäftsleben immer mehr die Norm – vom kleinen Familienbetrieb bis zum multinationalen Großunternehmen. Eine Studie der *Harvard Business Review* aus dem Jahr 2016 zu Verhaltensgewohnheiten bei Mitarbeitern stellte fest, dass die Anzahl der Stunden, „die Führungskräfte und Angestellte mit kollaborativen Aktivitäten verbringen, um mindestens 50 Prozent gestiegen" sei. Die Untersuchung ergab außerdem, dass an vielen Arbeitsplätzen Interaktionen mit anderen Menschen 75 Prozent des Tagesgeschäfts ausmachten.

Sogar Wissenschaft und Forschung sind von dieser Entwicklung betroffen. Als ich meine wissenschaftliche Karriere begann, stieß ich gelegentlich noch auf Arbeiten, die von einem Autor alleine verfasst worden waren. Solche Einzelarbeiten kann man heutzutage praktisch als ausgestorbene Spezies betrachten. Anno 1955 wurden nur etwa 18 Prozent aller sozialwissenschaftlichen Arbeiten von Teams verfasst. Im Jahr 2000 waren es bereits 52 Prozent. Eine Fachzeitschrift für Ökologie bestand um 1960 zu ca. 60 Prozent aus Einzelbeiträgen. In den letzten zehn Jahren ist der Anteil auf vier Prozent gesunken.

Auch wenn dieses schon seit buchstäblich Urzeiten bestehende Konzept der Teamarbeit heute gängige Praxis ist, gibt es keine Garantie, dass Gruppenarbeit immer besser ist als die Arbeit einzelner Personen. Wir alle waren schon an Teamprojekten beteiligt, bei denen es besser gewesen wäre, wenn wir die verflixte Sache einfach allein gemacht hätten – ohne die ganze Kamarilla. Statistisch gesehen sind Teams jedoch produktiver. Das ist der Grund, weshalb Teamarbeit vor der Pandemie immer mehr zunahm und warum Teams auch in Zukunft wieder auf dem Vormarsch sein werden, sobald wir aus dem Schatten des Virus treten.

Was unterscheidet ein gutes Team von einem schlechten? Es gibt zwar kein Patentrezept für alle Unternehmen, aber die Forschung weiß genau, was hochproduktive Teams von weniger produktiven unterscheidet. Im Folgenden werden wir die relevanten Studien, vom Verhalten bis zur Biochemie, unter die Lupe nehmen und dabei feststellen, dass es ziemlich einfach ist, effektive Teams zusammenzustellen, wenn unsere Zwangsisolation demnächst ganz vorbei ist. Aber Achtung: Ich habe nicht behauptet habe, es sei *leicht*.

## Teambildung – ja oder nein?

Zunächst sollten wir uns ein paar Fragen stellen: Wie effektiv sind Teams tatsächlich? Machen sie uns wirklich produktiver? Schauen wir doch mal, was passiert, wenn wir uns zu unseren Kollegen an den Tisch setzen – zum Beispiel in der Cafeteria.

Eine Studie der Arizona State University ergab, dass Mitarbeiter, die ihr Mittagessen an Tischen mit zwölf Plätzen statt an Vierertischen einnahmen, individuell produktiver waren. Ben Waber aus dem berühmten Media Lab des Massachusetts Institute of Technology (MIT) ging davon aus, dass dieses Ergebnis „auf mehr zufällige Gespräche und größere soziale Netzwerke" zurückzuführen sei. Es sieht danach aus, als hätten spontane Interaktionen mit Kollegen einen positiven Einfluss auf die Produktivität. Waber fand heraus, dass Unternehmen, die Begegnung und Austausch zwischen den Mitarbeitern fördern, etwa „mit Aktionen wie einheitlich geregelten Mittagspausen und den bei Google so beliebten Cafés, die Produktivität des Einzelnen um bis zu 25 Prozent steigern können".

Das ist eine erstaunlich hohe Zahl, aber spontane Interaktionen und Teamproduktivität sind zwei Paar Stiefel. Erfreulicherweise gibt es tatsächlich viele Forschungsergebnisse, die belegen, dass Gruppen bessere Problemlöser als Einzelpersonen sind. Sie sind kreativer. Sie sind besser darin, Fehler zu erkennen. Und: Sie sind intelligenter. Wenn Mitarbeiter zur Zusammenarbeit in Gruppen ermutigt werden, steigt die Rentabilität. Einer Studie zufolge scheinen Mitarbeiter selbst ebenfalls dieser Meinung zu sein. Auf die Frage, was sich am meisten auf die Gewinnerzielungsfähigkeit ihres Unternehmens auswirken würde, antworteten 56 Prozent mit „Zusammenarbeit". COVID-19 stellte unter anderem deshalb ein so großes Geschäftsrisiko dar, weil es nur durch soziale Isolation besiegt werden konnte. Und damit war keine gewinnbringende direkte Zusammenarbeit mehr möglich.

Nicht jeder ist so begeistert von Teams wie das MIT oder Google, ganz egal, was die Zahlen sagen. Ein bekannter Vertreter des kritischen Lagers ist der in Harvard forschende Psychologe J. Richard Markham, der sich schon seit Langem mit Gruppeninteraktionen beschäftigt. Markham kommt zu dem Ergebnis, dass die meisten Gruppen in Wirklichkeit nicht gut zusammenarbeiten. Machtkämpfe (um Anerkennung), asymmetrische Aufgabenverteilung (bestimmte Teammitglieder machen die ganze Arbeit) und unklare Ziele (wenig Übereinstimmung bei den Zielvorstellungen) hebeln die meisten Vorteile aus, die Gruppen eigentlich zu bieten haben. In einem Interview mit der *Harvard Business Review* sagte Markham: „Zweifelsohne besteht die Möglichkeit, dass ein Team Magisches vollbringen kann ... aber ich würde mich nicht darauf verlassen. Die Forschung belegt immer wieder, dass Teams trotz aller zusätzlichen Ressourcen unterdurchschnittliche Leistungen erzielen."

Markham lehnt die Arbeit in Teams jedoch nicht völlig ab. Im selben Interview wies er – vielleicht ohne sich darüber bewusst zu sein – auf eine mögliche Lösung hin. Als Hauptgrund für das Scheitern von Teams nannte er mangelndes Vertrauen zwischen den Teammitgliedern.

Glücklicherweise kann man den Grad des Vertrauens innerhalb eines Teams messen. Außerdem ist es sowohl möglich schlechte Teams zu erkennen als auch den Erfolg guter Teams zu quantifizieren. Hierzu steht uns es ein breites Spektrum an Möglichkeiten zur Verfügung, von verhaltensbezogenen bis biochemischen. Als Beispiel betrachten wir ein winziges Molekül, das seinem Entdecker einen Nobelpreis beschert hat. Diesen verdankt er übrigens zum Großteil einer Teamleistung.

## Die Weisheit von Aristoteles

Als Forscher untersuchten, warum wir im Vergleich zu unsozialeren Spezies so gut darin sind, miteinander zusammenzuarbeiten, stießen sie auf das vielleicht freundlichste Molekül, das je durch das menschliche Gehirn strömte. Es heißt *Oxytocin.*

Oxytocin bewirkt vielerlei, aber seine Fähigkeit, bei Menschen Vertrauen zu erzeugen, wirkt sich besonders stark auf unser Verhalten aus. In einem Experiment bekamen Probanden ein oxytocinhaltiges Nasenspray verabreicht. Nachdem sie es inhaliert hatten, waren sie viel eher dazu bereit, Fremden ihr Geld anzuvertrauen. Forscher bezeichnen diesen Effekt als „soziales Verstärkungslernen". Der Drang nach Erfüllung unserer sozialen Bedürfnisse beeinflusst sogar unsere Biochemie!

Der Forscher, der für einen Großteil der Arbeiten über das Verhältnis zwischen Vertrauen und Oxytocin verantwortlich ist, erhielt zufällig auch eine Auszeichnung als „Sexiest Man of the Year". Es kommt nicht oft vor, dass wir Wissenschaftler solche Preise gewinnen, darum hat das in unseren Kreisen ziemliche Wellen geschlagen. Ich spreche von Paul Zak aus dem Süden Kaliforniens (– wie könnte es auch anders sein!), der in die Liste der „10 Sexiest Geeks" des Jahres 2005 aufgenommen wurde. Wenn Zak nicht gerade Preise für sein Aussehen gewinnt, ist er auch die weltweit führende Autorität in Sachen Oxytocin und Verhalten.

Seine Arbeit kann allerhand dazu beitragen, begeisterte MIT-Fans, die Gruppen für Problemlösungsmaschinen halten, mit dem griesgrämigen Markham auszusöhnen, der dieser Ansicht gerne widerspricht. Beide täten gut daran, sich näher mit Zaks interessanten Erkenntnissen zu beschäftigen. Er hat herausgefunden, dass es einen Zusammenhang zwischen Oxytocin und zwischenmenschlichem Stress gibt: Stress beeinträchtigt die Oxytocin-Produktion. Ohne Oxytocin wird es schwieriger, ein Gefühl von gegenseitigem Vertrauen zu erzeugen. Genau deshalb ist Stress häufig schädlich für Beziehungen. Diese Erkenntnis steht in direktem Zusammenhang mit der Frage, warum manche Teams gut funktionieren und andere scheitern.

Das war der Ausgangspunkt des Google-Projekts Aristoteles, ein Forschungsvorhaben, bei dem Zaks biochemische Erkenntnisse auf die Probe gestellt – und unbeabsichtigterweise auch der Grund für Markhams griesgrämige Negativität bestätigt wurde.

Das Aristoteles-Projekt von Googles berühmter People-Analytics-Abteilung lud das Unternehmen zu einer Nabelschau ein: Es untersuchte intern, was die schlecht funktionierenden Teams von den produktivsten Superstar-Teams unterscheidet. Wie sich herausstellte, war psychologische Sicherheit das wichtigste Kriterium, und sie fällt genau in Zaks Ressort. Warum? Es geht dabei um Vertrauen.

Ein emotionales Klima, in dem sich jedes Teammitglied sicher dabei fühlt, „zwischenmenschliche Risiken einzugehen", war für Googles Superstar-Teams der wichtigste Faktor. Definitiv spielten auch andere Faktoren eine Rolle – von Pünktlichkeit bis hin zu gemeinsamen Zielvorstellungen –, aber keiner davon war so bedeutsam wie das Vertrauen der Teammitglieder zueinander.

Dasselbe fanden zuvor auch schon andere Wissenschaftler heraus. Die vielleicht detaillierteste Untersuchung dazu stammt von Anita Woolley, die damals am MIT forschte. Genau wie das Team des Aristoteles-Projekts interessierte sich Wooley dafür, was starke und produktive Teams so stark und produktiv macht. Gibt es eine Gruppenintelligenz, die unabhängig von der Intelligenz der einzelnen Mitglieder gemessen werden kann? Entwickelt sich eine ganz spezielle Atmosphäre, wenn alle zusammenkommen? Ist das Ganze mehr als die Summe seiner Teile? Vielleicht wissen Sie ja, dass Aristoteles für genau diese Frage berühmt war.

Mich würde interessieren, ob Google das auch wusste.

## Die drei Elemente des c-Faktors

Um Aristoteles' antike Frage zu beantworten, untersuchten Woolley und ihre Kollegen das Gruppenverhalten von fast 700 Personen. Die Versuchsteilnehmer wurden in Teams aufgeteilt und bekamen eine Reihe von Aufgaben zugewiesen, die jeweils unterschiedliche kollaborative Kompetenzen erforderten. Unter anderem ging es um die Entwicklung kreativer Lösungskonzepte für ein Denkproblem und die Planung einer Einkaufstour zum Supermarkt.

Natürlich haben einige Teams wirklich gut zusammengearbeitet – andere dagegen weniger. Was hat die erfolgreichen Teams so erfolgreich gemacht? Auf den ersten Blick war aus den Daten kein roter Faden ersichtlich. Einige der Teams wurden von starken Alpha-Typen geführt, bei anderen war die Autorität gleichmäßiger verteilt. In manchen Fällen sorgten schlaue Teammitglieder gezielt dafür, dass die Aufgabe in überschaubare Häppchen zerlegt wurde. Andere teilten das Arbeitspensum entsprechend den im Team vorhandenen „Superkräften" untereinander auf. Viele unterschiedliche Herangehensweisen – und entsprechend wenig verwertbare Erkenntnisse. Es gab keine offensichtlichen Gemeinsamkeiten, die Rückschlüsse auf den Erfolg zuließen. Bis die Wissenschaftler ihr Augenmerk auf die Beziehungsdynamik richteten.

Die einzige in allen erfolgreichen Gruppen vorhandene Superkraft hatte mit dem Verhalten der Mitglieder untereinander zu tun und betraf die Ausgestaltung der zwischenmenschlichen Beziehungen (mit einem interessanten demografischen Detail, wie wir gleich sehen werden). Aus diesem Teamverhalten ergab sich eine aristotelische Gruppenintelligenz, die anzeigte, wie erfolgreich ein Team sein würde. Die Wissenschaftler bezeichneten diese Gruppenintelligenz als c-Faktor, wobei das c für kollektiv (engl. *collective*) steht. Je höher der c-Faktor einer Gruppe, desto erfolgreicher war sie bei ihren Aufgaben, ganz egal, wie anspruchsvoll oder banal diese waren. Und dieser Unterschied war alles andere als trivial.

Der c-Faktor setzt sich aus drei Elementen zusammen. Stellen Sie ihn sich als dreibeinigen Hocker vor. Um das Gewicht der Superstar-Werte aus Woolleys Studie tragen zu können, war es nötig, die Last auf drei Beine zu verteilen, sprich: Alle drei Elemente des c-Faktors mussten gleichzeitig vorhanden sein. Ich nehme an, Sie möchten wissen, welche das sind? Hier kommen sie – im Telegrammstil:

1. *Die Gruppenmitglieder können die sozialen Signale der anderen gut deuten.*
2. *Die Gruppenmitglieder sprechen abwechselnd.*
3. *Je mehr Frauen in der Gruppe sind, desto höher ist der c-Faktor.*

## Was Borat mit Teamarbeit zu tun hat

Das erste Bein des Hockers hat mit einer Sache zu tun, die *Theory of Mind* genannt wird. Es handelt sich dabei um eine komplexe kognitive Vorrichtung, die in der Neurowissenschaft dem Gedankenlesen am nächsten kommt. Am besten lässt sie sich wohl mithilfe des berühmten Komikers Sacha Baron Cohen veranschaulichen.

In Baron Cohens Werk trifft man von Borat bis Ali-G häufig auf Figuren, die kein emotionales Gespür haben. Einen solchen Charakter verkörperte er auch bei den Promotion-Interviews für seinen Film *Der Diktator*. Es war häufiger der Fall, dass er für die Promotion in seine Filmrolle schlüpfte, und so kam es, dass er bei einem dieser Termine dem legendären Komiker und Talkshow-Moderator Jon Stewart in vollendeter Diktatorenmanier Rede und Antwort stand. Zu Beginn zog er eine vergoldete Pistole aus dem Hosenbund und legte sie auf Stewarts Tisch. Das Publikum prustete los.

Dann ging es munter weiter. Diktator Baron Cohen lieferte nicht nur anstößige Beschreibungen seiner sexuellen Großtaten, sondern sprach auch über den Verlust seiner Diktatorenfreunde Kim Jong-il und Muammar al-Gaddafi. Während des gesamten Interviews blieb es ihm jedoch komplett verborgen, dass sich die Zuschauer kaum noch einkriegten. Stewart fiel es sichtlich schwer, das Lachen zu unterdrücken, wahrscheinlich weil das Klischee so gut getroffen war.

Woran fehlte es dem Diktator? Wissenschaftler würden es Theory of Mind nennen. Im Gegensatz zu Baron Cohens Figur sind Menschen mit starker Theory of Mind gut darin, emotionale Informationen aus den Gesichtern anderer Menschen abzuleiten. Sie besitzen außerdem die Fähigkeit, sich in andere hineinzuversetzen und deren Sichtweise einzunehmen.

Woher wissen wir das? Obwohl diese Fähigkeiten auf den ersten Blick nicht viel miteinander zu tun zu haben scheinen, zeigt die Forschung, dass beide auf Theory of Mind basieren: der Fähigkeit, das Innenleben anderer Menschen samt ihrer Absichten und Beweggründe zu verstehen. Von entscheidender Bedeutung ist dabei, die Belohnungen und Bestrafungen im Kopf einer anderen Person zu identifizieren und auf diese Weise eine „Theorie" ihrer Denkweise zu entwickeln. Hierzu macht sich unser Verstand eine Vielzahl körpersprachlicher Signale des Gegenübers zunutze, vor allem die Mimik. Informationen aus Gesichtern abzulesen, ist für unser Gehirn von so großer Bedeutung, dass eine komplette Hirnregion (der Gyrus fusiformis) ausschließlich damit beschäftigt ist, diese Informationen zu verarbeiten.

Theory of Mind lässt sich quantitativ erfassen, sodass Wissenschaftler dazu in der Lage sind, eventuelle Veränderungen zu messen. Das psychometrische Messinstrument hierfür heißt *Reading Mind in the Eyes* (RME) und besteht aus einer Reihe von Fotos menschlicher Gesichter. Die Aufgabe der Testperson besteht darin, die Emotionen der abgebildeten Personen zu identifizieren. Dabei gibt es allerdings einen Haken: Auf den Bildausschnitten ist jeweils nur die Augenpartie zu sehen. Menschen mit stark ausgeprägter Theory of Mind erzielen bei diesem Test dennoch sehr gute Ergebnisse – Menschen mit schwach ausgeprägter Theory of Mind dagegen nicht. Der Test ist so robust, dass er teilweise sogar zum Nachweis von Autismus eingesetzt wird.

Der Autor des RME-Tests muss es schließlich wissen. Es handelt sich um Simon Baron-Cohen, seines Zeichens Hirnforscher in Cambridge und einer der weltweit führenden Autismusexperten. Wenn Ihnen sein Name bekannt vorkommt, haben Sie absolut Recht. Er ist der Cousin von Sacha. Was bei deren Familientreffen wohl so abgeht?

Aber zurück zum Thema. Was haben Theory of Mind und der RME-Test mit dem c-Faktor zu tun? Woolley verwendete den RME-Test als ein Kriterium zur Bestimmung dessen, was sie als „soziale Sensitivität" bezeichnet: das erste Bein des c-Faktor-Hockers. Bei Gruppen mit hoher sozialer Sensitivität purzeln die Erfolge wie Münzen aus einem Spielautomaten.

## Sprechen Sie nicht mit vollem Mund

Das zweite Bein unseres Hockers betrifft die Gesprächsorganisation. Ein gutes Beispiel, wie es bei Gesprächen *nicht* ablaufen sollte, liefert ein Spieleabend mit meiner Familie.

Als ich noch ein Kind war, spielte ich mit meiner Familie gerne das Kartenspiel „Pit", bei dem Waren an der Börse gehandelt werden. Das Ganze funktioniert lautstark per Zuruf – so wie früher an den Warenbörsen, bevor Computer die Broker ersetzten. Beim Handel mit den Spielkarten kommt es darauf an, alle anderen zu übertönen, zu unterbrechen und den Markt zu kontrollieren. Bei uns ging es immer ziemlich heftig zur Sache, und oft konnte man sein eigenes Wort nicht verstehen.

Ein Grund für das verbale Durcheinander lag darin, dass Pit eine Gesprächsorganisation fördert, die nichts mit einem Gespräch, geschweige denn mit organisiertem Sprecherwechsel zu tun hat. Woolley stellte fest, dass Teams, in denen es eher so zugeht wie bei Pit und die Teammitglieder einen Streit um die Redezeit ausfechten, nur selten produktiv sind. Meine Familie kann das gerne bestätigen. Außerdem fand Woolley heraus, dass Gruppen mit hohem c-Faktor das Gegenteil des Zuruf-Systems praktizieren: Die Diskussionen werden nicht von einer einzigen Person dominiert, sondern jeder kommt zu Wort. Dies wurde anhand der „Sendezeit“ (der Länge der Redebeiträge) gemessen. Laut Woolley sind „Gruppen, in denen einzelne Personen das Gespräch dominierten, kollektiv weniger intelligent als Gruppen mit einer ausgeglicheneren Verteilung der Wortmeldungen“.

So ist es. Wenn man bei einer Teambesprechung zulässt, dass hauptsächlich bestimmte Leute „auf Sendung“ sind, wird die Gruppe dadurch „kollektiv weniger intelligent“. Eine vortreffliche Formulierung für *dümmer*.

Unterbrechungen – etwas, das bei Pit besonders honoriert wird – sind ein weiterer wichtiger Faktor der Gesprächsorganisation. Sie lassen sich gut anhand des sogenannten *Response Offset* messen. Dabei handelt es sich um die Zeitspanne zwischen dem Moment, an dem eine Person zu sprechen aufhört, und dem Redebeginn einer anderen Person. In einem normalen Gespräch beträgt der Response Offset etwa eine halbe Sekunde. Unterbricht ein Sprecher den anderen, liegt er bei null.

Solche Sprecherwechsel ohne Pause sind besonders in gemischtgeschlechtlichen Gruppen häufig zu beobachten. Bemerkenswerterweise wurde dieses Phänomen anhand von Protokollen des Obersten Gerichtshofs der Vereinigten Staaten untersucht. Dabei fanden die Wissenschaftler heraus, dass Richterinnen in 32 Prozent aller Fälle von anderen Personen unterbrochen werden. Von einer Revanche kann jedoch keine Rede sein: Sie selbst unterbrachen andere nur in vier Prozent aller Fälle.

Dasselbe zeigte sich auch außerhalb des Gerichtssaals. Ein Experiment zählte die Unterbrechungen in drei Gesprächsminuten. Männer unterbrachen sprechende Frauen in dieser Zeit zweimal. Sprechenden Männern fielen Männer im gleichen Zeitraum dagegen nur einmal ins Wort. Durchschnittlich unterbrechen Männer weibliche Gesprächspartnerinnen etwa 33 Prozent häufiger als männliche Gesprächspartner.

Warum ist eine ausgeglichene Verteilung der Redebeiträge eigentlich so wichtig? Wenn Menschen sich zu Wort melden dürfen, haben sie die Möglichkeit, sich gehört und sicher zu fühlen. Einfach so, als sei ihre Meinung von Bedeutung. Bei ungleichmäßiger Verteilung der Redebeiträge – wenn eine Person das Gespräch dominiert oder wenn Sprechende häufig unterbrochen werden – ist das vielleicht nur ansatzweise so. Der schweigenden Mehrheit dämmert dann, dass ihre Meinung offensichtlich nicht so wichtig ist wie die von anderen. Wahrscheinlich ist das ein Grund dafür, dass Vertrauen ein so wichtiger Erfolgsfaktor für Teams ist. Denken Sie also immer daran: Teams scheitern an mangelndem Vertrauen. Wenn niemand dominiert und niemand unterbricht, kann Vertrauen gedeihen. Und auch die Produktivität. Also los: keine Börsenmakler in Sicht.

## Anwesenheit von Frauen

Das dritte Bein des c-Faktor-Hockers wird vermutlich am kontroversesten diskutiert. Woolley stellte eine positive Korrelation zwischen höheren Werten beim c-Faktor und der Präsenz von Frauen fest. Je mehr Frauen sich in der Gruppe befinden, umso höher ist der c-Faktor.

Der Grund dafür? Tja, genau das ist der springende Punkt. Woolley meint, „weil (in Übereinstimmung mit früheren Untersuchungen) Frauen in unserer Stichprobe bei der Messung der sozialen Sensitivität besser abschnitten als Männer". Alle von ihr getesteten weiblichen Gruppenmitglieder erzielten höhere Werte im RME-Test. Woolleys „soziale Sensitivität" entspricht also der Theory of Mind.

Die entscheidende Passage lautet hier „in Übereinstimmung mit früheren Untersuchungen". Sie bezieht sich dabei auf Studien, die belegen, dass Frauen beim RME-Test tendenziell bessere Ergebnisse erzielen. Laut Oxford-Forscher Robin Dunbar liegt dies daran, dass Frauen bei den Aufgaben zur Erfassung der sogenannten Theory of Mind zweiter und dritter Ordnung durchschnittlich besser abschneiden.

Möglicherweise nimmt Woolley auch Bezug auf Forschungsergebnisse, die genauso gut der zweiten Komponente des c-Faktors zugerechnet werden könnten. Schon seit Jahren ist in wissenschaftlichen Kreisen bekannt, dass der Interaktionsstil von Männern in der westlichen Geschäftskultur eher von sozialer Dominanz geprägt ist. Männer neigen zum Kommandieren und senden nonverbale Dominanzsignale aus, wenn sie beispielsweise das Kinn nach vorne schieben, direkten Augenkontakt halten oder aggressiv mit Händen und Armen herumgestikulieren.

Im Gegensatz dazu legen Frauen im Geschäftsleben kein annähernd so selbstherrliches Verhalten an den Tag. Zwar können sie mit demselben Enthusiasmus wie ihre männlichen Kollegen unliebsame Entscheidungen treffen, wählen aber zunächst eine demokratischere Strategie. Ihr Verhalten ist zutiefst egalitär, denn sie stellen die Bedürfnisse des Teams in den Vordergrund und suchen nach Möglichkeit einen Konsens. Sie senden eher Sicherheitssignale aus (z. B. lächeln sie, statt das Kinn vorzuschieben) und geben dadurch zu erkennen, dass zwischenmenschliche Interaktionen Priorität haben. Wie ich bereits sagte: ein kontroverses Thema.

Die Sache wird noch komplexer, wenn wir danach fragen, wie viele Frauen in einer Gruppe sein sollten. Die Antwort lautet nämlich: Je mehr Frauen, desto höher der c-Faktor. Die Daten zeigen tatsächlich, dass die „Dosis" eine Rolle spielt – aber nur bis zu einem gewissen Punkt. Dieser Punkt ist erreicht, wenn die Gruppe nur noch aus Frauen besteht. Dann flacht die Leistung ab. Dieses Ergebnis deckt sich mit einer Vielzahl von Arbeiten, die belegen, dass Diversität ein wichtiger Erfolgsfaktor für die Zusammensetzung von Teams ist.

Der c-Faktor ist vermutlich nur eine von mehreren Komponenten. Darauf werden wir in diesem Kapitel noch zurückkommen. Zunächst fragen Sie sich vermutlich, was Sie tun können, um den c-Faktor in Ihrem Arbeitsteam zu erhöhen. Alles beginnt mit einem einfachen Satz, der dieses Mal nicht von Aristoteles, sondern einem anderen griechischen Philosophen stammt, nämlich Sokrates: „Erkenne dich selbst." Versuchen Sie vor allem, sich daran zu erinnern, wie Sie sich im Kindergarten verhalten haben, als Ihr Gehirn noch in einem unbedarften jungen Menschen steckte. Viele der Strategien, die Sie heutzutage im Umgang mit anderen verwenden, wurden vor langer Zeit entwickelt, was einerseits gut, manchmal aber auch schlecht ist.

## Kindergarten

Die meisten Verhaltensweisen, aus denen sich Vorhersagen über Ihren beruflichen Erfolg ableiten lassen, wurden bereits in der Kindheit geprägt. Wir Neurowissenschaftler wissen darüber so viel, dass wir anhand Ihres Kindergartenverhaltens sogar Aussagen über Ihren zukünftigen wirtschaftlichen Erfolg treffen können. Dazu waren fast 30 Jahre Forschung nötig.

In Kanada wurden die sozialen Interaktionen von 3000 Vorschulkindern untersucht. Die Wissenschaftler beurteilten dabei „prosoziales Verhalten" (Kooperativität, die Fähigkeit, Freundschaften zu schließen und zu erhalten), „antisoziales Verhalten" (Aggression, allgemeine Opposition) und „Konzentrationsverhalten" (Unaufmerksamkeit, Hyperaktivität). Anschließend stellten sie die Frage „Wie werden sich die Kinder im späteren Leben entwickeln?" und warteten dreißig Jahre auf die Antworten der Längsschnittanalyse. Viele der darin erhobenen Daten hatten mit beruflichem und finanziellem Erfolg zu tun. Ließ sich aus bestimmten Verhaltensweisen Erfolg prognostizieren? Oder Misserfolg?

Die Antwort lautete in beiden Fällen eindeutig ja. Kinder, die im Kindergarten unkonzentriert waren, hatten dreißig Jahre später fast immer ein geringeres Einkommen. Aggressive und aufsässige Kindergartenkinder verdienten später nicht nur weniger, sondern kamen häufiger ins Gefängnis, konsumierten öfter Drogen oder machten sogar beide Erfahrungen.

Auch umgekehrt wurde ein Schuh daraus. Je aufmerksamer die Kinder dem Vorschulunterricht folgten, desto höher fiel ihr Einkommen aus. Je mehr prosoziale Fähigkeiten sie entwickelten, desto eher schlossen sie Freundschaften. Sie schnitten auch in der Schule besser ab (was, ob Sie es glauben oder nicht, mit der Fähigkeit zum Schließen von Freundschaften zusammenhängt), sodass sie mit höherer Wahrscheinlichkeit studierten und ein höheres Einkommen erzielten.

Diese Erkenntnisse sind nur beispielhafte Korrelationen aus einem ziemlich großen Berg von Daten, die wir mit einem einzigen Satz zusammenfassen können: Soziale Kompetenzen spielen für das persönliche Wohlergehen eine wichtige Rolle. Sie erklären auch, weshalb Veränderungen schwierig sind. Sobald sich unsere sozialen Fertigkeiten entwickelt haben, üben sie einen bedeutsamen Einfluss darauf aus, welchen Kurs unser Verhalten einschlägt.

Glücklicherweise gibt es evidenzbasierte Methoden, um Kursänderungen vorzunehmen. Wir wissen zum Beispiel, wie sich die (sowohl erlernbare als auch angeborene) Theory of Mind verbessern lässt. Und wir wissen auch, was Sie tun müssen, um Gespräche nicht länger zu dominieren oder andere Menschen zu unterbrechen, vor allem wenn Sie ein Mann sind, der es gewohnt ist, Frauen mitten im Gespräch ins Wort zu fallen.

Nichts von alledem ist einfach. Aber es ist machbar. Sie mögen von Ihrer Vergangenheit geprägt sein, aber glücklicherweise leben sie nicht mehr darin. Sie haben nur die Gegenwart. Aber mehr brauchen Sie auch nicht.

Höchste Zeit für ein paar praktische Tipps, die Sie schon am Montag umsetzen können.

## Narzissmus

Wie wir schon gehört haben, lassen sich glücklicherweise alle drei Beine des c-Faktor-Hockers verstärken. Beginnen wir mit der Theory of Mind.

Im vorangehenden Abschnitt habe ich erwähnt, dass die Theory of Mind sowohl eine erlernbare Fertigkeit als auch eine angeborene Eigenschaft ist. Was können wir also tun, um diese spezielle gedankenleserische Fähigkeit zu verbessern? Der entscheidende Punkt ist, sich auf eine andere Person als die eigene zu konzentrieren.

Wissen Forscher, wie man Menschen dazu bringen kann, weniger ichbezogen zu sein? Zwei Versuchsreihen haben diese Frage mit Ja beantwortet. Für das erste Experiment wurden unangepasste Narzissten – die egozentrischsten Menschen auf diesem Planeten – rekrutiert; beim zweiten forschte man in Buchclubs. Ja, richtig gelesen: Buchclubs.

Das Experiment mit den Narzissten wurde in Großbritannien durchgeführt. Die Wissenschaftler teilten die Versuchspersonen in zwei Gruppen auf und untersuchten ihre Reaktion auf dramatische und bewegende Geschichten. Hierzu verwendeten sie Verhaltensmessungen und physiologische Verfahren (zur Erfassung der Reaktionen des autonomen Nervensystems, etwa der Herzfrequenz). Bei Nicht-Narzissten lösen solche Geschichten in der Regel immer eine beschleunigte Reaktion des Nervensystems aus. Physiologische Parameter liefern daher viel verlässlichere Ergebnisse als subjektive Selbsteinschätzungen.

Zu Beginn des Experiments bekamen die Narzissten beider Gruppen ergreifende Geschichten zu hören, darunter den Erfahrungsbericht eines Opfers häuslicher Gewalt und die detaillierte Beschreibung einer sehr schmerzhaften Trennung. Der ersten Gruppe, der Kontrollgruppe, wurden dann neutrale Fragen gestellt, zum Beispiel: „Was haben Sie gestern Abend im Fernsehen gesehen?" Direkt im Anschluss wurden ihre Gehirne und Körper untersucht. Wie es sich für echte Narzissten gehört, waren sie von den schlimmen Geschichten ebenso wenig beeindruckt wie vom Fernsehprogramm. Ihre physiologischen Reaktionen blieben konstant.

Der zweiten Gruppe wurden ebenfalls Fragen gestellt, aber diese zielten darauf ab, die Versuchspersonen noch tiefer in die zuvor gehörte Geschichte eintauchen zu lassen. Sie sollten sich vorstellen, wie sich die Person gefühlt hat, als sie das Trauma durchlebte, und wie es für sie gewesen sein muss, darüber zu sprechen. Außerdem fragten die Forscher: „Wie würden Sie sich fühlen, wenn Ihnen das passiert wäre?" Damit wollten sie die Narzissten aus der zweiten Gruppe dazu anregen, sich in die Perspektive des Opfers hineinzuversetzen, ehe sie auch bei ihnen das Verhalten und die physiologischen Reaktionen auswerteten.

Und tatsächlich, es funktionierte. Die gemessenen Empathiewerte schossen in die Höhe und die kardiovaskulären Reflexe zogen mit, sodass die autonome Reaktion im Vergleich zur Kontrollgruppe um 67 Prozent höher ausfiel. Die Forscher „zeigten auf, dass das mit (maladaptivem) Narzissmus in Zusammenhang stehende Defizit an Empathie und HF (Herzfrequenz) beseitigt wird, wenn es eine Anleitung gibt, um sich in die Perspektive einer leidenden Zielperson zu versetzen".

Jawohl, beseitigt. Selbst bei hochgradig unsensiblen Zeitgenossen lässt sich Mitgefühl erzeugen. Überraschenderweise braucht es dazu gar nicht so viel. Für eine erste Veränderung ihres Nervensystems reichte schon eine kurze Anleitung.

Aus diesen Daten lässt sich zweierlei entnehmen: 1. Was leistungsschwachen Teams am meisten schadet, ist Ichbezogenheit. 2. Was dagegen am besten hilft, ist Fremdbezogenheit zu praktizieren. Wenn die Menschen sich angewöhnen würden, regelmäßig in die Welt einer anderen Person einzutauchen und darüber nachzudenken, wie es sich dort leben würde, hätten wir schon viel gewonnen. Ohne fremde Unterstützung ist das zwar nicht ganz einfach, aber auch nicht unmöglich. Die Forschung weiß, wie man Menschen dazu bringt, weniger egozentrisch zu sein. Das bedeutet, wir können aus diesen Daten praktischen Nutzen ziehen. Hierfür ist es nicht nötig, zum Coach, Elternteil oder irgendeiner anderen Autoritätsperson eines anderen Menschen zu werden. Erstaunlicherweise lässt sich dies anhand eines Kinofilms beschreiben, der im Jahr 1984 ein respektables Ergebnis (Platz 5 nach Umsatz) einspielte.

## Vom Autowachsen und der Macht der literarischen Fiktion

Der Film, den ich meine, ist die Erstverfilmung von *Karate Kid*. Es geht darin um einen schrumpeligen alten Karatemeister namens Mr. Miyagi, der den High-School-Jungen Daniel LaRusso in die Kunst des Kampfsports einführt. Zu Beginn bittet Mr. Miyagi Daniel, monotone und langweilige Arbeiten rund um sein Haus zu erledigen (wie den Zaun zu streichen, die Fußböden abzuschleifen und sein Auto zu wachsen – eine denkwürdige Szene). Dadurch lässt er ihn bestimmte motorische Fähigkeiten trainieren. Die damals wie heute unrealistische Idee dahinter war, dass Daniel durch diese Arbeiten grundlegende Bewegungsabläufe trainieren würde, die ihm dabei helfen sollten, Wettkampfniveau zu erreichen.

Ob Sie es glauben oder nicht, Mr. Miyagi machte sich hier ein Verfahren zunutze, das *ferner Transfer* genannt wird. Dabei wirkt sich das Üben einer bestimmten Fertigkeit unbeabsichtigt positiv auf den Erwerb einer anderen aus. Auch wenn es ein bisschen weit hergeholt ist, Arbeiten am Haus zu verrichten, um Karate zu lernen, ist die Idee des fernen Transfers an sich durchaus plausibel. Womit wir bei den Buchclubs wären. Hinter dem Gedanken, dass solche Literaturzirkel kognitive Fähigkeiten fördern, steht ebenfalls dieses Transferprinzip. Durch das Lesen guter Bücher verbessern wir unsere Theory of Mind.

Beweise gefällig? Anhand von fünf faszinierenden Experimenten testeten New Yorker Wissenschaftler eine Gruppe von Menschen auf ihre Theory of Mind und ließen sie dann literarische Werke lesen. Die Probanden wurden – ähnlich wie die Narzissten – gebeten, sich in das Erzählte hineinzudenken, die Figuren zu diskutieren und Vermutungen darüber anzustellen, wie sich diese unter bestimmten Umständen verhalten würden. Diese Übung zwang sie dazu, sich eingehend mit dem Text auseinanderzusetzen, ähnlich wie es beim inspirierenden Austausch in einem Buchclub geschieht. Und wie bei den Narzissten wurden auch hier Verhaltensänderungen festgestellt. Die Theory-of-Mind-Werte stiegen um rund 13 Prozent an.

Das ist ein großartiges Beispiel für fernen Transfer. Das Experiment war erfolgreich, weil das Training in einem Kompetenzbereich Nutzen für einen anderen Bereich erbrachte. Die Wissenschaftler glauben, dass dieser Transfer funktioniert hat, weil in der Literatur die reale Welt der menschlichen Beziehungen abgebildet wird. In der fiktiven Welt können die Menschen üben, ihren Fokus auf andere zu richten. (Manche Forscher bezeichnen schöne Literatur daher als Flugsimulator für das Herz). Die eigene Aufmerksamkeit dann auch im wahren Leben verstärkt auf andere Menschen zu richten, wird dadurch immer mehr zu einem unwillkürlichen Reflex. Interessanterweise funktionierte das Experiment nur, wenn die Bücher gut geschrieben waren: Sie mussten einen Literaturpreis gewonnen haben. Triviale Unterhaltungsliteratur führte keine Verbesserung herbei; Sachbücher ebenso wenig.

Was bedeutet das? Es grenzt an Absurdität zu behaupten, dass Teams erfolgreicher wären, wenn sie einen Buchclub gründen und sich in das Leben literarischer Figuren hineinversetzen würden, aber genau das legen die Daten nahe. Sie sollten einen Buch- oder Filmclub gründen oder ehrenamtlich bei der Tafel arbeiten, ihre Beobachtungen über die Menschen aufschreiben und die Texte ihren Kollegen vorlesen. Da soziale Sensitivität die Produktivität von Teams steigert, ergibt sich aus diesen Ausführungen fast zwangsläufig: Wenn Sie die Produktivität erhöhen möchten, sorgen Sie dafür, dass die Teammitglieder regelmäßig Einblicke in fremde Welten erhalten.

## Unterstützen, nicht wechseln

Sie werden sich daran erinnern, dass das zweite Bein des c-Faktor-Hockers Empfehlungen für die Gesprächsorganisation gibt: Alle sprechen der Reihe nach, niemand dominiert das Gespräch. Auf so viel Disziplin trifft man bei Gesprächen zugegebenermaßen eher selten, und das hat einen triftigen Grund: Das Gehirn arbeitet hier gegen Sie. Der überwiegende Teil der Menschen (mit Ausnahme einiger weniger) liebt es, sich selbst reden zu hören – es ist die ultimative öffentliche Darstellung ihrer selbst, ihrer Ideen, ihres Egos. Das kann süchtig machen. Das Gehirn schüttet dabei jedes Mal eine Ladung stimmungsaufhellenden Dopamins aus. Genau wie bei Kokain. Und bei Twitter.

Wie kann man damit aufhören, Gespräche zu dominieren? Der Soziologe Charles Derber könnte es wissen. Er hat Hunderte von Konversationen zu Hause und am Arbeitsplatz untersucht und dabei quantitativ bestätigt, dass die Menschen wirklich gerne über sich selbst reden. In seiner Arbeit zeigt er auch einen praktischen Lösungsweg auf, den das folgende hypothetische Gespräch zwischen zwei Kollegen veranschaulicht:

*1. Person: Ich ärgere mich so über Sandra.*

*2. Person: Ich ärgere mich auch über Sandra. Weißt du, was sie mir heute Morgen angetan hat?*

Ist Ihnen der Kurswechsel aufgefallen? Die 2. Person beginnt sofort, über ihre eigene Erfahrung zu sprechen, obwohl es bei der Unterhaltung gar nicht um sie geht. Derber bezeichnet diese Reaktion als Wechselantwort (*shift response*), weil die 2. Person das Gespräch auf ihre eigene Erfahrung umlenkt und gleichzeitig die Erfahrung der 1. Person übergeht.

Betrachten Sie nun dieses Gespräch:

*1. Person: Ich ärgere mich so über Sandra.*

*2. Person: Warum ärgerst du dich über sie? Was ist zwischen euch vorgefallen?*

Hier läuft es anders. Die 2. Person belässt den Fokus auf dem Kollegen, der die Unterhaltung begonnen hat, und zwar in unterstützender Manier. Derber nennt diese Reaktion unterstützende Antwort (*support response*).

Menschen geben mehrheitlich (in ca. 60 Prozent aller persönlichen Gespräche) Wechselantworten. Untersucht man Gesprächsverläufe in den sozialen Medien, steigt diese Zahl sogar auf 80 Prozent. In Meetings kann man live dabei sein, wenn anderen die Show gestohlen wird – und dabei fast schon hören, wie das Dopamin aus dem neurologischen Off jubelt.

Wie stark ist Ihr Narzissmus ausgeprägt? Um das herauszufinden, beobachten Sie einfach Ihre eigenen Gespräche in Meetings oder bitten Sie jemand anderen, das zu tun. Machen Sie eine Bestandsaufnahme, egal ob systematisch (evtl. mithilfe einer kleinen Tabelle) oder informell (fragen Sie eine Kollegin, wie lange Sie ihrer Meinung nach geredet haben). Bitten Sie jemanden darum, Ihre Redezeit zu stoppen, um herauszufinden, wie viel „Sendezeit" Sie tatsächlich beanspruchen. Und berücksichtigen Sie, zu welchem Anteil der inhaltliche Fokus dabei auf Sie selbst gerichtet ist. Wenn Sie in 60 Prozent der Fälle Wechselantworten geben, sollten Sie das Verhältnis umkehren, sodass unterstützende Antworten 60 Prozent ausmachen. Wenn sich 80 Prozent Ihrer digitalen Kommunikation um Sie selbst dreht, reduzieren Sie den Anteil auf 20 Prozent.

Es ist ganz ähnlich wie bei der Theory of Mind: Wenn Sie das Gespräch nach und nach weiter weg von Ihrem Lieblingsthema – Sie selbst – verlagern, bekommen auch andere Menschen die Chance, etwas beizutragen. Wie die Forschung eindeutig zeigt, erhält so jeder die Gelegenheit, einen guten Eindruck zu machen, und das zweite Bein des c-Faktor-Hockers wird dadurch stärker.

## Mehr Frauen

Bestimmt erinnern Sie sich daran, dass die dritte Komponente des c-Faktors geschlechtsbasiert war: Je mehr Frauen in einem Team, umso höher die Produktivität. Dabei war der Effekt eindeutig dosisabhängig, wie wir es von Arzneimitteln kennen. Der praktische Tipp ist deshalb so glasklar wie die gläserne Decke: Stellen Sie mehr Frauen ein. Befördern Sie Frauen in Positionen, wo sie tatsächlich etwas bewirken können.

Das mag zwar kontrovers klingen, doch dieses Ergebnis ist kein Einzelbefund. Es handelt sich außerdem um keine brandneue oder ausschließlich auf Nordamerika beschränkte Erkenntnis. Die Organisation für wirtschaftliche Zusammenarbeit und Entwicklung (OECD) beobachtete vor über zehn Jahren (2010) geschlechtsspezifische Effekte in Entwicklungsländern. Wenn Frauen ein bestimmtes Kapital zur Verfügung gestellt bekamen, investierten sie mehr Geld in ihre Familien und ihr Umfeld als Männer, was vor Ort zu mehr Wohlstand für alle führte. In Regionen, wo die Frauen genauso viel Land wie die Männer besaßen, stiegen die Ernteerträge um zehn Prozent.

Selbst in jungen Jahren leisten Frauen einen Beitrag für mehr Produktivität. Die OECD stellte fest, dass das BIP eines Landes um rund drei Prozent anstieg, wenn mindestens zehn Prozent der Mädchen eine Schule besuchen durften. Wenn Frauen langfristig am wirtschaftlichen Leben teilhaben, steigern sie das finanzielle Potenzial ganzer Nationen.

Ähnliche Effekte stellten die Wissenschaftler auch in den Vereinigten Staaten fest. Fortune-500-Unternehmen mit einem ausgewogenen Geschlechterverhältnis im Vorstand verdienten mehr Geld als solche mit unausgewogener Zusammensetzung, und der Effekt war alles andere als trivial: Im Vergleich erzielten sie durchschnittlich eine um 66 Prozent höhere Rendite auf das investierte Kapital, eine um 53 Prozent höhere Eigenkapitalrendite und eine um 43 Prozent höhere Umsatzrendite. Geschlechterparitätisch besetzte Vorstandsgremien bekamen auch weniger Ärger mit der amerikanischen Börsenaufsichtsbehörde SEC, weil sie weniger riskant vorgingen, um die Steuerlast ihres Unternehmens zu senken.

Wie kommt es zu dieser Produktivitätssteigerung? Das weiß niemand so genau. Zahlen wie diese werden gerne als Munition im Kampf der Geschlechter verwendet, aber bei so eindeutigen Werten ergibt das wenig Sinn. Woolley geht davon aus, dass die Produktivitätssteigerung mit der ersten Komponente des c-Faktors zusammenhängt: Da Frauen bei Tests zur Ermittlung der sozialen Sensitivität (wie RME) tendenziell besser abschneiden als Männer und eine höhere soziale Sensitivität die Produktivität steigert, folgt daraus logischerweise, dass Gruppen durch mehr Frauen produktiver werden.

Diese Erkenntnisse sollten nicht länger unter den Teppich gekehrt werden. Wenn Sie mehr Produktivität möchten, stellen Sie so viele Frauen wie möglich ein.

## Rückschläge

Obwohl Gruppen in der Regel bessere Entscheidungen treffen als Einzelpersonen und Teams mit hohem c-Faktor die allerbesten, entsteht durch Zusammenarbeit nicht immer und überall eine Win-win-Situation. Die Nachteile von Teams, die ebenfalls von Forschern untersucht wurden, können für Unternehmen ziemlich verheerende Auswirkungen haben. Was sich wie ein Widerspruch anhört, ist gleichzeitig die Lösung: mehr Teamarbeit.

Eines der am ausführlichsten beschriebenen Mankos von Teamarbeit ist das *Gruppendenken*. Verhaltenswissenschaftler definieren es als „die Tendenz von Gruppenmitgliedern, kritisches Denken zu blockieren, weil sie sich um Einstimmigkeit bemühen".

Auch wenn der Begriff klingt, als stamme er aus der Feder von George Orwell, wurde er ursprünglich in den 1970er-Jahren durch den Yale-Psychologen Irving Janis geprägt und seitdem häufig bemüht, um alle möglichen Pannen zu erklären, von missglückten Militärinvasionen bis zu den beiden Space-Shuttle-Katastrophen.

Janis fand heraus, dass Gruppendenken nur unter bestimmten sozialen Bedingungen gedeiht. Die Einstiegsdroge dafür heißt Informationsbeschränkung. Teams, die sich von äußeren Einflüssen abschotten, sind laut Janis am anfälligsten für Gruppendenken, und zwar aus einem unerfreulichen Grund: Sie überschätzen die eigenen Fähigkeiten oft maßlos. Da sie sich gerne mit anderen vergleichen, vor allem wenn sie vergangene Erfolge vorzuweisen haben, sind sie auch anfällig für die Entwicklung einer Stammesmentalität à la „Wir gegen die anderen". Woran man das merkt? Dissens. Alternative Einflüsse von außen werden gern als „anders" abgestempelt – ein Euphemismus für *minderwertig* oder *bedrohlich*. Oder beides.

Ein weiterer Soldat im Bataillon des Gruppendenkens ist der Druck von außen. Teams, die gezwungen sind, Lösungen innerhalb eines bestimmten Zeitrahmens („bis gestern") zu erarbeiten, sind anfälliger für Gruppendenken. Äußerer Druck kann zum Beispiel von einer autoritären Führungskraft ausgehen, womit wir schon beim nächsten roten Alarmsignal sind. Dominante Persönlichkeiten stellen ebenfalls einen Risikofaktor für Gruppendenken in Teams dar, insbesondere wenn sie mit einer Führungsrolle betraut sind. Dem dominanten Leader zu gefallen, vor allem wenn dieser Wert auf Bewunderung legt, kann wichtiger werden als kritisch zu denken.

Eigenartig ist, dass von Gruppendenken betroffene Teams häufig wirklich gut zusammenarbeiten. Vielleicht rühmen sie sich sogar dessen, was beim Militär als Kohäsion bezeichnet und durch gemeinsame Erfolge weiter verstärkt wird. Langfristig betrachtet, ist ein solcher Zusammenhalt jedoch ein zweischneidiges Schwert. Alternative Ideen aus den eigenen Reihen können das Gruppendenken vorübergehend außer Kraft setzen, aber die „Schuld" dafür wird fälschlicherweise der kritisch denkenden Person in die Schuhe geschoben, da unkonventionelle Ideen trotz ihrer Vorzüge oftmals als „illoyal“ angesehen und abgewürgt werden.

Und genau hier haben wir ihn, den Widerspruch. Ist Gruppenzusammenhalt nicht auch ein Merkmal des c-Faktors? Zielt der c-Faktor nicht auf Sicherheit, für die das Team gefährlicherweise so dankbar sein könnte, dass die Eintracht dem kritischen Denken den Rang abläuft? Es scheint fast, als bräuchten erfolgreiche c-Faktor-Teams ein weiteres Element – einen zusätzlichen Verhaltenswächter –, um Gruppendenken zu vermeiden. Glücklicherweise wissen die Forscher genau, was ihnen fehlt. Und, viel wichtiger: Sie wissen, wie man daran kommt.

## Die Macht des Andersseins

Das fehlende Element lässt sich am besten an einem der wahrscheinlich seltsamsten Paare der amerikanischen Rechtsgeschichte veranschaulichen: Ruth Bader Ginsburg und Antonin Scalia. Beide waren Richter am Obersten Gerichtshof der USA, und beide sind mittlerweile verstorben. Sie waren unglaublich klug, vollkommen unabhängig und politisch so weit voneinander entfernt wie Pommes frites von Karottensticks. Gerade weil sie so unterschiedlich waren, bestand zwischen ihnen eine gewisse Anziehung, aus der sich Faszination, tiefer Respekt – und schließlich eine innige Verbundenheit entwickelte. Die beiden Richter pflegten den Kontakt miteinander, gingen gemeinsam in die Oper (– es wurde sogar eine über sie geschrieben!) und wurden enge Freunde. Ginsburg hielt bei Scalias Begräbnis die Trauerrede.

Genau diese Bereitschaft, Andersartigkeit wertschätzend anzunehmen, fehlt Teams, wenn sie von Gruppendenken betroffen sind: Unterschiedliche Standpunkte bringen ein breiteres Spektrum an Ansichten, Denkweisen und, was vielleicht am wichtigsten ist, sozialen Erfahrungen in die Gruppe ein. Es gibt zahlreiche empirische Belege dafür, dass Teams umso erfolgreicher sind, je vielfältiger sie zusammengesetzt sind. Diese Vielfalt kann sich sowohl auf ethnische als auch wirtschaftliche, geschlechtsspezifische, religiöse, sprachliche und meiner Ansicht nach sogar geografische Aspekte beziehen. Mitglieder heterogener Teams lassen sich seltener übermäßig voneinander beeinflussen, was beim Gruppendenken an der Tagesordnung ist.

Ein Hinweis auf diese positive Auswirkung ergab sich vor ein paar Jahren. Eine Gruppe von Forschern der Columbia University und der University of Maryland untersuchte die Ursachen von Börsencrashs und nahm dabei ethnisch diverse Märkte und Preisblasen näher unter die Lupe. Obwohl die Untersuchung sehr komplex war (in erster Linie ging es um überbewertete Vermögensgegenstände), brachten die Ergebnisse etwas sehr Wichtiges ans Licht: Auf Märkten, die von ethnischer Vielfalt geprägt sind, findet eine präzisere Vermögensbewertung statt, weil dort seltener das überzogene blinde Vertrauen des Gruppendenkens regiert.

Wie viel genauer waren die Bewertungen? Kolossale 58 Prozent. Wie die Studie zeigen konnte, schlug sich diese Präzision in Millionen Dollar schweren Einsparungen nieder.

Ein wesentlicher Grund für die höhere Genauigkeit der Bewertungen war, dass Fakten häufiger überprüft wurden. Je höher die soziale Diversität einer Gruppe war, umso seltener machte sie Fehler aufgrund von Voreingenommenheit und umso weniger Mutmaßungen stellte sie an. Wer anders denkt, ist dazu bereit, Behauptungen infrage zu stellen, woraus eine höhere Tatsachengenauigkeit resultiert. Von Vielfalt geprägte Gruppen waren außerdem kreativer. Dies lässt sich anhand von Problemlöse-Aufgaben messen, indem man die Anzahl neuer Ideen pro Zeiteinheit bestimmt. Erwartungsgemäß lieferten diverse Teams innovativere Problemlösungen als homogene Gruppen und trafen außerdem bessere Entscheidungen.

Die Ergebnisse waren ausreichend robust, um daraus einen Mechanismus abzuleiten, der erklärt, warum Vielfalt funktioniert. Dazu gleich Näheres. Ehrlich gesagt, hätten sie sich aber auch einiges an Zeit, Geld und Arbeit sparen können und stattdessen einfach in der Oper die Gespräche zwischen zwei auf dem Höhepunkt ihrer Macht angekommenen und von tiefer Achtung zueinander erfüllten Richtern des Obersten Gerichtshofs belauschen können.

## Mechanismen der Vielfalt

Ich wurde in Japan geboren, wo mein Vater als Berufssoldat stationiert war. Ganz oben auf der Liste meiner frühen Kindheitserinnerungen steht das Drachensteigen. Aus der Ferne wirken diese grazilen Flugobjekte, als hätte jemand winzige bunte Farbkleckse an den Himmel gemalt – einfach wunderschön! Auf dem College begeisterten mich Drachen immer noch, aber mit zunehmendem wissenschaftlichem Verständnis bewunderte ich sie aus einem völlig anderen Grund: Drachen fliegen nicht ohne eine gewisse Spannung. Erst wenn der Wind auf ihr Skelett aus Papier und Holz trifft, entsteht der nötige Auftrieb, damit sie steigen können.

Drachen, die Spannung benötigen, werden gerne als Metaphern für wichtige Lektionen des Lebens bemüht. Man trifft sie ebenso in Predigten wie in Selbsthilfe-Ratgebern. Ich bin gerade im Begriff, sie für einen ähnlichen Dienst an der Gesellschaft zu rekrutieren, wenn auch aus ganz anderen Gründen. Das „Drachenprinzip" ist nämlich der Grund dafür, warum Teams durch Diversität zu Problemlösungsgenies avancieren.

Die vormals an der Columbia Business School tätige Katherine Phillips hat sich eingehend mit verschiedenen Problemlösungsgenies beschäftigt. Dabei fand sie interessante Dinge über Gruppendynamik heraus, unter anderem, dass beim ersten Zusammentreffen von Teammitgliedern mit unterschiedlichem sozialem Hintergrund fast immer Spannung herrscht: Die Kommunikation verläuft eher kurz und knapp, weil sich die Beteiligten in der neuen und ungewohnten Umgebung zunächst zurückhalten. Viele fühlen sich irgendwie unwohl. Häufig haben sie außerdem kein großes Vertrauen zueinander, sind übermäßig auf respektvollen Umgang bedacht und zeigen wenig Gruppenzusammengehörigkeit.

In Anbetracht dieses emotionalen *Unbehagens* sollte man meinen, dass Gruppen mit hoher Diversität eher scheitern. In empirischen Versuchen wurde allerdings genau das Gegenteil herausgefunden – ein gutes Beispiel dafür, warum selbst offensichtliche Dinge untersucht werden sollten.

Phillips tat genau das, und die Antwort, auf die sie und ihre Kollegen gestoßen sind, ist in der Drachenphysik beheimatet. Die anfängliche Spannung in den Gruppen bringt die Menschen auf Touren. Aufgrund der wahrgenommenen Unterschiede sind die Gruppenmitglieder eher dazu bereit, ihre Erwartungen an den Erfolg der Gruppe zu revidieren. Einige glauben, die Entscheidungsfindung würde mühsamer sein. Andere sind der Ansicht, sie müssten sich mehr auf die Fakten konzentrieren und ihre Vorurteile außen vor lassen. So entwickelt sich von innen heraus eine heilsame Gruppendynamik. Um Phillips selbst zu zitieren: „Wenn man soziale Diversität in eine Gruppe einbringt, glauben die Menschen, dass es unterschiedliche Sichtweisen geben könnte, und dieser Glaube führt dazu, dass sie sich anders verhalten."

Stellt dieses Ergebnis die Ansicht infrage, dass Vertrauen der wichtigste Faktor für die Produktivität einer Gruppe ist? Ganz und gar nicht, aber es relativiert sie. Die besten Teams vertrauen einander trotzdem, aber nicht, weil sie frei von Spannung sind. Sie machen sich die Spannung vielmehr für ihren Erfolg zunutze – oft sogar vehement, wie wir der Literatur entnehmen können – und nichts trägt mehr zum Zusammenhalt einer Gruppe bei als Erfolg.

Phillips' Untersuchung förderte also eine schlechte, eine gute und eine ungewöhnliche Nachricht zutage. Die schlechte Nachricht: Interaktionen von Teams mit hoher Diversität sind anfänglich von Spannung geprägt. Die gute Nachricht: Solche Teams werden mit der Zeit die besten Problemlöser der Welt. Und die ungewöhnliche Nachricht: Die schlechte Nachricht ist die Grundvoraussetzung für die gute Nachricht. Es ist tatsächlich genau wie beim Drachen: Wenn er steigen soll, brauchen Sie Wind von vorne und keinen Rückenwind.

## Zum Thema Größe

Wie wir nun wissen, können Teams die produktivsten Problemlösungsfabriken der Welt sein. Allerdings haben wir noch nicht viel darüber gehört, wie groß sie sein sollten, um aus der ganzen Kleinteiligkeit das Optimum herauszuholen. Gibt es eine Standardgröße, die immer passt?

Ehrlich gesagt, weiß das niemand – zumindest nicht genau. Im wissenschaftlichen Bereich scheint die Teamgröße manchmal aus dem Ruder zu laufen. Die Arbeit über die Entdeckung des Higgs-Bosons (das in populären Kontexten gerne als „Gottesteilchen" bezeichnet wird) zählt zum Beispiel über 5000 Autoren. In meinem Fachgebiet, der Genetik, sind heutzutage Arbeiten mit 1000 Autoren Standard. Arbeiten mit nur einem Autor gibt es zwar auch noch, aber sie sind so rar wie Michelin-Sterne.

Bringen große Teams überhaupt etwas? Die Forschung hat sich mit dieser Frage beschäftigt. Eine Untersuchung nahm die weltweiten Errungenschaften aus Forschung und Technik über einen Zeitraum von 60 Jahren (1954–2014) unter die Lupe und konzentrierte sich dabei auf eine vermeintlich einfache Frage: Welche Teamgröße ist in der Wissenschaft am produktivsten? Die Forscher untersuchten 65 Millionen Projekte sorgfältig auf größenbezogene Trendlinien – und fanden zwei.

Die erste Trendlinie bezog sich darauf, wie „disruptiv" und „inspirierend" die untersuchte Forschungsleistung war. Dabei wurde unter *disruptiv* einzigartig/unkonventionell/bahnbrechend verstanden, und *inspirierend* bezog sich darauf, wie oft andere Forscher das disruptive Werk als Ausgangspunkt (oder Ergänzung) ihrer eigenen Arbeiten anführten. Die Studie ergab, dass wirklich disruptive Forschung fast immer in Teams von weniger als fünf Personen stattfand. Dabei spielte es keine Rolle, um welches Fachgebiet oder gar welche Art von Projekt es sich handelte. Eine kleine Gruppe verhieß gute Chancen auf ein disruptives Ergebnis.

Dennoch war „klein" nicht universell gleichbedeutend mit „positiv". Kleinere Gruppen brachten vielleicht mehr bahnbrechende wissenschaftliche Ergebnisse hervor, aber sie waren nicht besonders gut darin, ihre Ideen weiterzuentwickeln. Dafür brauchte es erwiesenermaßen größere Gruppen. XXL-Teams gelang es hervorragend, bereits vorhandene disruptive Erkenntnisse auszubauen und weiterzuentwickeln. Sie *generierten* zwar eher keine neuen Ideen, waren aber äußerst erfolgreich darin, sie *umzusetzen*. (Vielleicht hat es nur ein paar wenige Wissenschaftler gebraucht, um die Existenz eines Gottesteilchens zu postulieren, aber mehr als 5000 waren nötig, um es zu finden.)

Es gibt noch eine interessante Randnotiz zu den Einzelschicksalen von Wissenschaftlern: Wie sich bei der Untersuchung herausstellte, wurden diejenigen, die in kleineren Gruppen bahnbrechende Forschungsleistungen erbracht hatten, durch den Wechsel in ein größeres Team weniger disruptiv. Sie hätten ihrer Kreativität also einen besseren Dienst erwiesen, wenn sie weiterhin im kleinen Kreis geforscht hätten.

Was schließen wir daraus? Beide Gruppengrößen haben ihre Daseinsberechtigung, und Projektmanager sollten deshalb bei der Zusammenstellung von Teams mit Bedacht vorgehen. Es gilt zu erkennen, um welche Art von Problem es geht, und dann die Gruppengröße zu wählen, die am besten dazu in der Lage ist, das Problem zu lösen. Die Daten zeigen, dass die Wahrscheinlichkeit für den Erfolg (oder Misserfolg) schon zum Zeitpunkt der Teamzusammenstellung feststeht, also bereits bevor das Team auf das Problem losgelassen wird. Leistungsstarke Problemlösungsmaschinen erzeugt man durch Teams, die mit hohem c-Faktor und einer gewissen Diversität ausgestattet sind.

In Anbetracht dessen sollten Sie am Montag Folgendes tun:

1. *Wählen Sie Personen aus, die beim RME-Test entweder direkt gut abschneiden oder bereit sind, einem Buchclub beizutreten, um ihre Ergebnisse zu verbessern.*
2. *Wählen Sie Personen aus, die dazu bereit sind, ihre Gesprächsgewohnheiten zu analysieren. Wer üblicherweise Wechselantworten gibt, sollte sich angewöhnen, in Zukunft unterstützende Antworten zu geben. Rücksichtnahme in Gesprächen, zum Beispiel andere nicht zu unterbrechen, sollte gängige Praxis sein. Außerdem sollten sie die Bereitschaft mitbringen zu lernen, wie sie bessere Zuhörer werden können.*
3. *Achten Sie bei der Auswahl auf Diversität, und zwar sowohl hinsichtlich Geschlecht und Rasse als auch hinsichtlich geografischer und geopolitischer Kriterien.*
4. *Wählen Sie die richtige Größe: Kleine Teams fördern die Kreativität, große Teams sind besser dazu in der Lage, diese Kreativität an praktische Gegebenheiten anzupassen.*

Diese evidenzbasierten Tipps sind größtenteils tief in unserer langen Evolutionsgeschichte verwurzelt und dadurch sehr solide. Damit besteht auch in turbulenten Zeiten Anlass zur Hoffnung. Selbst der schlimmste Schaden, den Pandemien bei Gruppeninteraktionen anrichten können, wird nur von kurzfristiger Dauer sein. Wir sind schon seit Jahrtausenden auf Teamarbeit angewiesen, und es wird noch jahrtausendelang so weitergehen.

### TEAMS

**Brain Rule:** Teams sind produktiver, aber nur, wenn sie aus den richtigen Leuten bestehen.

1) Der entscheidende Aspekt für die Produktivität eines Teams ist eine psychologisch sichere Umgebung, in der die Mitarbeiter einander vertrauen.
2) Um eine psychologisch sichere Umgebung zu schaffen, benötigt Ihr Team drei Dinge:
   a) die Fähigkeit, soziale Signale zu deuten (starke Theory of Mind)
   b) Mitglieder, die einander zu Wort kommen und ausreden lassen
   c) mehr Frauen

- Sie können Ihre Sensitivität für soziale Signale verbessern, indem Sie sich einem Literatur- oder Buchclub anschließen, ehrenamtlich bei der Tafel arbeiten oder sich irgendein anderes Hobby suchen, bei dem Sie trainieren können, Ihren Fokus auf jemand anderen als sich selbst zu richten.
- Um Gruppendenken in Ihrem Team zu vermeiden, sollten Sie darauf achten, dass es aus Menschen besteht, die sich hinsichtlich ihrer Denkweise, Rasse, Religion, Geschlechtsidentität, Vermögensverhältnisse und eventuell auch ihrer geografischen Herkunft unterscheiden. Anfängliche Spannungen aufgrund dieser Heterogenität werden dem Team langfristig zum Erfolg verhelfen, solange es sich ein psychologisch sicheres Umfeld bewahrt.
- Bestimmen Sie die Größe Ihres Teams auf Grundlage des Projekts, das Sie in Angriff nehmen möchten. Kleine Gruppen (von bis zu fünf Personen) sind besser bei Projekten, in denen es darum geht, etwas Neues oder Einzigartiges zu schaffen. Größere Gruppen eignen sich besser für Projekte, die auf bereits vorhandene Entwicklungen oder Ideen aufbauen.

# 2
# Das Homeoffice

**Brain Rule:**

Ihr Arbeitstag könnte sich ein bisschen anders darstellen und anfühlen als bisher. Planen Sie entsprechend.

Mit ihrem Kommentar in der *Washington Post* trat CEO Cathy Merrill ungewollt eine Lawine los – und musste ordentlich dafür einstecken.

Es ging darin um das Thema, mit dem wir uns in diesem Kapitel beschäftigen werden, und der Titel sagt alles: „Als CEO mache ich mir Sorgen um die Erosion der Bürokultur durch mehr Fernarbeit." Merrill betrauerte den Verlust persönlicher Bürokontakte in der sozialen Isolation der COVID-19-Welt. Kein spontaner Drei-Minuten-Austausch im Büroflur mehr. Schluss mit Präsenzmeetings und anderen persönlichen Treffen. Sie befürchtete, bis alles wieder auf dem Stand vor der Pandemie sei, könnten sich die Mitarbeiter zu sehr an die Freiheit gewöhnt haben, nur gelegentlich im Büro vorbeizuschauen.

Ihr Lamento endete mit einem Paukenschlag: Mitarbeiter, die von zu Hause aus arbeiten wollten, liefen Gefahr, dass ihre Arbeitsverhältnisse in freie Mitarbeit umgewandelt würden. Mit einer Vergütung auf Stundenbasis erhielten sie dann keine Zuschüsse zur Kranken- und Rentenversicherung mehr. Merrill schrieb, der größte Vorteil, ins „richtige" Büro zurückzukehren, sei ganz einfach die Sicherheit des Arbeitsplatzes. „Sie sollten bedenken: Am schwersten ist es, sich von den Leuten zu trennen, die man kennt. Jeder Manager weiß das", so ihr Fazit.

Die Reaktionen auf den Artikel waren heftig – als hätte man ein Streichholz in einer Propangasflasche angezündet. Merrills Mitarbeiter erkannten die nicht ganz so versteckte Drohung und explodierten vor Wut, Kollegen in anderen Unternehmen waren schockiert. Die Mitarbeiter veröffentlichten schließlich einen Tweet mit folgendem Text: „Wir sind bestürzt über Cathy Merrills öffentliche Bedrohung unserer Existenzgrundlage" und traten dann einen Tag lang in den Streik. Der Wirbel in der Öffentlichkeit dauerte allerdings viel länger. In einer Stellungnahme sagte Merrill, sie fühle sich missverstanden und es gehe ihr vor allem darum, „die Kultur zu bewahren, die wir in unseren Büros etabliert haben".

Die Ironie des Ganzen entzieht sich mir nicht: Vermutlich wäre das Missverständnis schnell aufgeklärt worden, wenn an diesem Tag alle bei der Arbeit gewesen wären. Merrill hätte eine Betriebsversammlung einberufen, die Mitarbeiter ihren Unmut äußern lassen und ihre eigenen Absichten klarstellen können. Und anschließend wäre sie mit allen etwas trinken gegangen (und hätte die erste Runde geschmissen). Stattdessen brachte die zu Hause verschanzte Belegschaft ihre verzweifelte Wut aus der Ferne zum Ausdruck. Die Mitarbeiter fühlten sich gedemütigt. Und Merrill war die Buhfrau.

Wie halten wir Besprechungen ab, wenn die Mitarbeiter in der frustrierenden postpandemischen Welt langsam zurück an die Arbeit gehen? Welche Fallstricke gibt es, wenn wir weiterhin ganz oder teilweise außerhalb der Firma arbeiten? Können wir diese Hürden irgendwie umgehen, wenn Remote-Arbeit zu einem festen Bestandteil der Arbeitswelt wird?

Mit diesen Fragen befassen wir uns in diesem Kapitel. Wir beginnen mit verbreiteten Vorstellungen über eine der wichtigsten Aktivitäten in der Welt vor dem Virus: Meetings. Dabei untersuchen wir, wie Besprechungen sich verändert haben, seit sie zunehmend online und von zu Hause stattfinden. Abschließend machen wir uns Gedanken darüber, wie Sie Ihre Produktivität im Homeoffice steigern können. Sie werden sehen, dass das Büro zu Hause ein ebenso brauchbarer Arbeitsplatz sein kann wie das traditionelle Büro in der Firma, wenn Sie ein paar wichtige Punkte beachten.

## Ja, so war's

In der Welt vor Corona wurden Besprechungen mit zwei Aspekten von Selbstgeißelung in Verbindung gebracht.

Der erste lautete: Meetings saugen uns förmlich aus. Sie verschlingen Zeit, Energie und finanzielle Ressourcen. Zudem sind sie nutzlos: Etwa 90 Prozent der Teilnehmer träumen währenddessen vor sich hin und über 70 Prozent nutzen sie, um andere Dinge zu erledigen. Und der zweite: Trotz aller Beschwerden halten Geschäftsleute (zu) viele Besprechungen ab – bis zu 11 Millionen *täglich,* bis zu 15 Prozent der Arbeitszeit eines Unternehmens, bis zu 23 Stunden der Arbeitswoche eines vielbeschäftigten Managers. Der Zeitaufwand für all diese Meetings war ebenfalls ein teurer Spaß: Schätzungen gehen von mehr als 37 Milliarden Dollar pro Jahr aus.

Für diese Selbstquälerei gibt es inzwischen sogar ein breit gefächertes Weiterbildungsangebot, im Rahmen dessen man lernen kann, Besprechungen erfolgreich zu leiten. Bei den Tipps, die man dort bekommt, geht es größtenteils um Problemvermeidung. In einem Interview mit der New York Times beschrieb Start-up-Investor Paul Graham das ideale Meeting folgendermaßen:

> *Es gibt nicht mehr als vier oder fünf Teilnehmer, die sich kennen und einander vertrauen. Sie gehen gemeinsam schnell eine Liste mit offenen Fragen durch und tun dabei noch etwas anderes, zum Beispiel zu Mittag essen. Es finden keine Präsentationen statt und keiner versucht die anderen zu beeindrucken. Alle möchten schnell fertigwerden und wieder an die Arbeit gehen.*

Fairerweise muss man sagen, dass nicht jeder der Meinung ist, das perfekte Meeting sollte mit vollem Mund stattfinden. Besprechungen sind die einzige Gelegenheit, um sich von Angesicht zu Angesicht in Echtzeit miteinander auszutauschen, und 80 Prozent ihrer Organisatoren erachten sie tatsächlich als produktiv und erhaltenswert. Sie plädieren deshalb dafür, Meetings durch die Anwendung verhaltenswissenschaftlicher Erkenntnisse besser zu machen, statt sie komplett abzuschaffen.

Auf die verhaltenswissenschaftlichen Erkenntnisse sowie darauf, wie wir Besprechungen produktiver machen können, gehen wir später noch ein. Zunächst kommen wir aber auf COVID-19 zu sprechen. Einer winzigen Mikrobe ist das gelungen, was fast 200 Jahre amerikanischer Kapitalismus nicht geschafft hat: zu verändern, wie wir Meetings abhalten.

Diese Veränderung könnte von größerer Dauer sein als zunächst angenommen. Im Laufe der Pandemie sind viele Unternehmen dazu übergegangen, Besprechungen auf Distanz und digital abzuhalten. Was das genau für unser Arbeitsleben bedeutet, ist noch nicht abschließend geklärt. Aber es steht fest, dass dieser außergewöhnliche gesellschaftliche Umbruch kein Spezifikum des *Annus horribilis* 2020 bleiben wird.

## Arbeiten von zu Hause

Ich kann mich noch gut erinnern: Nachdem ich das Video auf YouTube gesehen hatte, dachte ich: „Das ist also die Zukunft. Die Zukunft ist echt *lustig*!"

Vielleicht haben Sie den Clip auch gesehen: Der Korea-Experte Professor Robert Kelly wurde zu Hause von der BBC interviewt. Kellys Kinder beschlossen bei der Aufzeichnung mitzumachen und wurden damit zu Internet-Stars. Zuerst öffnete ein lächelndes kleines Mädchen mit gelbem Shirt die Tür von Kellys Arbeitszimmer und tanzte auf die Computerkamera zu. Gerade als der Moderator ihn auf diese Unterbrechung aufmerksam machte, kam Kellys neun Monate alter Sohn, festgeschnallt in einer runden Lauflernhilfe, direkt hinterhergerollt. Die Szene endete mit einem Rettungseinsatz der Mutter. Sie versuchte, die Kinder aus dem Bild zu bekommen, wobei mehrere Bücher auf den Boden fielen. Die meisten Hollywood-Slapsticks sind nicht annähernd so gut – und besitzen nicht diesen Weitblick.

In mancherlei Hinsicht scheint dieses Video die Zukunft von Meetings vorhergesagt zu haben. Denken Sie nur an die Kosteneinsparungen durch dieses Vor-Ort-Interview. Kelly lebt in Seoul, Südkorea. Ihn für das Gespräch nach London einzufliegen wäre viel teurer gewesen, als ihn einfach per Videocall von zu Hause zuzuschalten. Dementsprechend verringern sich bei vielen Unternehmen die Fahrtkosten, wenn der Arbeitsweg entfällt.

Ein weiterer wichtiger Ersparnisfaktor hängt mit der Arbeitsmoral zusammen. Arbeitnehmer arbeiten in der Regel zumindest teilweise gerne von zu Hause aus – vielleicht sieht Kelly das aber anders. Eine Umfrage ergab, dass nur 14 Prozent der Personen, die während der COVID-19-Pandemie im geschützten Zuhause blieben, zum Arbeitsmodell mit täglicher Büropräsenz zurückkehren wollen, wenn dies epidemiologisch wieder möglich ist. Fast die Hälfte betrachtete eine Mischung aus Homeoffice und gelegentlicher Präsenz in der Firma als beste Lösung.

Und schließlich stellen auch Produktivitätsaspekte einen Ersparnisfaktor dar. Einige Unternehmen, darunter Branchenriesen wie Cisco und Microsoft, berichten inzwischen von einer erheblichen Produktivitätssteigerung ihrer Mitarbeiter im Homeoffice. Sowohl Führungskräfte und Manager als auch Mitarbeiter äußerten sich erstaunt darüber, dass offensichtlich viele Besprechungen gar nicht notwendig waren, um ihre Aufgaben zu erledigen, obwohl dies nicht generell so gesehen wurde. Arbeiten von zu Hause scheint am besten für diejenigen geeignet zu sein, die in einer wissensbasierten Branche tätig sind, was – wie Sie wahrscheinlich wissen – auf die meisten von uns zutrifft.

Und das Fazit? Remote-Arbeit ist nicht mehr aus dem Berufsleben wegzudenken, und das bedeutet, dass auch virtuelle Besprechungen nicht mehr wegzudenken sind.

Was wissen wir über Meetings per Zoom und Co.? Und was wissen wir über die Arbeitsplatzgestaltung im Homeoffice, wo diese Videokonferenzen stattfinden müssen? Sind sie ein Segen, ein Fluch oder eine Mischung aus beidem? Untersuchungen zu diesem Thema laufen gerade erst an, und die ersten Erkenntnisse besagen: Büroarbeit von zu Hause ist ein gemischter Segen – und manchmal *wirklich* lustig.

## Visuelle Verarbeitung strengt das Gehirn an

Beginnen wir mit dem Negativen.

Ich möchte nicht auf Zoom herumreiten. Es gibt auch andere Videokonferenzplattformen wie FaceTime, Skype, Microsoft Teams und Google Meet. Sie alle haben eines gemeinsam: Das Gehirn hasst sie. Oder besser gesagt, es hatte nicht viel Zeit, sich auf sie einzustellen, und macht sich immer noch vor, in der Serengeti zu sein. Aus diesem Irrglauben resultieren die meisten Probleme, die Gehirne mit Videochats haben.

Der Energieverbrauch ist eines davon. Videokonferenzen sind Energiefresser. Diese Erfahrung ist so weit verbreitet, dass man ihr einen eigenen Namen gegeben hat – und damit sind wir doch wieder bei dieser einen Plattform: Zoom-Fatigue.

Fatigue bedeutet Ermüdung, Erschöpfung, und dass es dazu kommt, hat zum einen mit dem visuellen Charakter von Videokonferenzen zu tun. An der Verarbeitung von visuellen Informationen ist fast die Hälfte des Gehirns beteiligt. Video-Informationen beanspruchen die Ressourcen des Gehirns damit viel mehr als beispielsweise reine Audio-Informationen.

Zum anderen hängt die Fatigue mit den nonverbalen Informationen zusammen, die ebenfalls vom visuellen System des Gehirns erfasst werden. Zoom und andere Videokonferenzplattformen liefern entweder zu wenig oder zu viel nonverbale Informationen, je nachdem, wessen Forschungsergebnisse man heranzieht. Da die Remote-Technologie hauptsächlich Gesichter ins Blickfeld holt, bleiben wichtige soziale Informationen vom Rest des Körpers außen vor und es kommt dadurch zu einer gewissen Verzerrung. Um gegenzusteuern, beginnt man möglicherweise unplausible Schlüsse zu ziehen, also zum Beispiel die verbalen Signale einer Person überzubewerten, da sie die einzige andere verfügbare Quelle an sensorischen Informationen sind. Dieses Kompensationsverhalten ist ebenfalls anstrengend.

Der Stanford-Forscher Jeremy Bailenson glaubt, dass auch das Gegenteil der Fall sein kann. Je nach Größe des Meetings können die Teilnehmer durch die Zoom-Technologie auch zu viel nonverbale Informationen erhalten. Dies nennt er „nonverbale Überlastung". Die Überlastung tritt auf, weil Videokonferenzen oft aus mehreren Teilnehmern bestehen und jede dieser Personen starrenderweise ihre eigenen nonverbalen Signale aussendet. Das ist einfach zu viel nonverbales Material und überlastet unser Gehirn.

Ob nun zu wenig oder zu viel Information, virtuelle Meetings sind eindeutig Energieräuber. Sie beanspruchen die Hälfte Ihres Gehirns für zwei der kraftraubendsten Aktivitäten: visuelle Daten zu verarbeiten und soziale Interaktionen zu sondieren. Das ist sehr anstrengend. Kein Wunder also, dass Sie eine Zoom-Fatigue entwickeln können, wenn Ihnen zum Austausch mit anderen nur das Gesicht und ein paar Worte zur Verfügung stehen.

Wenn Sie Beweise für diese kräftezehrende Wirkung haben möchten, sehen Sie sich einfach an, was in einer typischen Videokonferenz geschieht. Viele virtuelle Meetings verkommen zu Gesprächen zwischen hauptsächlich zwei Personen, während alle anderen nur zusehen.

Ist dieser Prozess Zoom-spezifisch? Bei typischen, nicht virtuellen geschäftlichen Terminen wird eine Besprechung mit vier Teilnehmern *normalerweise* von zwei Personen dominiert. Wenn insgesamt sechs Personen präsent sind, greift noch eine dritte Person mit ins verbale Geschehen ein. Aber in diesen Meetings leidet niemand an Zoom-Fatigue – und zwar ganz einfach, weil es kein Zoom gibt. Bei virtuellen Besprechungen kommt der leidige Energieverlust durch das ständige Nachbereiten und Reinterpretieren des Gesprächs hinzu. Angesichts dieser misslichen Umstände ist es möglich, ja sogar wahrscheinlich, dass die Aussteigerquote höher liegt. Man beginnt, den Sinn der hohen Teilnehmerzahl infrage zu stellen, vor allem, wenn das Ganze auf einen Austausch hinausläuft, der viel einfacher ohne Videokamera und durch den Griff zum Telefonhörer hätte durchgeführt werden können.

## Unnatürliche Blicke

Es gibt noch einen weiteren Grund, warum sich das Gehirn bei Videokonferenzen unwohl fühlt, und dieser besteht darin, dass solche Interaktionen extrem unnatürlich sind.

Bedenken Sie, dass sich bei dieser Art der virtuellen Kommunikation Gesichter über einen längeren Zeitraum unentwegt anstarren. In der Serengeti wäre das ein Riesenproblem gewesen. Bei sozialen Säugetieren wird fortwährendes Anstarren zur Lenkung der Aufmerksamkeit eingesetzt. Es ermöglicht dem Gehirn, in relativ kurzer Zeit eine Fülle an sozialen Informationen aufzunehmen. Dabei verbraucht es eine irrsinnige Menge an Energie. In der realen Welt starren wir bei Gesprächen niemals um die Wette, aber via Zoom haben wir praktisch keine andere Wahl.

Es gibt Untersuchungen zur Dauer eines *natürlichen* Blicks. Wenn eine Person ihren Blick innerhalb von 1,2 Sekunden nach der ersten Begegnung von Ihnen abwendet, entsteht in Ihnen der Eindruck, dass Sie ignoriert werden. Werden Sie dagegen länger als 3,2 Sekunden von einem Augenpaar fixiert, bekommen Sie ein unangenehmes Gefühl und fragen sich, ob etwas im Busch ist. Die richtige Balance ist für unsere Spezies von so grundlegender Bedeutung, dass ein verändertes Blickverhalten als psychisches Problem betrachtet wird. Bei Säuglingen und Kleinkindern gilt das Vermeiden von Augenkontakt als erstes Anzeichen für Autismus.

In der Zoom-Welt ist das alles völlig anders. Bei einer Videokonferenz wird man von anderen Menschen angestarrt und starrt selbst minutenlang zurück. Oft weiß man nicht einmal, auf wen die anderen ihren Blick tatsächlich gerichtet haben. Man ist also völlig hilflos, wenn es darum geht, die Reaktionen der anderen Teilnehmer zu deuten. Es kann durchaus vorkommen, dass man den Blick nicht aus Geringschätzung von jemandem abwendet, sondern allein deshalb, weil man nicht richtig in die Videokamera schaut.

Ein weiterer Aspekt dieser Unnatürlichkeit hat damit zu tun, dass das menschliche Gesicht bei diesen Meetings relativ groß wirkt. Bei einer typischen Videokonferenz füllt der Kopf des Sprechenden den gesamten Bildschirm aus. Die Größe von Gesichtern zu taxieren, ist für uns jedoch von entscheidender evolutionärer Bedeutung.

Warum? Als wir noch in der Savanne lebten, nahm unser Gehirn nur dann ein großes Gesicht wahr, wenn wir einer anderen Person körperlich sehr nah waren. Der Anblick eines großen Kopfes aktiviert dadurch sofort einen Nähesensor im Gehirn. Für Jäger und Sammler gibt es nur wenige Gründe für derartige Nähe: Entweder man befindet sich kurz vor einem körperlichen Nahkampf oder man hat gleich Sex. Unser Gehirn weiß zwar, dass bei einem virtuellen Meeting keines dieser beiden Ereignisse stattfinden wird, aber die in der Serengeti geprägten Alarmsignale des Unterbewusstseins werden trotzdem ausgelöst. Unser Gehirn muss also ständig gegensteuern, um seine evolutionären Bedenken in Schach zu halten. Es fühlt sich bei großen Gesichtern so unwohl, dass der ihm zugehörige Körper in Echtzeit zusammenzuckt. Richtig gelesen: *zusammenzuckt*. Videokonferenzen sind ungefähr so natürlich wie Nervengas.

Ein weiteres Kuriosum im Zusammenhang mit Gesichtern kommt direkt aus der griechischen Mythologie. Vielleicht erinnern Sie sich an die Geschichte von Narziss, dem Sprössling eines Flussgottes. Narziss soll so schön gewesen sein, dass er sich beim Anblick seines Spiegelbildes im Wasser in sich selbst verliebte – und zwar so sehr, dass er den Blick nicht mehr abwenden konnte. Der Mythos besagt, dass Narziss schließlich an Ort und Stelle starb. Es wird Sie nicht überraschen, dass sich aus dieser Sage das Wort *Narzissmus* ableitet.

Auch wenn ich nicht weiß, ob Sie die Schönheit des griechischen Göttersohnes besitzen, bestätigt die Wissenschaft, dass Sie auf jeden Fall seine Reaktion teilen. Wenn Sie Ihr eigenes Gesicht in Ihrem Blickfeld entdecken, schenken Sie ihm überdurchschnittlich viel Aufmerksamkeit; sogar aus einer Flut anderer menschlicher Gesichter entscheiden Sie sich für das eigene. Die Forschung belegt außerdem, dass es Ihnen schwerer fällt, sich wieder von Ihrem Blick zu lösen, wenn Sie merken, dass Ihr Gesicht ihn erwidert.

Solche Begegnungen mit sich selbst gab es in der Serengeti natürlich nie, außer vielleicht kurz an irgendeiner Wasserstelle. Aber in der Welt der Videokonferenzen kommen sie vor, und es wird wohl niemanden geben, der das als natürlich betrachtet. Und genau das ist der Punkt: Zoom kann ein sehr ablenkungsintensives Kommunikationsmedium sein, wenn man die Gesichter der Konferenzteilnehmer nicht ausblendet.

### Abhilfe schaffen

Alles in allem macht Zoom keinen besonders guten Eindruck. Es ist anstrengend, unnatürlich und liefert nur dürftige Informationen – aber es ist nun mal da und wird uns wahrscheinlich erhalten bleiben. Das bedeutet, wir müssen Abhilfe schaffen und Wege finden, um die negativen Auswirkungen von Videokonferenzen zu reduzieren.

Mein erster Vorschlag richtet sich ganz klar gegen Zoom-Fatigue: Führen Sie nicht jede Besprechung per Videokonferenz durch. Telefongespräche sind deutlich weniger anstrengend und sollten ebenfalls bei einem Teil Ihrer täglichen Kommunikation eingesetzt werden. Wechseln Sie doch ab: erst eine Videokonferenz, dann eine kurze Pause (Toilette, Essen, etwas Bewegung – es sollte einfach eine kleine Unterbrechung sein), im Anschluss ein Telefonat, und behalten Sie diesen Rhythmus über den Tag bei. Sollte das nicht immer möglich sein, können Sie den kognitiven Energieverbrauch reduzieren, indem Sie einfach die Videoübertragung ausschalten. Es ist sogar möglich in der Einladung zu vermerken, dass ein bestimmtes Online-Meeting ausschließlich per Audio stattfindet, sodass jeder seine Kamera deaktiviert und im Grunde genommen dasselbe erlebt wie bei einer großen Telefonkonferenz.

Für Besprechungen, bei denen die Kamera unverzichtbar ist, empfiehlt es sich, die Übertragungszeit der Kameras einzugrenzen. Bailenson beschreibt Meetings, in denen nur die Kamera der jeweils sprechenden Person aktiv ist. Alle anderen sind im

Nur-Audio-Modus, ähnlich wie beim Videostreaming. Dieses Vorgehen, so Bailenson, lindere seine übliche Zoom-Fatigue.

Darüber hinaus schlage ich vor, während der Videokonferenz Techniken zur Verbesserung der sozialen Dynamik anzuwenden. Wir haben bereits besprochen, dass es angesichts des spärlichen Informationsflusses (und der Verzerrung) häufiger zu Missverständnissen und Fehlinterpretationen kommen kann. Anhand der formalen Wahrnehmungsprüfung können Sie Unklarheiten reduzieren. Bei dieser Methode wiederholen Sie mündlich die Informationen, die Sie glauben gehört zu haben, und bitten anschließend um eine Rückmeldung dazu. Das mag sich zwar seltsam anfühlen, sorgt aber für mehr Klarheit und Verständnis, sogar in Präsenzmeetings. Beim Austausch per Video ist es umso wichtiger sicherzustellen, dass Sie genau verstehen, was besprochen wird.

Des Weiteren sollten Sie sich bei Videokonferenzen um eine ausgewogene Beteiligung bemühen. Wenn sich eine Person während des Meetings nicht zu Wort gemeldet hat, kann es sinnvoll sein, sie behutsam anzusprechen und nach ihrer Meinung zu fragen: „Wir haben schon eine Weile nichts mehr von Ihnen gehört. Was halten Sie von dem, was wir besprochen haben?" Dann warten Sie die Antwort ab. Diese auf den ersten Blick unnatürlichen Gesprächsgewohnheiten können bei konsequenter Anwendung schnell in Fleisch und Blut übergehen.

All diese Vorschläge betreffen das Verhalten bei und in Zusammenhang mit Meetings. Sie zielen darauf ab, einige der inhärenten Schwächen von Videokonferenzen zu kompensieren. Aber wie sieht es mit der Besprechungsstruktur an sich aus? Gibt es ein Ablaufschema, das Meetings produktiver macht, insbesondere wenn sie durch die unnatürliche Kommunikation per Video beeinträchtigt werden?

Möglicherweise. Es hat sich eine Meetingstruktur herauskristallisiert, die Potenzial hat, Produktivität, Effizienz und Klarheit zu verbessern, sowohl per Video als auch in Präsenz. Schon komisch, dass dieses Schema auf einen Fehler zurückgeht, der einigen der klügsten Köpfe der Welt passiert ist.

### Das Problem bei MOOCs

Die „klügsten Kopfe", die ich meine, sind die Dozenten des renommierten Massachusetts Institute of Technology (MIT) sowie letztlich weite Teile der Hochschulwelt. Im Jahr 2010 beschlossen sie, fasziniert vom Potenzial des digitalen Unterrichts, alle ihre Lehrveranstaltungen online anzubieten. Ihr digitales Angebot nannten sie MOOCs, was die Abkürzung für Massive Open Online Courses (also offene Online-Kurse für die breite Masse) ist.

Dahinter stand eine ganz einfache Idee: Der unumschränkte Zugang zu den brillantesten Denkern der Welt stand schon seit Langem nur einigen wenigen Studierenden offen, und das auch nur dann, wenn sie sich an einer Eliteuniversität immatrikulierten. Durch MOOCs könnte das komplett anders werden. Sogar Prüfungen könnten online abgelegt werden. Die einzige Zugangsvoraussetzung wäre eine stabile Internetverbindung.

Wie viele andere revolutionären Umbrüche, die das Internet seinerzeit verhieß, wurden auch MOOCs als vielversprechende neue Entwicklung begrüßt. Viele Universitäten zogen in den Folgejahren nach und boten eigene MOOCs an.

Natürlich wollten die Menschen wissen, ob MOOCs funktionieren. Nach fast zehn Jahren Forschung fällte die Jury ein Urteil. Im Jahr 2019 veröffentlichte die Zeitschrift *Science* einen Artikel mit dem ominösen Titel „Die MOOC-Pivot-Studie. Was ist aus der radikalen Transformation der Bildung geworden?" Das Ergebnis war wenig schmeichelhaft. Die Forscher stellten fest, dass Studierende, die einen MOOC-Kurs belegten, nur selten an einem zweiten teilnahmen. (Nur sieben Prozent der jungen Menschen, die sich im Herbst zu einem MOOC anmeldeten, nahmen im Folgesemester einen zweiten in Angriff.) Als die Wissenschaftler den Lernfortschritt der Studierenden unter die Lupe nahmen, verschlechterte sich der Eindruck noch weiter. Nur 44 Prozent beendeten überhaupt nur die *erste Arbeitsaufgabe*, und weniger als 13 Prozent hielten einen ganzen Kurs lang durch.

Doch es gab auch ein paar Lichtblicke. Nur sehr wenig in der Welt der Forschung ist eindeutig schwarz oder weiß, und zum großen Glück für die MOOCs wichen diese vernichtenden Daten schließlich differenzierteren Erkenntnissen. Die Forscher fanden heraus, dass einige MOOCs den Stoff recht gut vermittelten, solange bestimmte Regeln eingehalten wurden. Diese Regeln waren ziemlich überraschend, denn sie entsprachen nicht der traditionellen Unterrichtspraxis. Hier die zwei wichtigsten Kriterien für wirkungsvolle MOOCs:

### *1. Gute Vorbereitung*

Erfolgreiche MOOC-Dozenten stellen den Studierenden bereits im Vorfeld der Online-Veranstaltung ihr Skript zur Verfügung. Auf diese Weise können sich die Teilnehmer vor dem Unterricht mit dem Material auseinandersetzen, die Ideen hinterfragen und auf Unklarheiten aufmerksam werden.

### *2. Diskussion statt Vorlesung*

Nach dieser Einstimmung kann der MOOC in Echtzeit absolviert werden, doch statt einer per Livestream übertragenen Vorlesung des Dozenten findet eine Diskussion statt – ein strukturiertes Frage-Antwort-Gespräch. Auf diese Weise können allgemeine Unklarheiten leicht ausgeräumt werden, und ein lebhafter Austausch wird möglich. Der größte Nutzen für das Studium ergibt sich nicht aus der dozentenzentrierten Informationsvermittlung – dem redensartlichen „Weisen auf der Bühne" (engl. *sage on the stage*) –, sondern aus der studierendenorientierten Unterstützung des Lernprozesses, bei der der Dozent als „Begleiter an der Seite" (engl. *guide by the side*) auftritt.

### MOOCs und berufliche Meetings

Könnten diese Regeln, die MOOCs zum Erfolg verhelfen, auch für das Arbeitsuniversum gelten, insbesondere Planet Zoom? Ich glaube ja, auch wenn ich mich leider auf das Wort *glauben* beschränken muss. Solange keine aussagekräftigen randomisierten kontrollierten Studien die Relevanz von MOOCs für Zoom-Meetings aufzeigen, muss ich bei Formulierungen wie „diese Daten legen nahe, dass ..." bleiben.

Was sie nahelegen, ist ziemlich radikal, nämlich eine Vorbereitung, gefolgt von einem dreistufigen Protokoll. Und dieser Ansatz könnte nicht nur für Zoom-Meetings, sondern für alle zukünftigen Besprechungen interessant sein.

Die Vorbereitung spielt sich auf kognitiver Ebene ab. Als Moderator besteht Ihre erste Aufgabe darin, *sich selbst* ein klares Bild davon zu machen, worum es in dem Meeting gehen soll – ein kognitives Mini-Mission-Statement. Formulieren Sie die Mission schriftlich in einem Satz. Stellen Sie dann die Punkte Ihrer Tagesordnung auf und beachten dabei diese Grundregel: Nichts weicht von dieser Mission ab. Sie ist das Pendant zur Skizze einer Vorlesung.

Wenn die Teilnehmer bleibende Eindrücke aus der Besprechung mitnehmen sollen, ist es ratsam, für die Erstellung der Tagesordnung einige Regeln zu beachten. Menschen behalten Informationen besser, wenn sie nach einem bestimmten Schema aufbereitet werden: gehen Sie vom Allgemeinen zum Speziellen vor (die Behaltensquote ist dann in der Regel um 40 Prozent höher). Wenn ein Tagesordnungspunkt eine Kalkulationstabelle beinhaltet, sollte den Teilnehmern erklärt werden, warum die Tabelle wichtig ist (das Grundsätzliche), bevor sie ihnen gezeigt wird (das Spezielle) – und das gilt immer: erst die allgemeinen Informationen, dann die Details.

Wenn Sie mit Ihrer Vorbereitung fertig sind, haben Sie ein klares und präzises Dokument zur Verfügung, das als Grundgerüst für die Besprechung dienen wird. Nennen wir es „Moderatorenagenda".

Nun können Sie zum dreistufigen Protokoll übergehen:

*1. Senden Sie Ihre Moderatorenagenda vorab.*

Der ideale Zeitpunkt für den Versand Ihrer Agenda ist ein oder zwei Tage vor der Besprechung. Liefern Sie auch alle visuellen Begleitmaterialien (z. B. Folien) mit.

*2. Die Teilnehmer lesen die Informationen vorab.*

Alle Meeting-Teilnehmer sichten die erhaltenen Unterlagen und erstellen eine Liste mit Fragen, Anmerkungen und Unklarheiten. Sie markieren wichtige Textstellen und bringen ihre Unterlagen mit zur Videokonferenz. So sind sie bestens darauf vorbereitet, alles zu besprechen, was sich aus der Lektüre ergeben hat.

*3. Starten Sie die Videokonferenz.*

Sie eröffnen die Videokonferenz mit einem wichtigen Hinweis: Sie werden keine Besprechung abhalten, sondern eine Diskussion moderieren. Statt eine Liste mit Punkten abzuarbeiten, hören Sie sich die Fragen und Anliegen der Teilnehmer so aufmerksam an, wie Zoom es erlaubt. Wenn ich Online-Vorlesungen halte, fasse ich die wichtigen Eckpunkte kurz zusammen und übergebe dann mit folgenden Worten so schnell wie möglich an die Zuhörer: „Okay, für den nächsten Teil dieser Show sind Sie selbst zuständig. Gibt es irgendwelche Fragen? Wobei kann ich helfen?“

Es dauert nur ein paar Verlegenheitsminuten, bis sich ein langweiliger MOOC in ein vollwertiges Ich-bin-ganz-bei-der-Sache-Lernevent verwandelt. Und das, obwohl die Kommunikationsatmosphäre auf Planet Zoom ziemlich dünn ist.

## Warum das Homeoffice auch in Zukunft eine Rolle spielen wird

In den vorangegangenen Abschnitten ging es um Videokonferenzen – warum sie so anstrengend sind und wie man sie erfolgreich meistert. Aber wir haben noch nicht über den aktuellen Schauplatz dieser seit Kurzem so beliebten Meetings gesprochen: das Homeoffice.

Besprechungen im Heimbüro haben sich wahrscheinlich einen festen Platz im Berufsleben erobert. Wir kommen gleich dazu, warum das so ist, und wenden uns dann der Frage zu, wie so ein Homeoffice aussehen sollte. Die verhaltensbezogene Neurowissenschaft kann zur Gestaltung von Heimarbeitsplätzen überraschend robuste Erkenntnisse liefern. Zunächst aber sehen wir uns an, was es mit dem *festen Platz* auf sich hat.

Als kein schnelles Ende von COVID-19 in Sicht war, wurde das Homeoffice zur Notlösung. Einige Firmenchefs waren von dieser Alternative begeistert und ermunterten alle ihre Mitarbeiter dazu, dauerhaft von zu Hause zu arbeiten. Andere dagegen hassten die Telearbeit und konnten es kaum erwarten, zum alten Modell zurückzukehren. Cathy Merrill vom Beginn dieses Kapitels gehörte zum zweiten Lager. Wahrscheinlich dauert es noch Jahre, bis die Arbeitsplatzfrage neu definiert ist, aber bis dahin werden sich die CEOs weiter darüber streiten.

Leider werden sie langfristig flexibel bleiben müssen, unabhängig davon, ob es uns gelingt COVID-19 zu besiegen, denn Viren haben viele tödliche und pandemieverdächtige Cousins, die schon in den Startlöchern stehen. Vor allem hat sich COVID-19 als sehr mutationsfreudig erwiesen. Überall auf der Welt sind Varianten in Erscheinung getreten, und manche waren ansteckender als der ursprüngliche Stamm. Da die Globalisierung nicht mehr aus der Weltwirtschaft wegzudenken ist, werden sich auch neue Viren schneller verbreiten als je zuvor. Tatsächlich hat sich die Anzahl besorgniserregender infektiöser Ausbrüche durch Mikroorganismen seit den 1980er-Jahren verdreifacht.

Ein entscheidender Grund, warum manche Forscher das Homeoffice als dauerhafte Alternative ansehen, ist sein Einsparpotenzial. Wer während der Pandemie zumindest zeitweise zu Hause arbeitete, war zumindest zeitweise nicht im Büro. Die logische Folge war: Man brauchte nicht immer ein großes Bürogebäude, um große Geschäfte zu machen. Ja, manche Unternehmen brauchten sogar überhaupt kein Gebäude mehr. Eine in der *Harvard Business Review* veröffentlichte Studie bezifferte die Einsparungen bei Büroräumen und -einrichtung auf 1900 Dollar pro Mitarbeiter. Addiert man dazu noch die weggefallenen Fahrtkosten, wird klar, dass durch die Möglichkeit, Arbeit in die Räumlichkeiten der Mitarbeiter auszulagern, potenziell ordentlich Zaster eingespart werden konnte. Das leuchtet jedem ein, der auch nur ansatzweise mit Kalkulation vertraut ist.

Die Produktivität der Mitarbeiter ist ein weiterer Grund, warum einige Forscher fest an die Unsterblichkeit des Homeoffice glauben. Während der Pandemie zeigte sich hier interessanterweise ein gemischtes Bild. In Unternehmen, wo eingehende Untersuchungen stattfanden (die Pandemie eignete sich ausgezeichnet für Vorher-Nachher-Analysen), wurden meist keine Produktivitätsveränderungen festgestellt.

Diese Erkenntnisse ließen die meisten Unternehmen hellhörig werden. Es gibt triftige Gründe, in der eigenen Stube, in der Abstellkammer oder im Gästezimmer zu arbeiten. Das Homeoffice wird deshalb in nächster Zeit weiterhin so präsent bleiben wie Studienkredite. Bis wir eine genauere Zeitangabe machen können, wird es noch ein paar Jahre dauern.

## Was sind die exekutiven Funktionen?

Angesichts der Tatsache, dass die Zukunft Ihrer Arbeit an den Orten stattfinden wird, wo Sie auch Ihre Bankgeschäfte erledigen, stellt sich die Frage: Wie sollte ein Homeoffice aussehen? Und wie sollte es *sich anfühlen*? Kann die Hirnforschung hierbei weiterhelfen?

Möglicherweise. Wenn Menschen bei der Gestaltung ihres Heimbüros scheitern, liegt das in der Regel daran, dass sie einer kognitiven Vorrichtung mit der Bezeichnung *exekutive Funktionen* nicht genug Aufmerksamkeit widmen. Definieren wir kurz, worum es sich dabei handelt, ehe wir näher darauf eingehen, wie ein Homeoffice aussehen und sich anfühlen sollte.

Ich möchte mit einer Szene aus dem Film *Der Soldat James Ryan* beginnen. Im Mittelpunkt des Films, der bislang eine der realistischsten Darstellungen von Kampfhandlungen liefert (– manche Kriegsveteranen verließen das Kino nach den ersten 30 Minuten), steht ein Captain der US Army, gespielt von Tom Hanks. Wir erleben die Grauen des Krieges durch seine Augen. Einmal schleppt er am Omaha Beach eine halb zerbombte Leiche über den Strand. Aber er hat seine Impulse unter Kontrolle, analysiert die Situation, sucht sich Männer, mit denen er weitermachen kann, und beginnt lautstark Befehle zu erteilen. Während um ihn herum die Schlacht tobt, organisiert er einen Angriff auf eine deutsche Geschützstellung und nimmt sein Ziel letzten Endes erfolgreich ein.

Hanks spielt keinen Übermenschen. (In seiner ersten Szene sieht man, wie ihm bei einem Landeanflug die Hände zittern.) Was die Figur auszeichnet, sind belastbare exekutive Funktionen, die in ebenso eindrucksvoller wie grausamer Weise dargestellt werden.

Exekutive Funktionen werden oft grob als das Verhalten definiert, das es „einem ermöglicht, etwas hinzubekommen". Wissenschaftlicher ausgedrückt, gehören dazu zwei Verhaltensbereiche. Zunächst die *Emotionsregulation.* Sie beinhaltet Verhaltensweisen wie die Impulskontrolle, die in der Forschung als „Hemmung" bezeichnet wird. Hanks Fähigkeit, inmitten des Gemetzels weiterzumachen, obwohl jede Zelle seines Körpers lieber weggelaufen wäre und sich irgendwo versteckt hätte, ist ein Paradebeispiel für Emotionsregulation. Der zweite Bereich, die sogenannte *kognitive Kontrolle,* umfasst die Zielsetzung, also die Fähigkeit etwas selbstständig zu planen und mit wenig Unterstützung einen entsprechenden Handlungsrahmen zu seiner Verwirklichung zu entwerfen. Zur kognitiven Kontrolle gehört außerdem die Fähigkeit, die eigene Aufmerksamkeit zu fokussieren und sich nach einer Ablenkung gezielt neu zu konzentrieren. (Menschen mit ADHS mangelt es häufig an dieser kognitiven Kompetenz.) Die kognitive Kontrolle ermöglicht es dem Gehirn, unorganisiert auf uns einströmende Informationen besser zu strukturieren und so Ordnung zu schaffen, wobei oft das hierarchische Prinzip „vom Allgemeinen zum Speziellen" zur Anwendung kommt.

Erfolgreiches Arbeiten zu Hause erfordert eine ganze Reihe von Instrumenten aus dem Werkzeugkasten der exekutiven Funktionen. Und interessanterweise kann die räumliche Gestaltung des Heimbüros dazu beitragen, die Leistung dieser Instrumente zu maximieren (dazu gehören auch produktive Meetings). Wir beginnen mit einigen Tipps dazu, wie ein Homeoffice aussehen sollte, und gehen anschließend darauf ein, wie die Menschen darin arbeiten sollten.

### Raum für die Arbeit

Der erste Vorschlag könnte der schwierigste sein: Legen Sie den Platz für Ihr Heimbüro fest. Das kommt Ihrer Produktivität bei der Arbeit zu Hause am meisten zugute. Es sollte ein exklusiver Ort sein, an dem Sie nichts anderes machen. Idealerweise ein separates Zimmer mit einer Tür, die Sie hinter sich zumachen können. Von dieser Voraussetzung wird bei den folgenden Überlegungen ausgegangen. Mir ist natürlich bewusst, dass das in manchen Haushalten nicht umsetzbar sein wird. Wenn Sie keinen kompletten Raum als Büro nutzen können, sollten Sie sich tagsüber eine exklusive Behelfslösung einrichten – in einem Abstellraum, am Esstisch oder in einer ruhigen Ecke – und dorthin ausweichen.

Warum ein separater Bereich? In einschlägigen Artikeln zum Thema Arbeiten von zu Hause wird häufig betont, wie wichtig psychologische Grenzen sind. Wenn wir immer mehr unterschiedliche Aktivitäten an einem Ort ausführen, besteht die Gefahr, dass sich die Grenzen zwischen diesen Aktivitäten auflösen. Und das kann, wie Forschungen zeigen, psychische Probleme verursachen. Es könnte dazu führen, dass der Kampf um die Work-Life-Balance neu entfacht wird, was zum Großteil durch die sogenannte *Selbstkomplexitätstheorie* erklärt wird. Diese Theorie untersucht die Auswirkungen des Kontexts auf die verschiedenen sozialen Rollen einer Person.

Forscher haben herausgefunden, dass Menschen für ihre Gesundheit eine große Vielfalt an sozialen Umgebungen und Kontexten benötigen, die voneinander getrennt bleiben müssen. Eine Auflösung der dazwischenliegenden Grenzen ist nicht gesund.

Gianpiero Petriglieri formuliert dies folgendermaßen:

> *Stellen Sie sich vor, Sie gehen in eine Bar und in derselben Bar unterhalten Sie sich mit Ihren Dozenten, treffen Ihre Eltern und haben ein Date. Ist das nicht komisch?*

Wenn Grenzen fehlen, ist das nicht nur komisch. Möglicherweise bringt es Sie komplett aus dem Gleichgewicht. Wenn Sie Arbeits- und Privatleben nicht trennen können, haben Sie ein höheres Burnout-Risiko. Sie werden anfälliger für bestimmte affektive Störungen (wie Depressionen und Angststörungen), einfach weil es immer schwieriger wird, Grenzen zwischen Ihren sozialen Rollen zu ziehen.

Petriglieri zufolge sollten die meisten unserer sozialen Rollen an verschiedenen Orten ausgeübt werden. Wenn wir einen Teil unseres Wohnraums für die Arbeit abtrennen, können wir besser in den „Arbeitsmodus" schalten. Dieser umfasst eine Reihe von Verhaltensweisen und Aktivitäten, die wir mit unserer Arbeit verbinden (im Gegensatz zum „Zuhause-Modus", bei dem die Schreibtischlampe ausgeknipst ist und wir uns nur auf heimische Belange konzentrieren).

*Modus* ist meines Erachtens ein schwammiger Begriff, aber die Grundidee basiert auf fundierten verhaltenswissenschaftlichen Erkenntnissen. Vor Jahren entdeckte der Forscher Alan Baddeley etwas, das er als *kontextabhängiges Lernen* bezeichnete. Er ließ Menschen in einem bestimmten physischen Raum etwas auswendig lernen. Dabei handelte es sich häufig um Wortlisten. Einige Stunden/Tage/Wochen später sollten sie sich wieder an die gelernten Wörter erinnern. Baddeley fand heraus, dass der Abruf der Informationen zuverlässiger funktionierte, wenn sich die Testpersonen im gleichen Raum befanden, wo sie ursprünglich gelernt hatten. Seine Experimente führte er in vielen Umgebungen durch und ließ sogar unter Wasser Wortlisten auswendig lernen – im Neoprenanzug!

Es hat sich also herausgestellt, dass das Gehirn sehr gut darin ist, die physischen Kontexte bestimmter intellektueller Aktivitäten abzuspeichern. Dadurch kann es besser abrufen, welche Aktivitäten in dieser Umgebung von ihm erwartet werden. Auch in der Schlafforschung bedient man sich dieses wirkungsvollen Effekts. Wenn Sie unter Schlafschwierigkeiten leiden, sollten Sie nach Meinung der Experten einen bestimmten Raum ausschließlich zum Schlafen zu nutzen. Wenn Ihr Gehirn auf diesen Raum trifft, sagt es sich: „Oh, hier schlafe ich normalerweise. Darum werde ich gleich müde." Diese Technik ist sehr effektiv bei Menschen mit hartnäckigen Schlafproblemen – und vielleicht auch für Menschen, die ein produktives Homeoffice benötigen.

Die kontextabhängige Lösung bietet noch andere Vorteile. Beispielsweise werden Sie nicht so leicht abgelenkt, wenn Sie bestimmten Räumen einen dezidierten Zweck zuweisen, und Sie können dort auch nach Feierabend etwas liegenlassen und am nächsten Tag exakt an derselben Stelle damit weitermachen.

Inwiefern kann die Einrichtung eines Heimbüros virtuelle Meetings verbessern? Denken Sie daran, dass Videokonferenzen Ihr Gehirn ohnehin künstlich unter Druck setzen. Damit macht es einen entscheidenden Unterschied, wenn Sie die Tür schließen können, um sich besser auf die nicht ganz so optimal dargebotenen Informationen zu konzentrieren. Da Konzentration ein wichtiges Mitglied im Team der exekutiven Funktionen ist, bringen Sie dadurch die einzige kognitive Vorrichtung ins Spiel, die Sie auf Planet Zoom produktiver machen kann.

## Kontrolle über den Zeitplan

Nach der Empfehlung, einen separaten Arbeitsbereich zu Hause einzurichten, beschäftigt uns nun die Frage: Was sollten Sie tun, wenn Sie sich an Ihren Schreibtisch setzen? Das ist eine schwierige Frage, aber es gibt eine einfache, aus zwei kurzen Sätzen bestehende Antwort darauf:

Erstellen Sie einen Zeitplan. Halten Sie sich daran.

In der Welt der Forschung wird dies *Zeitplankontrolle* (engl. *schedule control*) genannt. Häufig wird sie einem anderen wissenschaftlichen Konzept gegenübergestellt, nämlich der *Aufgabenkontrolle* (engl. *job control),* die untersucht, wie jemand arbeitet. Die Art und Weise, *wie* Sie arbeiten, kann schwer zu beschreiben sein (dazu kommen wir später), aber bei der Zeitplankontrolle ist es ganz simpel. Sie erstellen einfach eine Checkliste mit verschiedenen Aufgaben: *Ich erledige Aufgabe X um Y Uhr für die Dauer von Zeitspanne Z.* Das ist genauso langweilig wie eine Tabellenkalkulation – und genauso hilfreich.

Mir ist klar, dass die lineare Vorstellung von Zeitplankontrolle nur schwer mit der unangenehmen Tatsache vereinbar ist, dass es im Leben oft chaotisch zugeht. Außerdem lassen sich Aufgaben nicht immer in präzisen und absehbaren Zeitfenstern erledigen. Das gilt vor allem, wenn man zu Hause arbeitet, wo anstelle der Kollegen die Familienmitglieder für Störungen sorgen. Aber Kontrolle ist wichtig, auch wenn es schwierig werden kann.

Sie können Ihre Arbeit zum Beispiel in kleine, leicht umsetzbare Ziele unterteilen. Die Schriftstellerin Anne Lamott hat sich diese Strategie in ihrer Kindheit angeeignet und wendet sie noch heute beim Schreiben ihrer Bücher an. In ihrem Buch *Bird by Bird* erinnert sie sich daran, wie ihr jüngerer Bruder einmal versuchte, eine Buchbesprechung über Vögel zu schreiben. Er war mit den vielen Vogelarten, die er recherchieren musste, derart überfordert, dass er in Tränen ausbrach. Der Vater ermutigte ihn mit den Worten: „Einen Vogel nach dem anderen, Kumpel. Nimm dir einfach einen Vogel nach dem anderen vor." Wenn Aufgaben in „kleine Arbeitseinheiten" unterteilt werden, entstehen überschaubare Häppchen. Auf diese Weise werden sogar große Brocken leicht verdaulich.

Die Forschung hat gezeigt, dass man weniger produktiv ist, wenn man seinen Zeitplan nicht kontrolliert. Es dürfte Sie nicht überraschen, dass die Hirnforschung den Grund dafür kennt. Das problematische Verhältnis zwischen negativem Stress und exekutiven Funktionen ist dafür verantwortlich. Wir befassen uns später in diesem Buch noch ausführlicher mit negativem Stress, aber hier schon einmal die Kurzversion: Für die meisten Menschen entsteht negativer Stress nicht durch das Vorhandensein einer belastenden Situation, sondern durch die Unfähigkeit, diese belastende Situation zu *kontrollieren.* Je größer ihr empfundener Kontrollverlust, desto wahrscheinlicher ist es, dass sie negativen Stress erleben.

Warum ist dieser Aspekt so wichtig? Die Forschung zeigt, dass durch negativen Stress viele der Instrumente im Werkzeugkasten der exekutiven Funktionen Rost ansetzen können. Und das bleibt nicht ohne Folgen. Die exekutiven Funktionen sind an den meisten Aktivitäten beteiligt, die mit produktiven Abläufen zusammenhängen: Planung, Überblick, Fokussierung/Defokussierung/Refokussierung, Impulskontrolle. Negativer Stress lähmt Bereiche im Gehirn, die an der Einrichtung und Aufrechterhaltung dieser Funktionen beteiligt sind. Wir kennen sogar die Hormone, die den ganzen Schaden anrichten.

Daraus folgt: Je mehr Kontrolle Sie über Ihren Zeitplan haben, desto geringer ist die Wahrscheinlichkeit, dass Sie negativen Stress erleben. Umgekehrt gilt: Je weniger Kontrolle Sie über Ihre Aktivitäten haben, desto wahrscheinlicher ist es, dass Sie sich angespannt fühlen. So kann ein zeitplanerischer Teufelskreis entstehen. Negativer Stress aufgrund mangelnder Kontrolle über Ihren Zeitplan bremst die exekutiven Funktionen aus, also genau die Werkzeuge, die es Ihnen normalerweise überhaupt erst ermöglichen, den Tag zu überstehen.

Die Lösung ist so einfach und gleichzeitig so wichtig, dass ich sie besser noch einmal wiederhole: Machen Sie sich einen Zeitplan. Halten Sie sich daran.

## Prokrastination

Was das mit unserer Diskussion über Besprechungen zu tun hat, liegt auf der Hand. Wenn Sie einen Zeitplan haben, können Sie Ihrer virtuellen Konferenz ein bestimmtes Zeitfenster zuweisen und anhand seiner Parameter die Anfangs- und Endzeit festlegen. Wenn Sie sich diszipliniert an diese Vorgaben halten, sind Sie wahrscheinlich produktiver und können Überstunden vermeiden.

Trotzdem gibt es Gegner dieser disziplinierten Vorgehensweise. Einer der schlimmsten hat nichts mit terminierten Zeitfenstern oder anderen Menschen zu tun, sondern nur mit Ihnen selbst – vor allem, wenn Sie mit einem Phänomen zu kämpfen haben, das im Arbeitskontext mit starken Emotionen behaftet ist: *Prokrastination.*

Man kann sich Prokrastination als einen Krieg vorstellen, der auf dem Schlachtfeld der Produktivität ausgetragen wird: einen Kampf zwischen dem, was Sie tun müssen, und dem, was Sie tun möchten. Das ungewöhnliche Ergebnis ist dabei, dass fast immer das Schlachtfeld den Kürzeren zieht.

Die Forschung hat sich eingehend mit Prokrastination beschäftigt, und die Ergebnisse zeigen, dass dieses Phänomen nicht auf mangelnde Disziplin zurückzuführen ist, auch wenn die meisten Prokrastinierer das anders empfinden. Was Prokrastination anheizt, ist das Bestreben, negative Gefühle zu vermeiden. Wenn Sie die Angewohnheit haben, Dinge zu vermeiden, die Ihnen auf die Nerven gehen, ist Prokrastination wahrscheinlich Ihr ständiger Begleiter. Und wenn Sie denken, dass sich das nach mangelnder Impulskontrolle anhört, einem der beiden Grundpfeiler der exekutiven Funktionen, liegen Sie damit absolut richtig.

Da Prokrastination in das Ressort der exekutiven Funktionen fällt, kann man sie nur überwinden, indem man seinen Umgang mit negativen Gefühlen verändert. Für das Gehirn bedeutet der Umgang mit negativen Gefühlen immer einen erhöhten Energiebedarf. Die Forschung zeigt jedoch, dass Prokrastination eher zu Tageszeiten mit niedrigem Energielevel stattfindet, was bei vielen Menschen am Nachmittag der Fall ist. Dementsprechend sollten Sie emotional schwierige Aufgaben nicht auf Zeiten schieben, wo Sie ohnehin wenig Energie haben. Schätzen Sie ab, ob eine bestimmte Aufgabe schwierig ist, und wenn ja, legen Sie eine Bearbeitungszeit dafür fest, zu der Sie in Höchstform sind. Für viele von Ihnen wird das der Vormittag sein. Oder nach Ihrer achten Tasse Kaffee.

Außerdem sollten Sie mehr Energie in Ihren Tag bringen. Gehen Sie Aktivitäten nach, die die Impulskontroll-Komponente der exekutiven Funktionen stärken. Das scheint leichter gesagt als getan zu sein, aber tatsächlich wissen wir eine ganze Menge darüber, wie das funktioniert. Die Forschung bestätigt, dass man weniger Zeit mit Arbeiten verbringen sollte, um produktiver zu sein. Erwiesenermaßen sollte man während des Tages irgendwann ein Nickerchen machen und anschließend joggen gehen.

### Bewegung und Bettruhe

Die Reihenfolge ist der Forschung eigentlich ziemlich egal. Sie zeigt lediglich, dass Sie beide Aktivitäten in Ihre tägliche Arbeit einbauen sollten. Beide Gewohnheiten dienen der Verhaltenshygiene und verbessern die Funktion Ihres Gehirns, insbesondere die exekutiven Funktionen, die Ihnen dabei helfen, die Tücken virtueller Meetings besser zu bewältigen.

Die sportliche Aktivität sollte aerober Natur sein und alle 24 Stunden für etwa 30 Minuten ausgeübt werden. Im Idealfall handelt es sich um einen halbstündigen Lauf an der frischen Luft. Warum? Regelmäßiges aerobes Training verbessert nahezu jeden messbaren Aspekt der exekutiven Funktionen in fast jeder Altersgruppe, die je untersucht wurde. Eine dieser Studien beschäftigte sich mit einer wirklich speziellen Population: Menschen mit leichten kognitiven Einschränkungen. Dabei zeigte sich, dass Bewegung das Kurzzeitgedächtnis – eine wesentliche Komponente der exekutiven Funktionen – nach einem Jahr Training um satte 47 Prozent verbesserte. Wir wissen sogar, wann wir diesen Booster für unsere exekutiven Funktionen einplanen sollten: vor 15 Uhr, damit wir nachts gut schlafen können.

Damit sind wir bei der anderen zuträglichen Gewohnheit, die Sie in Ihren Arbeitstag einbauen sollten. Die Forschung empfiehlt ein Nickerchen am frühen Nachmittag, wo uns am häufigsten ein kleines Tief überkommt – und zwar am besten täglich. Der ehemalige NASA-Mitarbeiter Mark Rosekind hat nachgewiesen, dass sich die allgemeine kognitive Leistungsfähigkeit bei Menschen, die regelmäßig ein kurzes Schläfchen einlegen, um 34 Prozent verbessert. Es bietet zahlreiche Vorteile; unter anderem stärkt es das Herz-Kreislauf-System und wirkt sich positiv auf die exekutiven Funktionen aus, vor allem auf die kognitive Flexibilität und Konzentrationsfähigkeit.

Ein solches Power-Nap sollte im Durchschnitt nicht länger als 30 Minuten dauern und bei den meisten Menschen idealerweise zwischen 14 und 15 Uhr stattfinden. Wohlgemerkt: den meisten, aber es gibt hier durchaus Unterschiede. Die Schlafforscherin Sara Mednick hat hierfür einen Rechner entwickelt, der in ihrem Buch *Take a Nap, Change Your Life* zu finden ist.

Zusammengenommen deuten diese Daten darauf hin, dass Sie Ihre exekutiven Funktionen ausbauen müssen, wenn Sie die naturgegebenen Schwächen virtueller Meetings überwinden möchten. Und das funktioniert, indem Sie Ihre Zielvorgaben in eine feste Struktur gießen, die aus kurzen Läufen, kurzen Nickerchen und kurzen Arbeitseinheiten besteht.

So seltsam kontraintuitiv diese Vorschläge auch erscheinen: Arbeitsplätze wurden bislang nie nach den elektrischen Bedürfnissen des menschlichen Gehirns gestaltet. Und auch nicht so, dass sie die exekutiven Funktionen verbessern. Aber die Daten sprechen eine eindeutige Sprache. Erfolgreiches Arbeiten von zu Hause bedeutet – um einen völlig abgedroschenen Sinnspruch zu bemühen – intelligenter statt härter zu arbeiten. Es klingt vielleicht komisch, aber produktiver zu arbeiten, bedeutet tatsächlich, weniger zu tun.

**DAS HOMEOFFICE**

**Brain Rule:** Ihr Arbeitstag könnte sich ein bisschen anders darstellen und anfühlen als bisher. Planen Sie entsprechend.

- COVID-19 hat unsere Besprechungskultur verändert – und das wahrscheinlich für immer. Bei der Kommunikation mit Ihren Kollegen werden Videokonferenzen eine wichtige Rolle spielen.
- Videokonferenzen sind besonders anstrengend, weil das Gehirn dabei mehr Energie benötigt als bei Gesprächen in Präsenz. Schalten Sie gelegentlich die Kamera aus, beziehen Sie die anderen Teilnehmer regelmäßig mit ein und nutzen Sie die formale Wahrnehmungsprüfung, um den Energieverbrauch möglichst niedrig zu halten.
- Um das Beste aus einem Meeting herauszuholen, sollten Sie im Vorfeld eine Moderatorenagenda erstellen und sie allen Teilnehmern frühzeitig zur Lektüre zukommen lassen. Bitten Sie die Teilnehmer darum, sich auf eine Diskussion der Inhalte vorzubereiten, und gestalten Sie das Meeting dementsprechend als Diskussionsrunde statt als Vortrag.
- Reservieren Sie für die Arbeit von zu Hause einen bestimmten Platz, an dem Sie nichts anderes tun. Wie groß oder klein dieser Arbeitsplatz ist, spielt keine Rolle.
- Machen Sie sich einen Zeitplan, um Ihren Arbeitstag zu optimieren. Halten Sie sich daran.
- Prokrastination zielt darauf ab, negative Gefühle zu vermeiden. Wenn Besprechungen Sie emotional auslaugen, legen Sie sie auf einen Zeitpunkt, zu dem Sie mehr Energie haben – zum Beispiel auf den Vormittag.

# 3
# Das Büro in der Firma

**Brain Rule:**

Das Gehirn entwickelte sich in der freien Natur.
Es denkt, dass es immer noch dort lebt.

Bevor wir mit den Ausführungen zu dieser Regel beginnen, muss ich Ihnen etwas gestehen. Ich habe ein Faible für die Arbeiten des Harvard-Biologen E.O. Wilson. Dieses Kapitel, in dem es um den Einfluss der natürlichen Welt auf das menschliche Verhalten geht, ist von dieser Verehrung durchdrungen.

Wilson ist kein typischer Held der Wissenschaft. Er spricht langsam, als würde er eine Fernsehsendung für Kinder moderieren, und ist mit einem leichten Südstaatenakzent gesegnet. Ein Großteil seiner Arbeit beruht auf Beobachtungsstudien, was ungewöhnlich ist, denn seit seinem neunten Lebensjahr ist er auf einem Auge blind. Die Sehbehinderung zwingt ihn dazu, kleine Dinge aus der Nähe zu betrachten, was er mit großem Erfolg praktiziert. Viele betrachten ihn als weltweite Autorität in Sachen Ameisen.

Dass ich ihn als Helden verehre, rührt jedoch nicht von seinen überzeugenden und unumstrittenen Beiträgen zur Biologie der Insekten. Es hat auch nichts mit meiner eigenen wissenschaftlichen Arbeit zu tun, die Wilson etwa so fern ist wie Boston von Seattle. Meine Verehrung beruht auf seiner ebenso überzeugenden und in der Vergangenheit außerordentlich umstrittenen Betrachtung des menschlichen Verhaltens.

Wilson interessiert sich dafür, wie die Natur das menschliche Verhalten im Alltag beeinflusst. Er hat den Begriff *Biophilie* populär gemacht. Ursprünglich wurde das Wort von dem Philosophen Erich Fromm geprägt und bedeutet so viel wie „Liebe zur Biologie". Während Fromm darunter eher eine psychologische Betrachtungsweise zur Erklärung gegenwärtiger menschlicher Verhaltensweisen verstand, hat Wilson den Begriff auf eine Reise durch die menschliche Evolution mitgenommen. Den Mechanismus, der die Biophilie antreibt, beschreibt er folgendermaßen:

> *Der Mensch ist biologisch so veranlagt, dass er den Kontakt mit natürlichen Formen braucht. Menschen sind nicht dazu in der Lage, losgelöst von der Natur ein vollständiges und gesundes Leben zu führen.*

Da es in diesem Kapitel um Arbeitsstätten geht, werden wir uns auf die Welt der Bürogebäude und Konferenzräume konzentrieren – und darauf, dass diese im Zuge der Pandemie verstärkt in den Blickpunkt gerückt sind. Soll es ein Zurück ins klassische Büro geben? Soll der Großteil der Menschen zu Hause arbeiten dürfen? Soll beides miteinander kombiniert werden? Das Konzept von der Arbeit in einem Büro – einst das unerschütterliche und unantastbare Grundprinzip des amerikanischen Wirtschaftslebens – hat in den Jahren 2020/2021 erheblich an Bedeutung eingebüßt.

Angesichts dieser Entwicklung ist es an der Zeit, das gesamte Konzept des Büroarbeitsplatzes neu zu überdenken, auch wenn – wie wir sehen werden – die meisten Daten aus der Zeit vor der Pandemie immer noch relevant sind. In der ersten Hälfte dieses Kapitels geht es darum, mit welchen *Prädispositionen* die Menschen an ihrem physischen Arbeitsplatz konfrontiert sind. Die zweite Hälfte wird sich mit Wilsons Verständnis von einem „gesunden Leben“ befassen. Wir werden darauf eingehen, was geschieht, wenn wir bei der Bürogestaltung unsere darwinistische Geschichte ignorieren, und was passiert, wenn wir versuchen, etwas von der Savanne nach drinnen zu holen. Sie werden sehen, dass das Büro der Zukunft davon profitieren könnte, wenn sein Architekt sich fragt: Wie sähe unser Arbeitsalltag aus, wenn wir uns in Ostafrika niedergelassen und dort 60 000 Jahrhunderte gearbeitet hätten?

## Umweltbedingte Sensibilität

Diesen letzten Gedanken sollte ich näher erläutern. Evolutionsbiologen zufolge begann unsere Reise zum Menschsein vor sechs bis neun Millionen Jahren. Damals haben wir uns von den Schimpansen abgespalten und den Weg zu funkelnden Städten und Einkommenssteuern angetreten. Da die moderne Zivilisation eine Erfindung neueren Datums ist, sehen wir uns mit einer ebenso interessanten wie beunruhigenden Zahl konfrontiert: 99,987 Prozent der Zeit, die die menschliche Spezies auf diesem Planeten zugebracht hat, war sie in natürlichen Lebensräumen beheimatet. Unsere großen, starken und leistungsfähigen Gehirne entwickelten sich unter Bedingungen, die darauf ausgerichtet waren, in freier Wildbahn zu überleben – und nicht im dichten Berufsverkehr. Die Biophilie argumentiert, dass wir noch nicht lange genug in der Zivilisation leben, um uns dem Einfluss der Evolution entziehen zu können. Daher haben wir immer noch eine Vorliebe für Natürliches.

Ein Teil dieser Ideen ist überprüfbar – wir kommen später noch auf einige Daten zu sprechen –, aber es gibt einen wichtigen Faktor, den man dazu im Hinterkopf behalten sollte und der eine bestimmte Art von neurologischer Sensibilität betrifft. Auf unserer sechs Millionen Jahre langen Reise gab es Zeiten, zu denen das Klima sehr instabil wurde. An diese Instabilität mussten wir uns ebenso gewöhnen, wie wir lernen mussten, Schlangen zu fürchten. Wir mussten äußerst sensibel für Veränderungen werden.

Man kann diese Sensibilität messen, so erstaunlich das auch klingen mag, angefangen bei den winzigen neuronalen Schaltkreisen im Gehirn. Wie Sie aus der Einleitung wissen, werden die Schaltkreise jedes Mal neu verdrahtet, wenn wir etwas lernen. Es bilden sich buchstäblich neue Verbindungen, elektrische Beziehungen verändern sich und bestehende neuronale Schaltkreise werden stärker oder schwächer. Das geschieht auch genau in diesem Augenblick, während Sie diesen Satz lesen.

Diese Sensibilität ist fest in uns verankert. Sie bildet die Grundlage für unsere Anpassungsfähigkeit und wird durch eine neugierige Verhaltenskonsequenz begünstigt: Unwissenheit. Wenn wir in diese Welt kommen, wissen wir nur sehr wenig über sie. Das bedeutet, dass wir so ziemlich alles lernen müssen. Wären wir nicht empfänglich für die Lektionen, die uns das Leben erteilt, würden wir gar nichts lernen – und sterben.

Nicht alle Lebewesen werden mit einer so steilen Lernkurve geboren. Gnu-Babys sind beispielsweise schon wenige Stunden nach ihrer Geburt dazu in der Lage, durch die Serengeti zu laufen. Der Mensch braucht dagegen fast ein Jahr, bis er sich auf ebenem und unkompliziertem Gelände überhaupt fortbewegen kann – und auch dann nur ziemlich unbeholfen. Dennoch haben wir überlebt, uns angepasst und die Probleme gelöst, vor die uns das Grünland und die gewaltigen Höhen des Ostafrikanischen Grabens stellten. Wer nicht über die ausreichende Sensibilität verfügte, um sich an den Lebensraum in Tansania anzupassen, kam schnell ums Leben.

Unsere fein abgestimmte Sensibilität lässt sich anhand von Experimenten zeigen, die keine halbe Ewigkeit dauern. Betrachten wir etwas, das Verhaltensforscher als „Priming“ bezeichnen. In einem klassischen Experiment bekamen Probanden zunächst Synonyme für das Wort *Aggression* zu lesen. Danach lasen sie etwas über Personen, die sich neutral oder uneindeutig verhielten (oder schauten sich entsprechende Videos an). Als die Versuchsteilnehmer dann darum gebeten wurden, das Verhalten der Personen zu bewerten, verwendeten sie keine *neutralen* Wörter, sondern entschieden sich ausnahmslos für Begriffe, die mit Aggression zu tun hatten. Ihre Gehirne waren sensibel genug, um sich durch ein künstlich erzeugtes äußeres Umfeld bei zukünftigen Reaktionen beeinflussen zu lassen. Wenn Sie den Versuch stattdessen mit Synonymen für *Freundlichkeit* durchführen, werden Sie ähnliche Einflüsse feststellen, nur dass es inhaltlich in die entgegengesetzte Richtung geht. Jetzt ist jeder nett.

Es ist verblüffend, wie sehr sich unsere Gehirne auf ihre äußere Umgebung einstellen. Forscher können diese Anpassung innerhalb kürzester Zeit beobachten. Wenn wir so sensibel auf unser Umfeld reagieren, dass wir schon aufgrund von Worten die Perspektive wechseln, was müssen dann erst 60 000 Jahrhunderte aus uns gemacht haben? Wilson geht davon aus, dass all diese Jahre eine Menge bewirkt haben. Vielleicht denken Sie ja ähnlich. Es ist an der Zeit herauszufinden, was „eine Menge“ genau bedeutet.

## Veränderung und Stress

Wilson ist zwar das Ansicht, dass unsere Gehirne natürliche Formen bevorzugen, aber unsere Gehirne sind gleichzeitig dazu in der Lage, vollkommen unnatürliche Städte zu erschaffen. Ist unsere Anpassungsfähigkeit an Veränderungen stärker als die Vorlieben, die uns die Serengeti eingeimpft hat? Die Antwort hierauf ist ein unbefriedigendes „mehr oder weniger". Wir können uns tatsächlich gut an Veränderungen anpassen, haben aber trotzdem genug aus der Serengeti mitgenommen, um durch diese Einflüsse gestört zu werden. Manchmal sogar massiv.

Stress ist ein hervorragendes Beispiel dafür. Unter den richtigen Umständen sind Stressreaktionen echte Freunde unseres inneren Jägers und Sammlers. Wenn wir eine Bedrohung wahrnehmen, zum Beispiel einen Löwen, klopft unser Herz bis zum Hals, unsere Atmung wird schneller und unsere Sinne schärfen sich. Es wird viel Energie aufgewendet, um Blut in die Oberschenkel zu pumpen, damit wir so schnell wie möglich fliehen können. Man bezeichnet diese Effekte auch als „Kampf-oder-Flucht-Reaktion".

Wenn Sie in das Gehirn von Menschen schauen, die unter Stress stehen, werden Sie feststellen, dass ein bestimmtes Netzwerk aus Neuronen, das sogenannte *Salienznetzwerk*, hyperaktiv ist. Es handelt sich dabei um einen Verbund neuronaler Netzwerke, die Ihnen ermöglichen, sich schnell aus dem Staub zu machen, wenn „böse Jungs" im Anmarsch sind. Sie können sich ein aktiviertes Salienznetzwerk wie ein rotes Warnlicht vorstellen. Es ist dafür verantwortlich, Signale auszusenden, die körperliche Reaktionen auf einen Stressor triggern: Das Herz pocht heftig, der Atem geht schneller, die Sinne schärfen sich. Aufmerksame Beobachter werden feststellen, dass die Intensität dieser Aktivierung sehr individuell ist.

Interessanterweise gibt es natürliche Regulatoren unserer Stressreaktionen, die darauf programmiert sind zu fragen: „Kann ich mich jetzt abschalten?" Diese Abfragen kommen fast unmittelbar, nachdem die Bedrohung einsetzt. Wer bremst dabei am meisten? Die Stresshormone, die ursprünglich dazu gedacht waren, das ganze Aufgebot zu kontrollieren. Eines dieser Hormone, das Cortisol, ist Teil einer sogenannten *negativen Feedbackschleife*. Sobald die Alarmstufe Rot ausgerufen wird, fragt das Cortisol sofort das Gehirn, wann es die Notsituation wieder beenden kann, angefangen bei seiner eigenen Produktion.

Der Grund dafür ist einfach. Der Alarmzustand verschlingt derart viel Energie, dass das System im Falle einer Überreizung ernsthaft Gefahr läuft zusammenzubrechen. Die Forscher sind deshalb der Ansicht, dass die meisten Reaktionsmuster auf die Bewältigung kurzfristiger Bedrohungen ausgelegt sind. Entweder man wurde vom Löwen gefressen oder konnte vor ihm weglaufen, aber das Problem dauerte nur minutenlang – nicht jahrelang.

Und genau hier stoßen wir auf ein riesengroßes Problem. Im modernen Leben können Bedrohungen tatsächlich über mehrere Jahre andauern. Im 21. Jahrhundert kann man jahrzehntelang in einem Job festsitzen, den man hasst. Oder in einer belastenden Beziehung.

Selbst wenn Sie Ihre Arbeit lieben, sind manche Berufe so stressig, dass Ihr Herz-Kreislauf-System in Mitleidenschaft gezogen wird. Oder Ihr Immunsystem, sodass

Sie ständig krank werden. Man kann das System auch leicht überlasten, und zwar nicht nur einmal, sondern immer wieder. Das rote Licht sollte nur bei Notfällen ausgelöst werden und nicht stunden-, tage- oder gar jahrelang vor sich hinblinken.

## Rotes Signal, grünes Signal

Dieses Phänomen von Dauerstress ist in der heutigen Zeit so weit verbreitet, dass es sogar einen Namen hat. *Rollenüberlastung* ist der Fachbegriff, den Wissenschaftler gebrauchen, wenn Ihr Tag standardmäßig so vollgepackt ist, dass all die Aufgaben kaum zu bewältigen sind – mit anderen Worten: wenn Sie zu viel zu tun haben. *Burnout*, ein weiterer Fachbegriff, ist die Folge anhaltender Rollenüberlastung. Damit hisst Ihr Gehirn die weiße Fahne und verkriecht sich dann in eine Ecke, um sich auszuheulen. Bei einem richtigen Burnout kann das schon mal Jahre dauern.

Sowohl Rollenüberlastung als auch Burnout sind Teil einer übergeordneten Erfahrung, die als *mentale* oder *kognitive Fatigue* (also geistige Erschöpfung) bezeichnet wird. Wenn Sie durch permanenten Stress völlig ausgelaugt sind, besteht große Gefahr, dass Sie Ihre Arbeit nicht mehr ordentlich erledigen können. Die Fehlerquote steigt, und es kommt immer öfter vor, dass Sie nicht zur Arbeit gehen. Sie sind launisch und gereizt und lassen dies unwillkürlich an allen aus, mit denen Sie zu tun haben. Ihr Risiko, eine Depression oder Angsterkrankung zu entwickeln, steigt sprunghaft.

Mentale Fatigue ist hat so gravierende Auswirkungen, dass man sie mithilfe nicht invasiver Bildgebungstechniken im menschlichen Gehirn darstellen kann. Dabei ist zu sehen, was dem Organ kurz vor seinem Zusammenbruch widerfährt: Hinter der Stirn (im anterioren präfrontalen Kortex) erscheint plötzlich ein hässlicher, großer roter Fleck, und kurz darauf schaltet das Gehirn ab. Es sieht aus wie eine per Doppler-Ultraschall übertragene Tornado-Warnung aus einem Wetterbericht für den Bundesstaat Kansas – wenn wir davon ausgehen, dass sich das sturmgebeutelte Kansas direkt in Ihrem Kopf befindet. Wenn der Stress zu lange anhält, kommt es in der Tat zu einer Schädigung des Gehirns. Bei den Übeltätern, die Ihre Gehirnzellen abmurksen, handelt es sich um die Stresshormone, die eigentlich für Ihre Sicherheit sorgen sollten. Sie sind einfach völlig übersteuert.

Das ist natürlich eine gehörige Portion schlechter Nachrichten. Gibt es auch gute? Gibt es Heilmittel gegen Rollenüberlastung und Burnout? Wenn Wissenschaftler mithilfe bildgebender Verfahren darstellen können, wie ein Gehirn unter dem Joch der mentalen Fatigue aussieht, können sie auch darstellen, wie das Gehirn nach seiner Befreiung aussieht?

Die Antworten auf diese drei Fragen lauten: ja, ja und ganz eindeutig ja. Wenn sich das Gehirn entspannt, machen Forscher mehrere Beobachtungen. Eine davon ist überraschend. Wenn Menschen zur Ruhe kommen, deaktivieren sich zunächst viele der Hirnregionen, die Stress vermitteln. An sich ist das nichts Neues. Aber wenn das Gehirn sich zu erholen beginnt – jetzt kommt die Überraschung –, werden bestimmte, miteinander verbundene Regionen plötzlich ziemlich aktiv. Diese Regionen bilden einen neuronalen Verbund, der als *Default Mode Network (DMN)* bezeichnet wird. Die Bereiche direkt hinter der Stirn (medialer präfrontaler Kortex) und in der Mitte des Gehirns (posteriorer cingulärer Kortex) machen einen Großteil der Areale dieses Netzwerks aus.

Die Ironie bei der Sache ist, dass Ihr DMN auf allen Zylindern zu feuern beginnt, wenn Sie ruhig, entspannt und völlig passiv sind und absolut nichts zu tun haben. Bei hochkonzentrierten Tätigkeiten müssen Sie es aktiv unterdrücken. Dieser Akt der Nicht-mehr-Unterdrückung versetzt Sie in einen Zustand, der als *indirekte Aufmerksamkeit* oder *sanfte Faszination* (aufgrund des einhergehenden niedrigen Erregungsniveaus) bezeichnet wird. Es ist das friedvoll-träge Gefühl, das sich einstellt, wenn Sie zusehen, wie die Wolken langsam über den Himmel ziehen, oder Fische im Aquarium beobachten. Die Psychologie verwendet auch den Begriff *Mind Wandering*.

Wie auch immer man diesen Zustand bezeichnet: Er ist dadurch gekennzeichnet, dass sich das Gehirn über längere Zeit nicht exklusiv einem bestimmten Thema widmet. Stattdessen steht es unter den defokussierenden und hypnotischen elektrischen Rhythmen des DMN.

Als dieses Netzwerk genauer analysiert wurde, stellten die Forscher fest, dass diese sogenannten aufgabenunabhängigen oder *task-negativen* Reaktionen zu einer Aktivierung bestimmter Arten von Kreativität und der Ideenentwicklung führen. Man bezeichnet diese Verhaltensweisen daher als *task-positiv*. Wie wir in einem späteren Kapitel sehen werden, lässt sich Kreativität am besten ankurbeln, indem man Goldfische beobachtet.

Das ist eine wichtige Information, vor allem für Unternehmen, die von kreativen Leistungen abhängig sind. Das Heilmittel gegen mentale Fatigue besteht nicht einfach darin, das rote Alarmsignal des Salienznetzwerks abzustellen, das wegen Stress, Rollenüberlastung und letzten Endes Burnout angesprungen war. Vielmehr gilt es, das kühle, erfrischende grüne Signal – das DMN – zu aktivieren. Und dann zu beobachten, wie das Leben an uns vorbeischwimmt.

## Theorie zur Wiederherstellung der Aufmerksamkeitsfähigkeit

Das DMN und das Salienznetzwerk sind Todfeinde – und einander keineswegs ebenbürtig. Wenn es zu einem Kampf (oder einer Flucht) kommt, gewinnt das Salienznetzwerk ausnahmslos. Sobald Sie sich das DMN als erfrischendes grünes Signal vorstellen, greift das Salienznetzwerk sofort aktiv ein und schaltet es mit seinem mächtigen neurologischen Finger ab.

Die großen Fragen lauten also: Wie kann man ein überlastetes, gestresstes Gehirn dazu bringen, sein DMN wieder einzuschalten? Welche evidenzbasierten Ansätze ermöglichen es den Menschen, sich wieder für ihre Arbeit zu engagieren? Für ihr Leben? Für ihre Welt?

Wie Sie vielleicht schon vermutet haben, findet sich die Antwort mithilfe des Ameisenforschers unseres Vertrauens. Stephen Kaplan, ein Forschungspsychologe, der Wilsons Rat befolgte und Biophilie in ein überprüfbares Set von Ideen verwandelte, entwickelte eine Theorie zur Wiederherstellung der Aufmerksamkeitsfähigkeit, die sogenannte *Attention Restoration Theory (ART)*. Vereinfacht ausgedrückt, geht diese davon aus, dass ein Aufenthalt in einer eher der Savanne als einem Wolkenkratzer ähnelnden Umgebung ausreicht, um das Gehirn wieder ins Gleichgewicht zu bringen. Ein Wissenschaftler formuliert diese zentrale These der ART folgendermaßen:

> *... mentale Fatigue, die mit einer verminderten Fähigkeit zur Lenkung der Aufmerksamkeit einhergeht, kann überwunden werden, indem man Zeit in einer Umgebung verbringt, die reich an natürlichen Reizen ist.*

Tatsächlich gibt es für diese Theorie eine ganze Reihe empirischer Belege, die von der nicht gerade kleinen biophilen Gemeinde in Harvard bejubelt werden. Man kann förmlich hören, wie Pastor Wilson dazu „Amen“ ruft.

## Was Krankenhäuser nahelegen

Eine der ersten systematischen Untersuchungen zu den Ideen der ART wurde anhand von Krankenhausfenstern durchgeführt – nein, das ist kein Scherz. Forscher stellten fest, dass sich Patienten nach einer Operation offenbar schneller erholten – und während ihrer Genesung besser gelaunt waren –, wenn sie aus dem Fenster ihres Krankenzimmers auf Bäume blickten. Konkrete Zahlen bestätigten diesen Eindruck. Patienten benötigten nach einer Operation weniger Schmerzmittel, wenn sie Aussicht auf eine natürliche Umgebung (statt etwa eine Mauer) genossen. Außerdem brauchten diese Patienten weniger emotionale Unterstützung durch das Pflegepersonal. Und zur allgemeinen Freude der Krankenhausverwaltung konnten sie auch einen Tag früher entlassen werden. Diese Ergebnisse blieben auch dann bestehen, wenn potenzielle Einflussfaktoren wie Alter, Geschlecht und die Beteiligung bestimmter Ärzte und Pflegekräfte kontrolliert wurden.

Roger Ulrich, der ursprünglich für diese Arbeit verantwortlich war, wurde daraufhin in der Zeitschrift *The Atlantic* porträtiert. In dem Artikel heißt es:

> *... Patienten, die auf eine natürliche Umgebung blickten, ging es viermal besser als denjenigen, die eine Mauer vor sich hatten.*

Ja, *vier*mal!
Derartige Ergebnisse bezeichne ich gerne als „Ruderforschung“. Damit meine ich, auch wenn das Objekt der Studie eher bescheiden ist (Bäume im Fenster?), sind ihre Konsequenzen dazu in der Lage, riesige Forschungsschiffe in unbekannte Gewässer zu lotsen.

Und genau das geschah. Die Forscher begannen, andere natürliche Phänomene zu betrachten, wie beispielsweise natürliches Licht, und stellten fest, dass diese zu ähnlichen Ergebnissen führten wie die Bäume. In Räumen mit natürlichem Licht erholten sich Patienten nach einer Rückenoperation schneller (22 Prozent weniger Schmerzmittel, 21 Prozent geringere Behandlungskosten). Die Aufenthaltsdauer von am Herz operierten Patienten auf einer künstlich beleuchteten Intensivstation war um 43 Prozent länger als bei Patienten, die in den intensivmedizinischen Genuss von Tageslicht kamen. Und sogar Auswirkungen auf die Sterblichkeit konnten festgestellt werden: Die Sterberate männlicher Patienten auf der Intensivstation mit natürlichem Licht betrug nicht einmal die Hälfte des Werts, der für die künstlich beleuchtete Intensivstation errechnet wurde (4,7 Prozent vs. 10,3 Prozent).

Natürliche Bäume und natürliches Licht verändern, wie Menschen mit Stress umgehen. Das gilt selbst unter sehr schwierigen und unangenehmen Bedingungen – und nicht nur in der Chirurgie.

Psychiater wissen seit Jahren, dass sich Licht auf die Stimmung auswirkt. Sogar auf schwer gestörte Gemüter übt die natürliche Welt einen starken Einfluss aus. Beispiele finden Sie in Arbeiten, die Titel haben wie „Sonnige Krankenzimmer bewirken schnellere Genesung von schweren und refraktären Depressionen“. Selbst die Richtung des einstrahlenden Lichts kann die Genesung beeinflussen. Bipolare Patienten, die in nach Osten ausgerichteten Zimmern untergebracht waren (sodass die Patienten direkt das Licht der aufgehenden Sonne sehen konnten), verbrachten durchschnittlich 3,7 Tage weniger im Krankenhaus als Patienten in nach Westen ausgerichteten Zimmern (wo die Patienten die Abenddämmerung hereinbrechen sahen).

Das Gehirn möchte sooo gerne draußen im Freien sein. Und das ist sooo wichtig für die Frage, wie Krankenhäuser angelegt sein sollten. Die Natur unterstützt uns Menschen so gut bei der Stressbewältigung, dass sie sogar unsere Beziehung zu Schmerzmitteln – und zum Tod! – verändern kann.

## Natur ist heilsam

So robust diese medizinischen Daten auch erscheinen: Sind sie auf nicht medizinische Kontexte übertragbar? Schließlich verbringen die meisten von uns den Großteil ihrer Zeit erfreulicherweise nicht im Krankenhaus. Gilt die stressreduzierende Wirkung der freien Natur auch für diejenigen unter uns, die sich eher in geschlossenen Räumen aufhalten? Die Antwort lautet ja. Die magnetische Anziehungskraft der Serengeti überfällt uns auch drinnen, wenn wir von einem Termin zum nächsten hetzen, und lockt uns zum Spielen nach draußen.

Beginnen wir vor dem Start in unseren Arbeitstag, also dort, wo wir wohnen. Niederländische Forscher fanden heraus, dass Menschen, die in naturnaher Umgebung leben, den Tag mit weniger psychischem Stress beginnen als Menschen mit anderer Wohnsituation. Sie leiden seltener an Depressionen, Migräne oder Herzkrankheiten und haben seltsamerweise auch weniger Allergien. Als „naturnah" betrachteten die Forscher, dass man im Umkreis von etwa drei Kilometern im Grünen war. Forscher aus Großbritannien ermittelten anhand der Wohnorte von 10 000 Menschen über einen Zeitraum von 18 Jahren ähnliche Vorteile für die psychische Gesundheit, wobei der Einfluss eines stabilen Beschäftigungsverhältnisses, des Jahreseinkommens und des Bildungsstands kontrolliert wurde. In *National Geographic* wurde eine noch größere internationale Studie beschrieben, die auch auf wirtschaftliche Aspekte einging. Sie zeigte, dass die gesundheitlichen Vorteile für Personen, die in der Nähe von Grünflächen leben, dem Gegenwert einer Gehaltserhöhung von 20 000 Dollar entsprechen.

Aber was genau meine ich mit „Grünflächen"? Aus welchen Elementen müssen Grünflächen bestehen, damit sie sich vorteilhaft auf unseren körperlichen und geistigen Zustand auswirken? Ich möchte unsere Diskussion über die „grüne Welt" noch ein wenig ausweiten und mit Ihnen über die *Farbe* Grün sprechen, und zwar anhand eines Films, in dem so gut wie gar kein Grün vorkommt – bis auf einen kurzen, glorreichen Augenblick.

## Was wir meinen, wenn wir Grün sagen

„Kann ich nun kochen oder nicht?"
Der Satz stammt aus einem Film. In *Star Trek II: Der Zorn des Khan* (1982) lässt die Schauspielerin Bibi Besch diese legendäre sexistische Bemerkung gegenüber Admiral James T. Kirk fallen. Ihre ansonsten nicht klischeebehaftete Figur Dr. Carol Marcus ist die Erfinderin des Genesis-Geräts: einer Maschine, die aus grauem, leblosem Gestein den Garten Eden zaubern kann. Dr. Marcus stellt diese Frage unmittelbar, bevor sie präsentiert, was das Gerät zu bieten hat: sattgrüne Dschungel, tosende

Wasserfälle, schroffe Klippen, kleine Bäche, glitzernde Seen, strahlendes Licht. Für Spezialeffekte aus dem Jahr 1982 eine recht beachtliche Leistung. Kirk war hingerissen. Ich ebenfalls. So sehr, dass ich dieses Beispiel Jahre später in einer Lehrveranstaltung verwendete. Jetzt hat es sogar Eingang in dieses Buch gefunden.

Warum betone ich das? Genau wie es häufig bei guter Science-Fiction der Fall ist, hatte auch diese Szene etwas Prophetisches. Im Garten von Dr. Marcus treffen wir auf die Biophilie des 21. Jahrhunderts in den Gewändern des 23. Jahrhunderts. Der Garten enthält alle grünen Elemente, von denen wir wissen, dass sie sich förderlich auf die menschliche Gesundheit auswirken. Wir kennen diese Elemente, weil sich Forscher aus aller Welt seit über einem Jahrzehnt mit Aspekten der Biophilie beschäftigen.

Bei den ersten biophilen Experimenten wurde analysiert, inwiefern sich unser Verhalten verändert, wenn wir durch ein Waldgebiet spazieren. Das Ergebnis wurde dann mit der Reaktion auf einen Spaziergang in städtischer Umgebung verglichen. Dabei fanden britische Forscher heraus, dass bereits nach einem kurzen Waldspaziergang – Näheres zur Dauer später in diesem Kapitel – eine Verhaltensänderung einsetzt. Um die Effekte des Waldes mit denen der Stadt zu vergleichen, verwendeten sie einen psychometrischen Test, den sogenannten *Moodiness Index*. Sie maßen Anspannung, Wut, Verwirrung, Depression und Fatigue und stellten fest, dass durch einen Spaziergang in der Natur all diese negativen Gefühle der Probanden abnahmen. Der Effekt verstärkte sich, wenn der Spaziergang an Wasser vorbeiführte, etwa einem Bach oder Wasserfall. Dem Ganzen haben sie sogar einen Namen gegeben: *Green Exercise*, also *Bewegung im Grünen*. Es gibt britische Mediziner, die darauf drängen, dass das staatliche Gesundheitssystem NHS diese Bewegungsform auf Rezept verordnen sollte – wie Aspirin.

Vergleichbare Untersuchungen auf der anderen Seite der Erde (Universität Chiba, Japan) ergaben dasselbe. Ein Waldspaziergang führt im Vergleich zu einem Stadtspaziergang zu einer zwölfprozentigen Senkung des Stresshormonspiegels (Cortisol), einer um sieben Prozent verminderten Aktivität des Nervensystems und einer um sechs Prozent verlangsamten Herzfrequenz. Genau wie die Briten verzeichneten auch die Japaner einen Rückgang von Depressionen. Allerdings gaben sie der Aktivität einen viel besseren Namen: *Waldbaden*.

Auch Forscher aus den USA bestätigten diese Ergebnisse. Eine Gruppe befasste sich sogar näher mit der Farbe der Baumkronen, unter denen die Versuchsteilnehmer spazierten (orange, gelb oder grün). Jedes dieser Farbpigmente hatte eine beruhigende Wirkung, aber der Effekt war am größten, wenn das Laub der Bäume grün war. Die Messung der Hautleitfähigkeitsreaktion (eine Methode, um Stress in Echtzeit zu quantifizieren) zeigte einen enormen stressmindernden Effekt. Ein grünes Blätterdach reduzierte Stress um fast 270 Prozent mehr als ein gelbes.

Ich denke, Dr. Marcus würde all dem zustimmen. Ihre intellektuellen Fähigkeiten gingen schließlich deutlich über die Zubereitung von Mahlzeiten hinaus.

## Die Physiologie von Grün

Die Natur – und insbesondere die Farbe Grün – scheint also ähnlich wie ein guter Therapeut beruhigende Wirkung auf uns auszuüben. Welche Teile unseres Körpers werden hier angesprochen? Grün wirkt vor allem besänftigend auf das sogenannte parasympathische Nervensystem. Um zu verstehen, wie das funktioniert, muss man zunächst näher über dieses System Bescheid wissen.

Der Großteil der neurologisch-elektrischen Verkabelung, die unseren Körper durchzieht, lässt sich in spezifische Systeme unterteilen, die wie russische Matrjoschka-Puppen ineinander verschachtelt sind. Die beiden größten Einheiten sind das zentrale Nervensystem (bestehend aus Wirbelsäule und Gehirn) und das periphere Nervensystem (bestehend aus allem anderen). Das periphere Nervensystem besteht wiederum aus zwei Teilen: dem somatischen System und dem autonomen System. Und das autonome System ist noch einmal unterteilt (Sehen Sie? Wie die russischen Puppen!), und zwar in einen sympathischen und einen parasympathischen Zweig.

Haben Sie das soweit verstanden?

Als ich weiter vorne über die Kampf-oder-Flucht-Reaktion sprach, bezog ich mich auf die Stimulation des Sympathikus. Dabei bin ich allerdings nicht auf sein parasympathisches Gegenstück eingegangen, das ein weitaus erfreulicheres Set an Erfahrungen überwacht, nämlich die allgemeine Beruhigung nach der Erregung. Parasympathische Verhaltensweisen werden manchmal als Verhaltensweisen der Ruhe und Erneuerung bezeichnet. Sowohl der Sympathikus als auch der Parasympathikus werden durch das bereits erwähnte Salienznetzwerk kontrolliert, das bei Bedrohung anspringt.

Wissenschaftler gehen davon aus, dass das „Waldbaden“ sowohl Reaktionen des sympathischen als auch des parasympathischen Systems auslöst. Wie die japanische Studie erstmals beschrieb, senkt der Kontakt mit natürlichen Elementen den Stresshormonspiegel. Diese Reaktion deutet darauf hin, dass die Bäume dem Sympathikus sagen, er solle „die Klappe halten“. Gleichzeitig übermittelt die Natur eine freundlichere und dezentere Einladung an das parasympathische System: „Mach dein Ding.“ Ein Bad im Wald veranlasst Ihren Körper, Energie zu speichern, statt sie zu verbrauchen. Die Blutgefäße beginnen sich zu entspannen (zu weiten), die Herzfrequenz verlangsamt sich und die Verdauung wird angekurbelt (dadurch werden die Energiereserven wieder aufgefüllt). Menschen, die ein Waldbad nehmen, berichten, dass sie sich danach ausgeruht und erneuert fühlen, wie nach jeder Stimulation des Parasympathikus.

Diese positive Wirkung lässt sich anhand von Erholungszeiten belegen; man misst also, wie viel Zeit der Körper benötigt, um nach einer Stresssituation wieder in ein harmonisches Gleichgewicht zu kommen. Über den Schweiß auf Ihrer Haut oder Ihre Herzfrequenz ist klar zu erkennen, dass die Natur für eine Verkürzung der Erholungszeit sorgt. Ihre beruhigende Wirkung überträgt sich sogar auf das zentrale Nervensystem, bestehend aus Gehirn und Rückenmark. Als Reaktion auf die Bäume strömt das Blut in Hirnregionen, die mit empathischem Verhalten, Selbstwahrnehmung und Wohlwollen in Verbindung gebracht werden (Precuneus, Insula und anteriores Cingulum). Gleichzeitig fließt es weg von Regionen, die starke Gefühle, emotionale Reaktionen und Erinnerungen an diese emotionalen Reaktionen kontrollieren (Amygdala und Hippocampus).

### Was Grün bewirkt

Diese entschleunigenden Effekte sollten selbstverständlich bei der Gestaltung von Arbeitsplätzen berücksichtigt werden, vor allem wenn dort tätigkeitsbedingt ein hohes Stressniveau herrscht. Ein beruhigendes grünes Umfeld zu schaffen, ist in der Tat wohl der konkreteste Umsetzungsvorschlag für Montag, den uns die kognitiven Neurowissenschaften in Bezug auf die Arbeitsplatzgestaltung liefern können. Und jetzt zum Interessanten: Mit „grünes Umfeld" meine ich tatsächlich die Farbe Grün (mit Wellenlängen um die 556 Nanometer). Erinnern Sie sich noch an die Studie mit den Baumkronen und wie effektiv die Farbe Grün im Vergleich zu anderen Farbtönen Stress reduzierte?

Heutzutage können wir auf viel differenziertere Daten zurückgreifen. Und eines der interessantesten Details aus diesen Daten ist, dass man nicht zwangsläufig draußen in der Natur spazieren gehen muss, um Stress abzubauen. Man kann auch drinnen spazieren gehen, solange man dabei ebenfalls im Grünen unterwegs ist.

Ist hier von Büropflanzen die Rede? Ganz genau. Die Exposition gegenüber beruhigenden grünen Wellenlängen kann tatsächlich durch Büropflanzen stattfinden – und ab diesem Punkt wird alles ganz einfach. Wer in einem Büro mit Pflanzen arbeitet, erlebt einen Produktivitätszuwachs von 15 Prozent gegenüber Kontrollpersonen und ermüdet langsamer. Interessanterweise gibt es auch weniger Krankheitsfälle. Wir kennen sogar den Grund dafür: Es liegt an den freigesetzten Gasen.

Pflanzen geben flüchtige Öle und Gase ab. Manche davon kann man sogar riechen. (Erinnern Sie sich, wie es in einem Wald riecht? Das sind flüchtige Gase.) Wissenschaftler haben eine Unterklasse dieser Gase, die sogenannten *Phytonzide*, isoliert und forschen seit Jahrzehnten über ihre praktischen Einsatzmöglichkeiten. Und das mit Erfolg. Es ist erwiesen, dass freigesetzte Phytonzide bestimmte Zellen im Immunsystem anregen, die den unheilvollen Namen *natürliche Killerzellen* oder NK-Zellen tragen. Auch wenn der Name nichts Gutes zu verheißen scheint, wünscht man sich in der Regel, dass die Anzahl dieser Zellen steigt: NK-Zellen bekämpfen Viren und Tumore.

Der positive Effekt von Grün ist nicht zu verachten. Wenn Sie von Büropflanzen umgeben sind, steigt die Population Ihrer NK-Zellen um 20 Prozent, und wenn Sie die Phytonzide im Freien einatmen können, sogar um sagenhafte 40 Prozent. Dieses Niveau bleibt sieben Tage lang erhalten. Und selbst 30 Tage später war immer noch eine Erhöhung von 15 Prozent gegenüber Kontrollprobanden festzustellen. Bei den Pflanzen aus dem Test handelte es sich um Zypressen, doch die meisten anderen Grünpflanzen erzeugen ebenfalls immunstärkende Substanzen. Das bedeutet: In unseren Büros sollte es Grünpflanzen geben, und zwar jede Menge. Man könnte durchaus sagen, dass Büros am besten wie überdachte Baumgärten aussehen sollten.

## Grün, Blau und natürliches Licht

Grün kann noch viel mehr als Immunsysteme stärken und beruhigende Blätterdächer erzeugen. Es besitzt außerdem die Fähigkeit, unseren Verstand wie ein Brennglas zu fokussieren. Das Ganze funktioniert dosisabhängig – das heißt, je öfter diese Wellenlänge pro Zeiteinheit auf das Auge trifft, desto besser klappt es mit dem Fokus. Dieser Effekt ist sogar stark genug, um Verhaltensveränderungen in einer Bevölkerungsgruppe zu erzielen, die dafür bekannt ist, dass sie sich auf überhaupt nichts konzentrieren kann: junge Menschen mit einer Aufmerksamkeitsdefizitstörung.

Angesichts unseres darwinistisch geprägten Verhältnisses zu Farben ist das kein Wunder. Man bedenke, dass die afrikanische Savanne nicht gerade dafür bekannt war, vor Grüntönen zu strotzen. Ebenso wenig strotzte sie so vor Wasser wie der Regenwald, außer zu bestimmten Jahreszeiten. Demzufolge wäre jede plötzliche Begegnung mit üppigem Grün nicht nur ungewöhnlich, sondern wahrscheinlich auch aufregend gewesen, denn es hätte signalisiert, dass sich in nächster Nähe vermutlich lebensspendendes Wasser befindet. Forscher vermuten, dass unsere Vorfahren, die sich auf diese photosynthetische Tatsache konzentrieren konnten, größere Chancen hatten, einen weiteren Tag zu überleben – oder zumindest noch einmal etwas zu trinken abzubekommen. Vielleicht haben wir Menschen einfach gelernt, uns auf Grün zu konzentrieren, weil wir uns so oft auf Durst konzentrieren mussten.

Ein Leben in grüner Umgebung bringt beachtliche Vorteile mit sich, aber Grün ist nicht die einzige Farbe, die messbare Verhaltensänderungen herbeiführen kann. Betrachten wir die Farbe Blau (ab 470 Nanometer). Bereits seit einiger Zeit ist bekannt, dass blaue Farbtöne das Gehirn in einem aktiven Erregungszustand halten. Und wir wissen sogar warum. Blaues Licht unterdrückt die Produktion des schlafauslösenden Hormons Melatonin. Je mehr Blau Sie wahrnehmen, desto wacher werden Sie und desto mehr Energie bekommen Sie. Der Effekt ist so stark, dass er sogar

Ihren Schlaf beeinträchtigen kann. Forscher empfehlen deshalb, ein bis zwei Stunden vor dem Schlafengehen alle elektronischen Geräte abzuschalten, die blaues Licht emittieren.

Die anregende Wirkung von Blau könnte ebenfalls evolutionäre Wurzeln haben. Auch wenn es in der gelbbraunen Savanne normalerweise nichts Blaues gibt, können wir nicht davon ausgehen, dass die Farbe in unserer Evolutionsgeschichte keine Rolle gespielt hätte. Für eine Dosis Azur mussten wir nur nach oben blicken. Da wir keine nachtaktiven Geschöpfe sind, hat es durchaus einen Sinn, dass Blau uns wach macht. Am Morgen wirkt es wie ein urzeitlicher afrikanischer Wecker und den Rest des Tages wie ein Energydrink. Wenn es Nacht wird und das Blau verblasst, schwindet auch die anregende Komponente seiner Wellenlänge.

Auch Licht, das Grün, Blau und das übrige Farbspektrum des Regenbogens (im Bereich von 380 bis 740 Nanometern) beinhaltet, wirkt sich günstig auf uns Menschen aus. Warum? Dieses Spektrum entspricht dem weißen oder natürlichen Licht, das Ihnen begegnet, wenn Sie nach draußen gehen oder aus dem Fenster schauen. Menschen, die sich natürlichem Licht aussetzen, haben 84 % weniger Augenbeschwerden, eine klarere Sicht und seltener Kopfschmerzen. Wer das Glück hat, in einem Büro mit Tageslicht zu arbeiten, nimmt außerdem weniger Krankheitstage in Anspruch. Zudem wirkt sich natürliches Licht günstig auf das Schlafverhalten aus, was sich unter anderem über eine durchschnittlich längere Schlafdauer und eine bessere Schlafqualität bemerkbar macht. Sogar im Einzelhandel sind positive Auswirkungen zu beobachten: Walmarts mit natürlichem Oberlicht erzielen im Durchschnitt um 40 Prozent höhere Umsätze als Geschäfte, die hauptsächlich mit Kunstlicht beleuchtet werden.

Die Wirkung von natürlichem Licht sowie der Farben Grün und Blau auf unser Verhalten ist also darwinistischen Ursprungs. Innenarchitekten täten gut daran, sich dies zunutze zu machen.

## Machen Sie mal Pause (im Freien)

Wie lassen sich die Vorzüge dieser fruchtbaren Symbiose aus Gesundheitsförderung und Natur auf die Geschäftswelt übertragen? Sollten regelmäßige Pausen ein fester Bestandteil im Arbeitsalltag werden, vor allem, wenn sie in einem Garten verbracht werden können? Gesunde Arbeitnehmer sind fleißiger – und gesunde und *glückliche* Arbeitnehmer dazu noch produktiver.

Fest steht ganz einfach, dass Menschen, die regelmäßig Pausen machen, bessere Leistungen erzielen als diejenigen, die das nicht tun. Und Menschen, die ihre Pause in der Natur verbringen, übertreffen mit ihren Leistungen alle anderen. Untersuchungen zu Fehlerquoten bei der Arbeit haben dies zuerst nachgewiesen. Hier die

Ergebnisse, einfach zusammengefasst: Menschen, die regelmäßig eine Pause einlegten, machten weniger Fehler pro Zeiteinheit als diejenigen, die das nicht taten. Auch die Konzentration der Mitarbeiter sowie ihr Engagement für die Arbeit nahmen zu, was auf eine Verbesserung der exekutiven Funktionen hindeutet (– die wichtige, im letzten Kapitel besprochene kognitive Vorrichtung, die uns ermöglicht etwas hinzubekommen). Auch wenn es widersprüchlich klingt: Menschen, die weniger Zeit bei der Arbeit verbringen, erledigen ihre Aufgaben effektiver als Menschen, die mehr Zeit dafür aufwenden.

Wie oft sollten Sie also während des Tages den Pausenknopf drücken? Hierzu liefern uns die kognitiven Neurowissenschaften konkrete Angaben. Aus Untersuchungen geht hervor, dass Sie etwa alle neunzig Minuten eine Pause machen sollten; bei extrem anstrengenden Tätigkeiten sogar noch öfter. Diese Zahl stammt von Nathaniel Kleitman und wurde durch Untersuchungen des Psychologen K. Anders Ericsson und des Unternehmers Tony Schwartz bestätigt. Dabei entdeckte Kleitman den sogenannten basalen Ruhe-Aktivitäts-Zyklus (BRAC). Wie es scheint, braucht das Gehirn alle anderthalb Stunden ein bisschen Zeit für sich. Wer ihm das zugesteht und nach diesem Rhythmus Arbeitspausen einlegt, ist am produktivsten. Das wurde nicht nur im Geschäftsleben, sondern auch in der Wissenschaft und den darstellenden Künsten nachgewiesen.

Und was sollten Sie dann alle 90 Minuten tun? An dieser Stelle kommt E.O. Wilson ins Spiel. Machen Sie einen Spaziergang im Freien oder suchen Sie zumindest einen Raum mit Pflanzen und Zimmerbrunnen auf. Sie werden sich erinnern, dass in einem vorhergehenden Abschnitt die Frage aufkam, wie kurz ein kurzer Waldspaziergang sein darf, damit unsere Gesundheit noch davon profitiert. Die Forschung zeigt, dass in solchen Umgebungen ziemlich schnell eine beruhigende Wirkung eintritt, und zwar innerhalb der ersten 200 Millisekunden. Je länger Sie sich dort aufhalten, umso mehr profitieren Sie von diesem Effekt, und zwar im Zeitraum von zehn Minuten bis zu knapp einer Stunde.

Mir ist klar, dass in Bezug auf Pausen sehr unterschiedliche Vorgaben gelten – sowohl seitens der Unternehmen als auch gesetzlicher Vorschriften. Wenn es in Ihrem Unternehmen eine Pausenregelung gibt, sollten Sie diese voll ausschöpfen, auch wenn Ihnen das kontraproduktiv erscheint. Und wenn Sie eine Pause machen, versuchen Sie diese in der Natur zu verbringen: mit einem Spaziergang im Freien oder zumindest in einem Innenraum mit Pflanzen. Wenn es zu Ihrem Aufgabenbereich gehört, solche Richtlinien zu erstellen, und es in Ihrem Unternehmen noch keine Pausenregelung gibt, machen Sie sich an die Ausarbeitung. Und versuchen Sie nach Kräften, Ihre Mitarbeiter dazu zu bewegen, sie einzuhalten. Die meisten Unternehmen sind auf die Gesundheit der Nervenzellen ihrer Mitarbeiter angewiesen. Ich habe dieses Buch unter anderem deshalb geschrieben, weil ich betonen wollte, wie wichtig es ist, Humankapital gesund zu erhalten.

## Aussicht und Zuflucht

Es scheint auf der Hand zu liegen, dass Designer von Bürogebäuden Zeit damit verbringen sollten, sich japanische Gärten anzusehen. Zumindest vermute ich, dass die armen Menschen, die den Hauptsitz von Scandinavian Airlines entworfen haben, sich wünschen, sie hätten das getan. Ihr Werk aus dem Jahr 1987 besitzt eine lange Plattform, die – ähnlich wie in Disneyland – als Hauptstraße durch die Mitte der Anlage verläuft. Sie verbindet mehrere Büros und Konferenzräume mit einem Café, einem Sportareal und zahlreichen offenen Bereichen für informelle Meetings. Damit wollte man die Mitarbeiter dazu bewegen, ihr stickiges Büro zu verlassen und miteinander in Austausch zu treten. Man hegte die bescheidene Hoffnung, dass diese Begegnungen kognitiven Freiraum für spontane Interaktionen schaffen würden. Weitaus größer war die Hoffnung, dass sie zu einer Produktivitätssteigerung führen würden.

Wie sich herausstellte, waren beide Hoffnungen reine Zeitverschwendung. Eine Analyse der Orte, an denen die Mitarbeiter tatsächlich miteinander interagierten, ergab, dass nur neun Prozent die Hauptstraße und das dortige Café nutzten. Die anderen „offenen Treffpunkte" wurden nur von 27 Prozent aller Mitarbeiter in Anspruch genommen. Über zwei Drittel nutzten nach wie vor ihre stickigen Büros als Treffpunkte. So viel zum Thema Produktivitätssteigerung.

Offensichtlich hatten sich die Designer auf das Falsche konzentriert.

Aber was wäre das Richtige gewesen? Dazu habe ich zwei Vorschläge: die lauten, wilden Hänge des Ngorongoro-Kraters in Tansania und die weniger lauten und weniger wilden Hörsäle der University of Hull im Nordosten Englands. Diese Orte scheinen das Geheimnis der kreativsten und produktivsten Aktivitäten der Welt zu bergen.

Natürlich bedarf die Behauptung, dass Tansania und Großbritannien bei der Entwicklung eines geeigneten Raumkonzepts für das Headquarter einer Fluggesellschaft weiterhelfen könnten, einer näheren Erläuterung. Beginnen wir mit der sogenannten *Prospect-Refuge-Theorie*. Der Begriff wurde an der University of Hull von dem mittlerweile emeritierten Geografieprofessor Jay Appleton geprägt. Um Appletons Ideen zu verstehen, müssen wir kurz auf das eingehen, was ihn inspiriert haben könnte: der Ngorongoro-Krater in Ostafrika.

Genau genommen befindet sich dieser Krater in Tansania und es handelt sich um eine vulkanische Caldera – den größten inaktiven Vulkan der Welt. Vor Millionen von Jahren brach der Vulkanberg in sich zusammen, und es entstand ein über 25 000 Hektar großes, schüsselförmiges Tal. Dieses Tal grenzt an die Serengeti und ist Teil eines größeren Komplexes, des sogenannten Ngorongoro-Schutzgebiets. An den Seiten der schüsselförmigen Caldera befinden sich unwegsame, schroffe Bergrücken, die zu flachen Ebenen auslaufen. Entlang dieser Kämme, vor allem in einer

Region namens Engaruka, gibt es sehr viele Höhlen. Diese geologische Besonderheit bot unseren Vorfahren, den Hominiden, Schutz und leicht zugängliche Versteckmöglichkeiten. Gleichzeitig ermöglichte sie nahezu unendlich weite Ausblicke auf Raub- und Beutetiere. Mit anderen Worten: Sie gewährte uns sowohl Aussicht als auch Zuflucht.

Man könnte den Ngorongoro auch als ostafrikanische Ideenschmiede des Homo sapiens bezeichnen, denn seine einzigartige Landschaft übte einen enormen Einfluss auf unsere prähistorischen Vorfahren aus. Unsere urzeitlichen Gehirne wurden dort und in den angrenzenden Gebieten reorganisiert und optimiert, sodass wir uns zu den kunstschaffenden, strukturgebenden, beobachtenden und steuerzahlenden Wesen entwickeln konnten, die wir heute sind.

## Noch mehr über Aussicht und Zuflucht

Aus Appletons Ideen geht klar hervor, dass wir gemischte Umgebungen bevorzugen. Und da wir bislang 99,987 Prozent unserer Zeit auf diesem Planeten in solchen verbracht haben, muss man nicht E.O. Wilson sein, um zu erkennen, dass Appleton da offensichtlich einer interessanten Sache auf der Spur ist. Und zwar einem ausgeglichenen Verhältnis zwischen zwei Präferenzen.

Einerseits ist da die Aussicht. Unsere Spezies hat das Bedürfnis, ihre Umgebung aus einem möglichst weiten Blickwinkel zu erfassen. Ein großräumiger Überblick verrät uns sofort, wo Wasser sich ansammeln, Raubtiere lauern und Beute zu finden sein könnte. Gruppen von Jägern und Sammlern mit einem Faible für dieses Wissen überlebten ganz offensichtlich besser als solche, die sich weniger dafür interessierten. Wir haben diese Vorliebe immer noch – der absolut neuzeitliche Immobilienmakler in Ihrer Nachbarschaft kann Ihnen das bestätigen. Häuser mit Aussicht sind gut zu verkaufen, und die Leute sind bereit, mehr dafür zu bezahlen.

Auf der anderen Seite brauchen wir Zuflucht. Appleton sagt, dass wir gleichzeitig eine Umgebung bevorzugen, die uns ermöglicht, uns vor Feinden, schlechtem Wetter und – bei steigender Bevölkerungszahl – vor anderen Menschen zu verstecken. Wenn wir die Zugangsmöglichkeiten kontrollieren können – was bei Höhlen der Fall ist –, steigt unsere Chance auf direkte Konfrontation von Bedrohungen. Ein Dach über dem Kopf erhöht unsere Chancen, sogar die meteorologischen Launen der Serengeti zu überstehen. Einer der Gründe, warum die Höhlen an der Seite eines alten Vulkankraters so attraktiv für uns waren, bestand darin, dass sie uns beides boten.

Appleton ist der Ansicht, dass die produktivsten Räume der Welt ein ausgewogenes Verhältnis zwischen Aussicht und Zuflucht bieten sollten. Empirische Untersuchungen scheinen diese Behauptung zu stützen. Zwei Forscher in der *Harvard Business Review* stimmen dem zu:

*Die effektivsten Räume bringen Menschen zusammen und überwinden Barrieren, bieten aber auch genügend Privatsphäre, sodass niemand befürchten muss, belauscht oder gestört zu werden.*

Ob Sie es glauben oder nicht: Diese Sensibilität für die Weite unserer Umgebung lässt sich sogar bei Untersuchungen zur Raumhöhe beobachten. Forscher bezeichnen es als *Kathedralen-Effekt*, dass die Höhe eines Raumes die Konzentrationsfähigkeit der Menschen beeinflusst, die versuchen, in diesem Raum ein Problem zu lösen. Je höher die Decke, desto mehr konzentrieren sich die Personen auf das eigentliche Problem (weniger Aufmerksamkeit auf Details). Je niedriger die Decke, desto mehr richten sie ihren Fokus auf die Details (weniger Aufmerksamkeit auf das eigentliche Problem). Was bedeutet das? Wenn Mitarbeiter große Probleme zu lösen haben, sollten Sie sich in Räumen aufhalten, die so hoch wie ein Kirchenschiff sind. Beschäftigen sie sich dagegen mit kleinteiligen Problemen, sollten sie in einer Höhle sein. Offensichtlich reagieren wir auch in sicherer Umgebung immer noch auf Aussicht und Zuflucht.

## Konsequenzen für das Büro-Design

Das evolutionäre Bedürfnis, sich im Spannungsfeld zwischen zwei Arten von Räumen – offenen Bereichen und geschlossenen Refugien – zu bewegen, liefert wichtige Hinweise für die Raumplanung. Da ein einseitiges Design 50 Prozent unseres Bedürfnisses nach Aussichts- und Zufluchtsmöglichkeiten außer Acht lässt, liegt auf der Hand, dass Konzepte wie „alle im Großraum" oder „alle in Einzelhaft" von vornherein zum Scheitern verurteilt sind.

Genau das scheint der Fall zu sein. Als Beweisstück A können wir das offene Raumkonzept anführen. Riesige Flächen mit kostengünstigen, wandlosen Bürozellen neben exponierten Team-Arbeitsbereichen sind seit Langem im Trend. Sie begünstigen spontane Unterbrechungen, zwanglose Interaktionen sind dadurch vorprogrammiert. Stimmt das wirklich?

Leider haben nur wenige Menschen dieses Konzept getestet, um herauszufinden, ob es hält, was es verspricht. Wie sich nach einem solchen Test allerdings herausstellt, gibt es keinen Grund, in Begeisterungsstürme auszubrechen. Statt einer Atmosphäre voll sprühender Kreativität finden die Forscher angespannte Fronten vor, worunter vor allem das Endresultat leidet. In Büros mit offenem Raumkonzept schrumpft die Produktivität. Kreatives Denken nimmt ab. Die Konzentrationsfähigkeit sinkt und der Stresspegel steigt. Somit ist es nicht überraschend, dass die Arbeitszufriedenheit ebenfalls sinkt, wenn es zu viel Aussicht gibt.

Einer der größten Stressfaktoren ist dabei, dass es zwangsläufig zu Ablenkungen kommt. Beispielsweise ist man gezwungen, die Telefonate anderer Leute mitzuhören. Meist bekommt man allerdings nur die Hälfte des Gesprächs mit, was das Gehirn extrem ablenkt und verheerende Auswirkungen auf die Konzentration hat. Forscher haben diesem lästigen Phänomen den Namen „Halb-alog" gegeben. Durch Blickbewegungsmessung wurde ermittelt, dass Konzentrationsfehler in Verbindung mit solchen Halbalogen um satte 800 Prozent gegenüber der Kontrollgruppe zunahmen.

Das verzweifelte Bedürfnis nach den Höhlen des Ngorongoro-Kraters zeigt sich in den Versuchen der Mitarbeiter, dorthin zurückzukehren, sprich Zuflucht zu suchen, wenn es zu viel Aussicht gibt. Die *New York Times* berichtet über dieses Phänomen, als würde es sich um eine Art Krieg handeln:

> *In allen Büros sind die Wände gefallen, aber die Großraumbewohner ziehen immer wieder neue hoch. Sie verbarrikadieren sich hinter Aktenschränken, türmen Bücher und Papiere auf, um sich noch besser abzuschotten …*

Kopfhörer können zwar helfen, sind aber auch keine optimale Lösung. Auch mit Gehörschutz in den Ohren reagieren wir immer noch auf Ablenkungen durch visuelle Reize. Es sieht danach aus, als bräuchten wir wieder einmal Onkel Darwins Hilfe.

Wir plädieren hier nicht dafür, offene Raumkonzepte für Büros *abzuschaffen*. Vielmehr geht es darum, einen *Ausgleich* zu schaffen. Wenn man es richtig anstellt, können zufällige Interaktionen die Produktivität um 25 Prozent steigern. Schließlich sind wir von Natur aus eine kollaborative Spezies. Genauer gesagt: Wir sind sozial, weil wir überleben wollen – und nicht, weil wir miteinander plaudern möchten. Diese Priorität erfordert es, unsere Sozialkontakte mit Zeit für uns selbst zu kombinieren. Wenn wir die ganze Zeit in offenen Räumen zubringen müssen, ist das einfach zu viel des Guten.

## Was Sie am Montag tun sollten

Da in diesem Kapitel viele praktische Ideen stecken, halte ich es für sinnvoll, seine Inhalte für ein Gedankenexperiment zu nutzen: Wenn Sie über ein unbegrenztes Budget verfügen würden, es nur wenig bürokratische Beschränkungen gäbe und Sie Ihre Arbeitsumgebung auf Grundlage der in diesem Kapitel behandelten Themen gestalten könnten: Wie würde sie aussehen? Jetzt, wo wir ins Leben nach der Pandemie starten, ist ein wunderbarer Zeitpunkt für solche Überlegungen. Über das Konzept Büro wird zurzeit ohnehin viel spekuliert und debattiert. Dabei geht es um die Möglichkeiten zu Hause, aber auch um die Notwendigkeit eines Firmengebäudes. Wahrscheinlich werden uns Bürogebäude dauerhaft erhalten bleiben. Aber in der aktuellen Zeit, wo so vieles im Umbruch ist, könnte man dieses Konzept doch mal von Grund auf überdenken.

Beginnen wir also mit unserem Gedankenexperiment und vor allem mit Jay Appleton. Ich vermute, Sie würden das Gebäude so planen, dass Appletons Ideen von Aussicht und Zuflucht das zentrale Gestaltungselement bilden. Es gäbe Räume, die weitläufige, inspirierende Ausblicke bieten. Diese Räume wären physisch mit Einzelbüros verbunden, wo die inspirierten Mitarbeiter ihre Ideen in Ruhe entwickeln könnten. Klingt das weit hergeholt? Wir haben bereits etablierte und geeignete Designelemente, die Aussicht und Zuflucht gleichermaßen bieten. Man nennt sie Balkone.

Und worauf würde man von diesen Balkonen blicken? Auf einen Baumgarten. Das ideale Gebäude wäre in Grünflächen eingebettet, es gäbe entweder Räume mit Blick auf Innenhofgärten oder, was noch praktischer wäre, Außenbereiche, die sich für ein Waldbad eignen. Die Mitarbeiter hätten Zugang zu Spazierwegen, Bächen und Wasserfällen und könnten diese von ihren Büros aus sehen.

Auch für die Einrichtung des Gebäudes haben wir ein paar Ideen in petto. In allen Büroräumen gäbe es natürliches Licht und immunstärkende Pflanzen (eine Idee, mit der man vor allem während der Grippesaison in den Wintermonaten Kosten einsparen könnte). Alle neunzig Minuten dürften die Mitarbeiter eine Pause einlegen und die botanischen Bereiche aufsuchen. So bliebe wertvolles Humankapital erhalten.

Sogar die Konferenzräume bekämen eine Sonderausstattung und würden in „Problemlösungsräume" umbenannt. In diesen Räumen gäbe es eine variable Beleuchtung: grün für Aufgaben, die hohe Konzentration erfordern, und blau, wenn die Mitarbeiter einen Energiekick brauchen. Auch die Deckenhöhe ließe sich anpassen: Für Probleme, die 12000-m-Lösungen erfordern, könnte man die Decke hochfahren und für kleinteilige Probleme auch weiter herunterfahren.

Ideen wie diese wirken sich positiv auf die Umsätze aus. Und im Gegensatz zu manchen eher unglücklichen und unproduktiven Bürokonzepten der Vergangenheit sind sie außerdem wissenschaftlich fundiert.

Mir ist klar, dass es nicht die einfachste (oder billigste) Sache der Welt ist, diese Ideen zu verwirklichen. Doch als Hirnforscher weiß ich auch, dass das Gehirn bislang bei der Gestaltung von Büros nicht berücksichtigt wird, obwohl fast jedes Unternehmen auf diesem Planeten auf das Organ angewiesen ist, um schwarze Zahlen zu schreiben. Die meisten Firmen haben nicht einmal versucht, die kognitiven Neurowissenschaften zu konsultieren, obwohl dazu mehr als genug Zeit gewesen wäre. (Einige der in diesem Kapitel präsentierten Daten sind bereits *Jahrzehnte* alt.) Und auch wenn einige dieser Konzepte mehr Geld verschlingen als ein Weihnachten, sind andere genauso erschwinglich wie eine Grünlilie. Sie alle stützen sich auf einen Stapel begutachteter Arbeiten, und in Gedanken kann ich E. O. Wilson vergnügt auf diesem Stapel tanzen sehen.

Wie gerne würden Tausende, vielleicht sogar Millionen Büroangestellte mit ihm mittanzen!

**DAS BÜRO IN DER FIRMA**

**Brain Rule:** Das Gehirn entwickelte sich in der freien Natur. Es denkt, dass es immer noch dort lebt.

- Wir Menschen haben 99,987 Prozent unserer Existenz in einer natürlichen Umgebung verbracht. Das Leben in der modernen Zivilisation kann mit lang anhaltenden Stressphasen verbunden sein; nicht selten kommt es zu *Rollenüberlastung*. Wenn wir nichts dagegen unternehmen, können Burnout, mentale Fatigue und sogar Gehirnschäden die Folge sein.
- Um den Stressoren entgegenzuwirken, sollten Sie Wege finden, sich (und Ihre Mitarbeiter) den Naturelementen auszusetzen.
- Wenn die Natur von Ihrem Standort aus nicht direkt zugänglich ist, sollten Sie natürliches Licht, viele Pflanzen und die Farben Grün und Blau in die Bürogestaltung einfließen lassen.
- Machen Sie, wenn möglich, alle neunzig Minuten eine Pause – und am besten verbringen Sie diese im Freien.
- Um die Kreativität Ihrer Mitarbeiter zu fördern, sollten Sie Arbeitsbereiche schaffen, die jedem Einzelnen sowohl Aussicht (offene allgemeine Bereiche) als auch Zuflucht (geschlossene private Bereiche) ermöglichen.

# 4
# Kreativität

**Brain Rule:**

Scheitern sollte eine Option sein – solange Sie daraus lernen.

Zu Beginn dieses Kapitels habe ich eine kleine Aufgabe für Sie: Denken Sie sich so viele neue Verwendungsmöglichkeiten für einen Ziegelstein aus, wie Sie können. Machen Sie eine Liste mit allem, was Ihnen einfällt. Ich warte so lange. Nur keine Eile. Wir werden uns Ihre Antworten ohnehin erst gegen Ende dieses Abschnitts ansehen.

Der Grund, warum ich Sie um diese Liste bitte, hat mit dem Thema dieses Kapitels zu tun: Kreativität. Wir sprechen darüber, wie man Kreativität definiert (was ganz schön schwierig ist), was ihr schadet (was noch schwieriger ist) und, zu guter Letzt, wie man sie fördern kann (was am schwierigsten ist).

Wir Hirnforscher tun uns schon lange schwer mit der Untersuchung von Kreativität. Nicht, weil wir sie nicht für real genug halten, sondern weil wir glauben, dass sie nicht gut genug zu messen oder zu beschreiben ist, zumindest nicht mit der heutigen Technologie. Wir wissen nicht genau, worauf wir achten oder wonach wir suchen sollen.

Die meisten Menschen wären sich einig, dass Leonardo da Vinci kreativ war. Der Großteil würde das auch von Einstein, Beethoven, George Balanchine und Louis Armstrong behaupten. Haben ihre Gehirne alle dieselbe kreative Quelle angezapft, als sie ihre Meisterwerke schufen? Und waren bei allen dieselben Hirnregionen am Schaffensprozess beteiligt? Wir wissen es nicht. Uns bleibt nur eins: Listen erstellen.

Apropos, wie sieht es mit Ihrer Liste aus? Enthält sie Verwendungen wie „Briefbeschwerer" oder „Türstopper"? Haben Sie daran gedacht, Ihren Ziegelstein auf den Deckel eines Topfs mit kochendem Wasser zu legen, damit nichts überlaufen kann? Das sind die typischen Standardantworten auf diese Frage. Sie alle verbindet, dass sie nicht sonderlich weit entfernt sind von der beschwerenden Eigenschaft, durch die sich ein Ziegelstein nun mal auszeichnet.

Gerade weil sie sich nicht groß von dem unterscheiden, wofür ein Ziegelstein ursprünglich gedacht war, würden einige Forscher diese Antworten als geringwertiger einstufen. Hier kommt eine Antwort, die besser abschneiden würde: den Ziegelstein pulverisieren und dann zum Einfärben weißer Farbe verwenden. Diese neue Verwendung weicht stark von der ursprünglichen Funktion eines Ziegels ab, und auf diese Abweichung legen die Forscher großen Wert. Genau das ist es nämlich, was sie messen, wenn sie bestimmte Arten von Kreativität quantifizieren. Solche Tests bezeichnet man als *Verfahren zur Erfassung des divergenten Denkens.*

Würden Sie eine der Antworten als kreativer bezeichnen als die anderen? Die meisten würden die Nutzung als Farbstoff als innovativer bezeichnen – ich jedenfalls würde das tun, und viele andere Wissenschaftler ebenfalls.

Divergentes Denken ist nur eine von mehreren Arten von Kreativität, die Forscher zu charakterisieren versucht haben. Wir sehen uns noch ein paar andere an. Im Zuge dessen finden wir auch heraus, ob und wie man jemandes Türstopper in einen Farbeimer verwandeln kann.

## Neuartig oder Nonsens?

Halten Sie den folgenden Satz für kreativ oder für kranken Unsinn?

> *Ich komme von einer ausländischen Universität ... und man muss die Plausität aller Änderungsgesetze nach der Gesetzgebung für Kinder durchgehen ... das ist keine psychische Störung oder Putenanz ... sondern ein Amoritionsgesetz.*

Es handelt sich hierbei um eine echte Äußerung einer wahrhaftigen Person. Ich habe sie einer Mitte des letzten Jahrhunderts veröffentlichten Forschungsarbeit entnommen. In einer Hinsicht ist sie an Kreativität kaum zu überbieten: Der Sprecher erfindet seine eigenen Wörter. Neue Verwendungsmöglichkeiten für Ziegelsteine: Wörterbuchversion. Das mag ja erst einmal ganz nett sein, aber ergibt der Satz für Sie überhaupt einen Sinn? Er nimmt sich innovative sprachliche Freiheiten heraus, aber hat er irgendeinen Nutzen? Seine Aussage ist im Grunde genommen schwierig bis unmöglich zu verstehen.

Darum frage ich noch einmal: Ist der Satz kreativ oder krank?

Das ist nur eines der vielen Dilemmas, vor denen Forscher stehen, wenn sie versuchen, Kreativität zu definieren. Was ist der Unterschied zwischen Neuartigem und Nonsens? Welches verhaltensbezogene Raster hilft Forschern dabei, das Verrückte vom Vortrefflichen zu unterscheiden?

Leider gibt es kein solches Raster. Im Laufe der Jahre haben mutige Köpfe Ansätze zu diesem Thema entwickelt, die sich zumeist als unbefriedigend erwiesen haben. Die Definition, mit der die meisten Forscher arbeiten, basiert auf solch einem tapferen Versuch:

> *... die Entwicklung eines Konzepts oder Produkts, das sowohl neuartig als auch nützlich ist, wird allgemein als zentrales Merkmal von Kreativität angesehen.*

„Allgemein angesehen“ ist Wissenschaftssprech für „belassen wir es mal dabei“ – das wissenschaftliche Äquivalent für eine Kapitulation.

Auch wenn die Definition bei weitem nicht vollständig ist, bietet sie doch einen gewissen Nutzen. Sie dampft Kreativität auf zwei konzeptuelle Ankerpunkte herunter: Neuartigkeit und Nützlichkeit. Hieraus lassen sich überprüfbare Ansätze und interessante wissenschaftliche Erkenntnisse über die Natur des innovativen Denkens ableiten.

Zu den wertvollsten Erkenntnissen zählt ein Ergebnis der Evolutionsbiologen, die dem ursprünglichen darwinistischen Nutzen von Kreativität auf den Grund gehen wollten. Sie sind sich darin einig, dass Kreativität höchstwahrscheinlich aus der Notwendigkeit entstand, mit dem urzeitlichen Klimawandel zurechtzukommen. Das

Klima in Afrika während der letzten paar hunderttausend Jahre unseres Serengeti-Aufenthalts war nämlich sehr instabil und wechselte zwischen feucht-heiß und trocken-kalt – und das manchmal innerhalb von ein paar Generationen. Diese Instabilität brachte alle möglichen neuen Herausforderungen mit sich und gefährdete unser Überleben als Jäger und Sammler. Wer brandneue Lösungen für brandneue Probleme finden konnte, passte sich den Veränderungen am besten an. Wer nicht innovativ genug war, musste sterben. Kreativität verschaffte uns einen Überlebensvorteil, weil sie unserer Spezies ermöglichte, mit den Wetterkapriolen klarzukommen.

Angesichts dieser evolutionären Entstehungsgeschichte erklärt sich der zweite, utilitaristische Anker von Kreativität von selbst: Die innovative Lösung muss eine gewisse *Funktionalität* besitzen, um einen evolutionären Vorteil zu bieten. Aus diesem Grund gibt es auch zwei Anker und nicht nur einen. Die „Plausität aller Änderungsgesetze" mag kreativ klingen, aber das reicht nicht aus, um uns vor der Instabilität unserer Umwelt zu retten.

Nur damit Sie Bescheid wissen: Der Mann, von dem das Zitat am Anfang dieses Abschnitts stammt, litt an Schizophrenie. Wissenschaftler bezeichnen diesen verbalen Wirrwarr als *Wortsalat*. Bei bestimmten Formen der Schizophrenie tritt dieses Symptom sehr häufig auf. Die Worte des Patienten waren zweifelsohne einzigartig, aber nach unserer hier zugrunde gelegten Definition nicht besonders kreativ.

## Konvergent versus divergent

Kreativität so zu definieren, dass sie sowohl einzigartig *als auch* nutzbringend sein sollte, ist eine Sache. Eine ganz andere Sache ist es jedoch, die spezifischen neuronalen Substrate zu identifizieren, die diesen beiden Merkmalen zugrunde liegen – so es sie denn gibt. Große Fragen wie diese gehen Wissenschaftler normalerweise an, indem sie Modelle entwerfen, sie erproben und dann nach relevanten Regionen im Gehirn Ausschau halten, die erklären könnten, wie die Modelle funktionieren.

In diesem Kapitel werden wir uns mit drei Modellen befassen: divergentes/konvergentes Denken, kognitive Enthemmung und ein altbekanntes Phänomen, das einfach *Flow* genannt wird. Alle drei sind prall gefüllt mit überprüfbaren Ansätzen und von Fachleuten untersucht worden, die sich darauf spezialisiert haben, im Außen sichtbare Verhaltensfunktionen der wässrigen Innenwelt des Gehirns zuzuordnen.

Erinnern Sie sich an meine Aufgabe, neue Verwendungsmöglichkeiten für einen Ziegelstein zu finden? Das war eine Übung zum divergenten Denken. So nennt man die kognitive Spielerei, bei der eine Person dazu aufgefordert wird, unter Berücksichtigung bestimmter Parameter so viele innovative Ideen wie möglich aus dem Hut zu zaubern – und das ganz frei und ungezwungen.

Das zweite Modell, das konvergente Denken, ist praktisch das spiegelbildliche Gegenteil von divergentem Denken. Bei dieser kognitiven Fingerübung soll sich eine Person viele einzigartige und kreative Lösungen für ein einziges Problem ausdenken. Die Lösungen müssen also zur Aufgabe *konvergieren*.

Ein Paradebeispiel für konvergentes Denken finden Sie in dem Film *Apollo 13* (1995), der auf einer wahren Begebenheit basiert und davon handelt, wie die NASA mit dem berühmt-berüchtigten Notfall auf dem gleichnamigen Raumschiff umging. Der Film zeigt allerlei innovative Problemlösungsstrategien (bei einer dieser Strategien kamen das Cover eines Trainingshandbuchs, ein Bungeeseil und Socken zum Einsatz). Das alleinige Ziel bestand darin, das Schiff zu wenden und die Astronauten lebend nach Hause zu bringen.

Da der Unterschied zwischen diesen beiden Arten von Kreativität ziemlich verwirrend sein kann, hier eine Eselsbrücke: Stellen Sie sich divergentes Denken wie einen Feuerwerkskörper vor: Von einem zentralen Punkt aus explodieren bogenförmig bunte Lichter. Konvergentes Denken ist dagegen wie ein Brennglas, das verschiedene Lichtpunkte auf eine einzige Quelle fokussiert.

Mit Blick auf die praktischen Konsequenzen stellen sich Forscher natürlich die Frage, welche Phänomene divergente und konvergente Denkprozesse fördern oder behindern. Es hat sich gezeigt, dass Stress bei beiden Formen eine wichtige Rolle spielt, sich aber jeweils auf sehr unterschiedliche Weise auswirkt. Einerseits kann Stress ein mächtiger und motivierender Förderer der Kreativität sein, insbesondere wenn es um konvergentes Denken geht. Als in der Raumkapsel von Apollo 13 drei Menschenleben auf dem Spiel standen, war das für die NASA-Ingenieure jedenfalls ein ziemlicher Ansporn, ausgetretene Denkpfade zu verlassen.

Bei anderen Arten von Kreativität, zum Beispiel dem divergenten Denken, gerät der Fluss der Ideen unter stressigen Bedingungen jedoch ins Stocken. Wenn Menschen sich bedrängt und unter Druck gesetzt fühlen, schneiden sie bei Tests zum divergenten Denken nicht besonders gut ab. (Deshalb habe ich zu Beginn des Kapitels auch betont, dass Sie sich nicht zu beeilen brauchen.)

Dass Kreativität und Stress voneinander abhängig sind, lässt sich statistisch nachweisen. Einer der wichtigsten Prädiktoren für langfristige kreative Leistungen ist der Umgang mit Misserfolgen. Für manche Menschen ist Scheitern eine äußerst stressige Erfahrung. Allein die Aussicht darauf kann jeglichen Instinkt für Innovationen, den sie sonst vielleicht bewiesen hätten, im Keim ersticken. Für andere ist ein Scheitern dagegen gar kein richtiges Scheitern. Mutige Innovatoren betrachten es als Hilfsmittel, um den Weg zur richtigen Lösung zu finden.

## Niemals zu scheitern, ist ein Fehler

Wissenschaftler ganz unterschiedlicher Disziplinen haben den problematischen Zusammenhang zwischen kreativen Leistungen und der Angst vor dem Scheitern untersucht. Allein die Titel der Veröffentlichungen sprechen Bände. Aus der Wirtschaftsforschung stammen Arbeiten wie „Der Erzfeind der Kreativität: die Angst vor dem Scheitern". In den Neurowissenschaften finden sich Titel wie „Angst lässt Ihr Gehirn schrumpfen und schadet Ihrer Kreativität". Übrigens betrifft dieses Schrumpfen mehrere Hirnregionen, vor allem den Hippocampus. Das ist eine ernstzunehmende Angelegenheit. Der Hippocampus ist an vielen Prozessen beteiligt, die wichtig für innovative Leistungen sind, einschließlich der Transformation von Erinnerungen im Kurzzeitgedächtnis zu langfristigen Erinnerungsspuren. Schrumpft der Hippocampus zu stark, kann diese Verarbeitungsfunktion erheblich beeinträchtigt werden.

Warum sollte Angst vor dem Scheitern etwas so Negatives bewirken? Und warum ist unser Instinkt für Innovationen so ein besonderes Ziel? Um diese Fragen zu beantworten, müssen wir über etwas sprechen, das alle Babys, Wissenschaftler und Unternehmer gemeinsam haben. Es hat damit zu tun, wie sie lernen.

Babys lernen durch eine Reihe von zunehmend eigenständig korrigierten Ideen, wobei sie sich einer schon bei Geburt vorinstallierten Software zum Testen von Hypothesen bedienen. Sie (a) stellen ständig Beobachtungen darüber an, wie ihre Welt ihrer Meinung nach funktioniert, (b) testen ihre Ideen nach dem Prinzip von Versuch und Irrtum und (c) passen ihr Weltbild auf Grundlage der gewonnenen Daten an. Wenn Sie denken, dass dies nach dem Vorgehen von Wissenschaftlern klingt – der guten alten wissenschaftlichen Methodik – dann liegen Sie goldrichtig.

Vor vielen Jahren zeigte ein Buch mit dem Titel *Forschergeist in Windeln* auf, wie unglaublich ähnlich sich Babys und Wissenschaftler sind (und ich kann Ihnen aus eigener Erfahrung sagen, dass es mehr als einen Aspekt gibt, der auf beide Gruppen zutrifft). Derartige Methoden zur Überprüfung von Hypothesen sind äußerst wirksam. Iterative Wiederholungsprozesse können stark genug sein, um Raketen auf ferne Asteroiden zu feuern, und gleichzeitig filigran genug, um die Geheimnisse des Atoms zu ergründen.

Auch dieser Prozess ist mit Scheitern verbunden. Tatsächlich ist der Aspekt des Scheiterns ein fester Bestandteil des Mechanismus, denn es handelt sich um die *Irrtum*-Komponente des Versuch-und-Irrtum-Prinzips.

Beispiele für diesen Zusammenhang zwischen Scheitern und Kreativität sind überall zu finden. Nur sehr wenige unternehmerische Vorhaben sind beim ersten, zweiten oder auch zwanzigsten Anlauf erfolgreich. Erstaunlich viele Theorien von Wissenschaftlern scheitern, wenn sie eingehenden Tests unterzogen werden. Selbst erfolgreiche wissenschaftliche Theorien überstehen die Tests nur selten, ohne modifiziert zu werden. Und ich kenne kein einziges Baby, das nicht Wochen – manchmal sogar Monate – damit zugebracht hat, unbeholfen durch die Gegend zu tapsen, sich irgendwo hochzuhangeln und wieder hinzufallen, ehe es einfach aufstehen und loslaufen konnte.

Wenn Misserfolge Sie lähmen und blockieren, wird sich diese Blockade auf Ihr Projekt und letztlich auch auf Ihre Produktivität übertragen. Es ist deshalb sehr wichtig, die richtige Einstellung zum Scheitern zu entwickeln. Denken Sie daran: Kreativität besteht zum einen daraus, neuartige Ideen zu produzieren, und zum anderen, aus diesen etwas Nützliches zu generieren. Demnach ist das Scheitern der Mechanismus, der fantastische Einfälle in funktionelle Konzepte verwandelt.

## Maximieren Sie das Potenzial Ihres Scheiterns

Für Unternehmen sind diese Aspekte absolut relevant. Kommen wir nochmal zurück zu Google und seinem Aristoteles-Projekt (das bereits erwähnte Projekt, bei dem untersucht wurde, warum bestimmte Teams so gut funktionieren). Die Forscher kamen zu dem Schluss, dass psychologische Sicherheit der Schlüssel zum Erfolg sei und die Risikobereitschaft der Mitarbeiter fördere, wozu selbstverständlich auch die Akzeptanz von Misserfolgen zählt.

Seit dem Aristoteles-Projekt sind erhebliche Fortschritte bei der Erforschung des Zusammenhangs zwischen psychologischer Sicherheit und Innovation erzielt und Normen zur Quantifizierung von Risikobereitschaft etabliert worden. Ein Experiment ergab, dass Gruppen, die (a) mehrere Ideen (drei bis fünf Vorschläge) gleichzeitig testen und daraus dann (b) die besten zwei, drei Ergebnisse für weitere Tests rekrutieren, eine um 50 Prozent höhere Erfolgsquote erzielen als diejenigen, die nicht oder nicht im erforderlichen Umfang iterativ vorgehen. Niederlagen lassen sich – wie Kekse – gleich in größeren Mengen fabrizieren.

Möglicherweise durch diesen Befund inspiriert, begannen weitere Forscher, sich in der Testküche des Scheiterns zu betätigen. Schon bald stellte sich heraus, dass die Erlaubnis zum Scheitern allein noch keine Erfolgsgarantie war. Testpersonen, die große Erfolge erzielten, und Testpersonen, die vernichtende Niederlagen einstecken mussten, unternahmen etwa dieselbe Anzahl von Anläufen. Was war der Unterschied? Die Erfolgreichen versuchten, etwas aus ihren Fehlern zu lernen. Sie konfrontierten sich schonungslos mit ihrem Scheitern und wrangen ihm auch noch den letzten Tropfen an Erkenntnis ab. Wer nicht so viel Mut und Beharrlichkeit an den Tag legte, verbuchte oft noch länger Misserfolge.

Ein weiteres Ergebnis gab es in Bezug auf die Zeitspanne zu vermelden, die die Probanden zwischen zwei aufeinanderfolgenden Misserfolgen verstreichen ließen. Je kürzer der Abstand, desto größer war ihre Chance auf einen zukünftigen Erfolg. Je länger sie von einem Versuch zum nächsten zögerten, desto wahrscheinlicher waren weitere Misserfolge. Es war also nicht nur gut, aus dem Scheitern zu lernen, sondern auch wichtig, so schnell wie möglich wieder aufzustehen und einen neuen Anlauf zu starten. Eine solche Geschwindigkeit kann man nur erreichen, wenn man das Gefühl hat, scheitern zu *dürfen*.

Ein Unternehmen, das dafür bekannt war, seinen Mitarbeitern Misserfolge zuzugestehen, war IBM in seiner erfolgreichsten und innovativsten Zeit unter der souveränen Führung des legendären CEO Thomas Watson jr. Das gescheiterte Experiment eines IBM-Vizepräsidenten kostete das Unternehmen fast 10 Millionen Dollar. Als Schuldbekenntnis legte dieser Watson persönlich sein Rücktrittsgesuch vor und war verblüfft über die Reaktion seines Chefs. „Warum sollten wir Sie gehen lassen?“, fragte Watson lachend, nachdem er den Brief gelesen hatte. „Wir haben Ihnen gerade eine 10 Millionen Dollar teure Weiterbildung ermöglicht.“

Natürlich sind Unternehmen keine Wohltätigkeitsorganisationen und Watson wollte IBM sicher nicht in den finanziellen Ruin treiben. Aber vielleicht wusste er intuitiv, was sich heute empirisch nachweisen lässt: Die Gewinnchancen steigen, wenn man seine Toleranz für Niederlagen erhöht.

Der Tech-Kolumnist Michael S. Malone formuliert es folgendermaßen:

> *Außenstehende halten das Silicon Valley für einen Erfolg, aber in Wirklichkeit ist es ein Friedhof. Scheitern ist die größte Stärke des Silicon Valley.*

## Die Fesseln der Angst sprengen

Was sollten Sie also tun, wenn die Angst vor dem Scheitern Ihre Innovationsfähigkeit lähmt? Gibt es praktische Überzeugungen, die Sie sich aneignen könnten, um diese unheilvolle Verknüpfung zu lösen? Die Antwort lautet ja. Dazu müssen wir zunächst verstehen, warum wir Angst vor dem Scheitern haben.

Untersuchungen haben ergeben, dass viele Mitarbeiter Fehlleistungen als Charakterfehler betrachten. Für diejenigen, die so denken, bedeutet ein Scheitern nicht nur, dass sie etwas falsch gemacht haben, sondern sie betrachten es als Zeugnis über die eigene Person. Dementsprechend versuchen sie eventuell ihre Misserfolge zu verbergen, leugnen sie oder schieben anderen die Schuld dafür in die Schuhe.

Menschen, die ihre Niederlagen nicht als Charakterfehler betrachten, sich nicht dafür schämen und sie leugnen oder jemand anderem anlasten möchten, stellen sich dagegen ihrer Enttäuschung direkt. Und sie ernten die Früchte für ihren Mut. Konkret bedeutet das, dass sie sich in der schwierigen Welt von Versuch und Irrtum beim nächsten Mal erfolgreicher behaupten. Tatsächlich gibt es Belege dafür, dass ein Scheitern bei den meisten Menschen wie ein Brandbeschleuniger für ihre Ideen wirkt. Der Psychologe Robert Epstein beschreibt es mit folgenden Worten: „Scheitern stimuliert die Kreativität praktisch direkt. Es ist wirklich wertvoll."

Demnach sollten Sie eine gesunde Einstellung zum Scheitern kultivieren. Sie können dazu ein simples Drei-Schritte-Protokoll anwenden, das wir uns – so seltsam das auch klingen mag – am besten von einem Feuerwehrmann aus Florida demonstrieren lassen. Es handelt sich um Matt Holladay, ein stämmiger, muskulöser Mann mit rasiertem Kopf, der aussieht, als käme er direkt vom Casting für eine Notruf-Doku.

An einem strahlenden Sommertag in Florida trainierte Holladay gerade eine Gruppe neuer Einsatzkräfte, als ein Notruf einging – ein Brand in einem Wohnhaus, zum Großteil stand es bereits in Flammen. Mit den Kollegen im Schlepptau eilte er dort hin, hielt kurz inne und sondierte die Lage. Aus dem gesamten Haus drang Rauch, mit Ausnahme eines Zimmers. Es bestand die Möglichkeit, dass dort jemand war. Sofort sprang er durch die Öffnung, die zuvor ein Fenster gewesen war, und landete direkt neben einer gebrechlichen alten Dame. Sie lebte noch! Er hob sie hoch, übergab sie durch die Fensteröffnung an seine bereitstehenden Kollegen und verließ dann schnell wieder das Gebäude.

Holladays Vorgehen lässt sich in drei Schritte unterteilen: Zuerst bewegte er sich auf das Inferno zu und lief nicht davor weg. Dann analysierte er den Schaden und hielt nach Lebenszeichen Ausschau. Anschließend trat er in Aktion. Er stieg in das Zimmer, erkannte, dass seine Vermutung richtig war, und rettete jemandes Großmutter.

Ob Sie es glauben oder nicht, die Forschung empfiehlt ein ähnliches Drei-Schritte-Protokoll als Reaktion auf ein Scheitern:

Hier die drei Schritte:

1. *Gehen Sie auf den Misserfolg zu wie Holladay auf das Feuer. Untersuchungen haben gezeigt, dass die Bereitschaft, sich auf eine Bedrohung einzulassen, der wichtigste Faktor ist, um sie zu neutralisieren.*

2. *Analysieren Sie zunächst die Situation. Stellen Sie fest, ob sich eine Großmutter im Zimmer befindet, und überlegen Sie dann, wie Sie sie retten können, auch wenn um Sie herum alles in Flammen steht.*

3. *Ziehen Sie so viele Lehren wie möglich aus Ihrer Analyse. Finden Sie heraus, warum das Haus überhaupt gebrannt hat, und ergreifen Sie dann entsprechende Gegenmaßnahmen.*

## Edsels in Mustangs verwandeln

Viele Beispiele aus der Wirtschaft zeigen, dass diese drei Schritte zu produktiven Ergebnissen führen. Ein prominentes Beispiel liefert uns der bekannte Management-Guru Peter Drucker mit seiner Geschichte über einen der größten Flops der Ford Motor Company: den Edsel von 1958. In die Planung und Marktforschung war viel zu viel Geld geflossen, deshalb sollte das Auto ziemlich überteuert verkauft werden. Als das Modell auf den Markt kam, waren die Absätze allerdings miserabel. Die Online-Nachrichtenseite *Business Insider* geht davon aus, dass der Edsel das Unternehmen 350 Millionen Dollar gekostet hat.

Drucker berichtet, dass die verantwortlichen Führungskräfte nicht vor diesem kostspieligen Brandherd zurückschreckten, sondern darauf zustürmten. Mit Bedacht und System untersuchten sie, was schiefgegangen war, erkannten, was erfolgreich gewesen war, und fanden Wege, um das eine in das andere zu transformieren. So konnten sie Anpassungen in die Wege leiten, aus denen schließlich der Thunderbird und der Mustang entstanden, zwei der erfolgreichsten Automodelle aller Zeiten.

Welche Rahmenbedingungen müssen also in einem Unternehmen erfüllt sein, damit es Edsels in Mustangs verwandeln kann? Aus jahrzehntelanger Forschung hat sich eine konsistente, robuste und – sofern Sie eine Führungskraft sind – leicht beunruhigende Antwort ergeben: Die Art und Weise, wie Führungskräfte auf Misserfolge reagieren – ihre eigenen und die ihrer Kollegen –, wirkt sich unmittelbar darauf aus, wie auch alle anderen reagieren. Der direkte Weg zur Produktivität erfordert keine bestimmte Handlung, sondern vielmehr eine *Haltung*.

Wie ich bereits sagte: beunruhigend.

Welche Haltung sollten Sie als Führungskraft oder Manager im Umgang mit Misserfolgen kultivieren? Um Enttäuschungen in Einnahmen zu verwandeln, müssen Sie eine Atmosphäre schaffen, in der Scheitern nicht nur akzeptiert, sondern auch erwartet wird. Das beginnt damit, dass Sie mit gutem Beispiel vorangehen. Verhaltensforscher bezeichnen dies als *passive Übertragung*. Manager, die bei Misserfolgen konsequent zum Erste-Hilfe-Koffer greifen, begründen die produktivsten Unternehmen der Welt.

Ein Entscheidungsträger namens Ed Catmull sagte einmal: „Fehler sind kein notwendiges Übel. Sie sind generell nicht übel. Sie sind eine unvermeidliche Konsequenz davon, etwas Neues zu tun." Catmull wird es wohl wissen. Er war einer der Gründer von Pixar.

## Innovationsklima und Kontrolle

Wie schafft man eine Atmosphäre, in der es in Ordnung ist zu scheitern? Die Wissenschaft zeigt kurzfristige und langfristige Lösungen auf.

Zu den kurzfristigen Lösungen gehört, dass Sie sich mit Ihrem eigenen Innenleben auseinandersetzen, also mit Ihrer Reaktion auf Misserfolge und vor allem Ihrem Umgang mit der Angst. Wenn Sie als Führungskraft Angst vor dem Scheitern haben, wird sich diese Angst auf andere im Unternehmen übertragen. Angst ist nämlich ansteckend – jeder erfahrene Ersthelfer weiß das.

Häufig ist der Umgang mit unseren Reaktionen auf Angst eine Frage der Impulskontrolle. Schließlich ist es ganz natürlich, dass man ein brennendes Haus nur ungern betritt. Aber auch hier gibt es Hoffnung, denn die Forschung zeigt, wie wir unsere Impulskontrolle in den Griff bekommen. Sie gehört zum Team der exekutiven Funktionen, der kognitiven Vorrichtung, die zuvor als „Fähigkeit, etwas hinzubekommen" beschrieben wurde. Alles, was sich positiv auf unsere exekutiven Funktionen auswirkt, verbessert auch unsere Impulskontrolle.

Hierzu gehört Achtsamkeit (die Meditationstechnik), aber auch Sport. Beide entfalten ihre Wirkung innerhalb eines überraschend kurzen Zeitraums – es dauert nicht einmal ein Jahr. Deshalb bezeichne ich sie als kurzfristige Lösungen. Wie zu erwarten, verbessern sowohl Achtsamkeit als auch Bewegung die Kreativität, und zwar auf ganz bestimmte Weise. Wer sich darin übt, seinen Geist zu fokussieren, verbessert seine Leistungen im divergenten Denken. Sport hat denselben Effekt, insbesondere, wenn er im Freien stattfindet. Henry David Thoreau, der Vater des „Waldbadens", hatte also Recht, als er sagte: „In dem Moment, wo meine Beine sich zu bewegen beginnen, fangen meine Gedanken an zu fließen ..."

Die langfristige Lösung ist eher prozessorientiert. Die Forschung empfiehlt Unternehmen, gezielt formalisierte Instrumente zur Ideenfindung und (Weiter-) Entwicklung interner Innovationen einzuführen. Dazu sollte ein Regelwerk verfasst und an jeden ausgehändigt werden, der schon einmal eine gute Idee hatte. Das Herzstück dieses Dokuments? Eine explizite Erläuterung, wie mit Misserfolgen umzugehen ist. Hier ein Zitat aus der Forschung von Kevin Desouza et al.:

> *Im Idealfall sollte das Management über einen genau definierten Innovationsentwicklungsprozess verfügen, in dem Fehlschläge als normaler Bestandteil des Prozesses angesehen werden.*

Desouza et al. wissen sogar, wie dieser versagensfreundliche Prozess aussehen sollte. Sie beschreiben insgesamt fünf Merkmale, die man sich als Schritte eines Entwicklungszyklus vorstellen kann. Für unsere Zwecke sind vor allem die ersten drei wichtig:

Der erste Schritt umfasst „Ideengenerierung und Mobilisierung". Schaffen Sie eine ergebnisoffene Atmosphäre, in der sich Ideen entwickeln können, und erstellen Sie ein leicht zugängliches Logbuch, um andere darauf aufmerksam zu machen.

Als Zweites muss ein ausgeklügelter Prüfprozess etabliert werden, in dem die Vor- und Nachteile jeder Idee bewertet werden. (Die Autoren nennen diesen Schritt „Screening und Fürsprache".)

Im dritten Schritt geht es darum, einen Prozess/Mechanismus zu entwickeln, im Zuge dessen die Ideen getestet und gegebenenfalls ein Prototyp gebaut werden kann. Bei diesen Aktivitäten können Labors oder andere Orte zum Tüfteln eine Rolle spielen.

In den letzten beiden Schritten geht es um die Vermarktung und die Akzeptanz durch potenzielle Konsumenten. Während des gesamten Innovationsentwicklungsprozesses ist immer wieder explizit darauf hinzuweisen, dass es in Ordnung ist, Enttäuschungen zu erleben. Ich habe ein Schild, das in jedem Raum hängen sollte, wo an diesem Prozess gearbeitet wird; es handelt sich um ein weiteres Zitat von Pixar-Mitbegründer Cutmull:

> *Wenn Sie kein Scheitern erleben, begehen Sie einen viel schlimmeren Fehler: Sie werden von dem Wunsch getrieben, es zu vermeiden.*

Worte, die man beherzigen sollte, vor allem, wenn man mehrere Milliarden Dollar verdienen möchte. Ed hat das tatsächlich geschafft.

## Das zweite Modell: kognitive Enthemmung

Leider zeigt die Forschung, dass die meisten Unternehmen über keine formale Struktur wie diesen fünfstufigen Zyklus verfügen. Sie verlassen sich einfach auf den Zufall, was immer das auch heißen mag, und auf die eigenen Instinkte. Wenn Letztere auf Angst basieren, ist das allerdings größtenteils nutzlos und kann ihnen zum Verhängnis werden.

Die Forschung bestätigt, was die Logik ohnehin nahelegt: Die innovativsten Unternehmen sind zumeist auch Marktführer. Wir wissen inzwischen, dass es einen formalen Mechanismus braucht, um Neues in einem versagensfreundlichen Umfeld auszuprobieren, aber möglicherweise genügt das nicht.

Divergente/konvergente Modelle sind nicht die einzigen Kreativitätstheorien, die es gibt, und wahrscheinlich reichen sie alleine auch nicht aus, um Unternehmen erfolgreich zu machen. Unsere nächste Kreativitätstechnik kann helfen, diese Lücke zu schließen. Es handelt sich um ein undurchsichtiges Konzept mit der Bezeichnung *kognitive Enthemmung*, bei dem der kreative Prozess aus zwei Komponenten besteht.

Zum Glück lassen sich beide mit einer einfachen Analogie aus dem Film zum Broadway-Musical *West Side Story* erklären.

Das ist mein voller Ernst.

Die Filmszene, die ich meine, zeigt den schicksalhaften Moment, in dem sich zwei unglücklich Verliebte, die rivalisierenden Banden angehören, zum ersten Mal begegnen. Der Film spielt in den 1950er-Jahren, und die Begegnung findet bei einem Ball in einer Schulturnhalle statt. Der Ball war eigentlich als Versöhnungsveranstaltung für die Banden gedacht, damit sie beim gemeinsamen Feiern ihre Konflikte lösen können.

Doch leider ist keine Versöhnung in Sicht. Die Tanzveranstaltung eskaliert zu einem Tumult, was von lärmender Musik und choreografisch inszenierten Zusammenstößen mehrerer Dutzend Tänzer untermalt wird. Die zunehmend ins Chaos abgleitende Kakophonie steuert auf ihren Höhepunkt zu, als sich plötzlich die zwei Liebenden, Tony und Maria, von der jeweils anderen Seite der Tanzfläche aus erspähen. Als sich ihre Blicke treffen, verstummt die Musik und die Kamera blendet alles andere aus. Sie beginnen ruhig und respektvoll miteinander zu tanzen. Die Turnhalle gehört jetzt ganz allein ihnen.

Diese Szene erinnert mich immer an die beiden Komponenten der kognitiven Enthemmung als Kreativitätstechnik. Damit Sie das verstehen, müssen wir natürlich definieren, was kognitive Enthemmung ist. Hier ein Zitat der Forscherin Shelley Carson:

> *[Kognitive Enthemmung ist] das Nicht-Ausblenden von Informationen, die für ein aktuelles Ziel irrelevant sind ... ein mentaler Filter, der sich willentlich dafür entscheidet, ins Bewusstsein vordringende Informationen nicht zu blockieren.*

Carsons Definition kommt einer Erlaubnis gleich, dass sich die lärmenden Tänzer in Ihrem Gehirn austoben dürfen. Lassen Sie beim Problemlösen eine bunte Vielfalt von Inputs ungehindert auf sich einströmen. Auch wenn die Informationen nicht zwangsläufig von Bedeutung sind, dürfen sie sich trotzdem frei auf ihrer kognitiven Tanzfläche bewegen. Sie *ent*hemmen ihre bewusste Wahrnehmung, daher die Bezeichnung.

Wären diese enthemmenden Tänze das Einzige, was in Ihrem Gehirn vor sich geht, würden Sie unserer Arbeitsdefinition von Kreativität allerdings nicht Genüge tun. Ja, man könnte mit Fug und Recht behaupten, dass der Schizophrenie-Patient, der für die „Plausität aller Änderungsgesetze“ eintrat, ziemlich enthemmt war – aber seine Enthemmung war auch schon alles. Seine Aussage enthielt nichts Sinnvolles oder Nützliches. Zum Glück zeigen uns Tony und Maria mit viel Gefühl, was uns zur Kreativität noch fehlt.

## Ablenkungen ausschalten

In der Turnhallenszene von *West Side Story* wird eine bestimmte Teilmenge von Inputs (die sich anbahnende Liebesgeschichte) in den Vordergrund gestellt, indem störende Informationen (der wilde Tanz) ausgeblendet werden.

Wenn ein kreativer Mensch mehrere Inputs beobachtet, die in seinem Bewusstsein Piroutten drehen, fällt ihm vielleicht auf, dass gewisse Inputs beginnen, sich Blicke zuzuwerfen. Daraus könnte sich eine Beziehung entwickeln, die eventuell auf Gemeinsamkeiten beruht. Vielleicht gibt es aber auch keine Gemeinsamkeiten, sondern die Inputs haben bestimmte Eigenschaften, aus denen sich etwas Nützliches ergibt, wenn man sie auf eine bestimmte Art und Weise miteinander kombiniert. Was auch immer der Grund ist: Sie sind nicht wie die anderen Tänzer.

Sobald diese Erkenntnis einsetzt, können wirklich kreative Menschen alle anderen Ablenkungen bewusst ausblenden und sich nur noch auf die interessanten Inputs konzentrieren. Forscher bezeichnen dieses Verhalten als die Fähigkeit, Aufmerksamkeit zu fokussieren/defokussieren. Aus dieser Fokussierung/Defokussierung entstehen kreative Ideen. Die Nützlichkeit folgt häufig auf dem Fuß.

Diese beiden Komponenten – die aktive Bereitschaft, sich auf einen wilden kognitiven Tanz einzulassen, gefolgt von der skrupellosen Fähigkeit, das meiste davon zu ignorieren – bilden das Herzstück der kognitiven Enthemmung. Der Unterschied zwischen krank und kreativ könnte durchaus in der Fähigkeit bestehen, sehnsuchtsvolle Ideen zu entdecken, die sich quer über den Raum Blicke zuwerfen, und sie miteinander tanzen zu lassen.

## Ihr Sitz im Gehirn

Die Verhaltenswissenschaft hat eindeutig nachgewiesen, dass kognitive Enthemmung in der Praxis funktioniert. Dasselbe gilt für divergentes/konvergentes Denken. Weniger klar ist dagegen, welche neuronalen Substrate diesen Verhaltensweisen zugrunde liegen. Wir Forscher geben uns große Mühe, die innovativen Regionen des Gehirns zu identifizieren. Leider sind wir aber immer noch auf der Suche.

Wir kennen einige der neuronalen Komponenten, die aktiviert werden müssen, damit das äußerlich zu beobachtende Verhalten auch innerlich zu beobachten ist. In Bezug auf kognitive Enthemmung wissen wir, dass das Arbeitsgedächtnis eine entscheidende Rolle spielt.

Das *Arbeitsgedächtnis* ist ein kognitiver Raum, in dem eine große Menge an Informationen vorübergehend gespeichert werden kann. Früher wurde es als *Kurzzeitgedächtnis* bezeichnet. Für diesen flüchtigen Speicher ist neurologisch vor allem die Hirnregion direkt hinter der Stirn (der präfrontale Kortex) verantwortlich.

Inwiefern hat das Arbeitsgedächtnis nun mit der kognitiven Enthemmung zu tun? Bei dieser Kreativitätstechnik wird ein kognitiver Raum benötigt, der viele Dinge gleichzeitig aufnehmen kann; eine Art Puffer, in dem unterschiedliche Inputs in Echtzeit miteinander interagieren können. Genau so einen Puffer stellt das Arbeitsgedächtnis zur Verfügung. Damit ist es die gehirnliche Entsprechung zur Turnhalle in *West Side Story*. Ohne Saal ist es mit dem Tanzen nämlich nicht weit her.

## Kein Grund zu schreien

Wie Sie vielleicht schon vermuten, wirkt sich die Größe dieser mentalen Turnhalle direkt auf die Kreativität aus, und zwar aus einem einfachen Grund: Ihr Fassungsvermögen beeinflusst auch die Anzahl der Variablen, die darin Platz finden.

Welche Faktoren sind es, die die Größe unserer Turnhalle beeinflussen? Wahrscheinlich kennen Sie die Antwort bereits, denn wir beschäftigen uns schon eine ganze Weile mit diesem Konzept. Kontrollverlust – negativer Stress – wirkt sich unmittelbar auf die Kapazität des Arbeitsgedächtnisses aus.

Dies lässt sich auf unterschiedliche Weise belegen. In einer Reihe von Realexperimenten wurde untersucht, wie das menschliche Arbeitsgedächtnis auf *verbale Aggression* reagiert. Das ist ein wissenschaftlicher Euphemismus für *Anschreien* – etwas, das übellaunige Chefs häufig mit ihren Mitarbeitern tun.

Nehmen wir einmal an, Sie selbst sind der übellaunige Chef. Nachdem Sie einen Fehler beobachtet haben, beschließen Sie, ihre emotionalen Zügel schießen zu lassen, und beginnen den Verantwortlichen anzuschreien. Was passiert dabei mit Ihrem Mitarbeiter? Ihr Geschrei lässt sein Arbeitsgedächtnis sofort um satte 52 Prozent schrumpfen; die Speicherkapazität wird dadurch stark beeinträchtigt. Dieser Schwund kann sich auf seine kreative Leistung auswirken, was praktisch jede verfügbare Methode zur Messung von Kreativität belegt.

Weiterführende Untersuchungen liefern uns einen Anhaltspunkt, weswegen das Gedächtnis schrumpft. Überraschenderweise stammt der Hinweis von Augenzeugenberichten aus der Strafverfolgung.

Psychologen und Psychiater wissen, dass es wechselseitige Einflüsse zwischen Trauma und Gedächtnisverlust gibt. Wer etwas Schlimmes erlebt, zum Beispiel überfallen wird, erleidet in der Regel einen gewissen Grad an Amnesie, vor allem in Bezug auf die Ereignisse in unmittelbarer zeitlicher Nähe zu diesem Überfall. Das kann direkte Auswirkungen auf den Augenzeugenbericht des Opfers haben.

Normalerweise kommt es jedoch nicht zu einer vollständigen Amnesie. Wenn bei dem Trauma eine Waffe im Spiel ist, etwa bei einem Überfall mit einer Pistole, sieht die Sache ganz anders aus. Das Erinnerungssystem des Gehirns wird die Aufnahmetaste drücken und sich jedes Detail dieser Waffe einprägen. Es kommt zwar immer noch zu einem starken Gedächtnisverlust, aber man sollte ihn besser als Fokusverschiebung bezeichnen, denn eigentlich handelt es sich um eine groß angelegte Reallokation von Ressourcen. Diese anormale Fokussierung, bei der fast alles andere auf der Strecke bleibt, nennt man *Waffenfokus*.

Das Phänomen steht in direktem Zusammenhang mit unserer Geschichte zum Thema Anschreien. Wenn Sie einer anderen Person gegenüber verbal aggressiv werden, wird Ihr Mund quasi zur Waffe. Das Tracking-Radar Ihres Mitarbeiters richtet sich automatisch auf die Quelle der Bedrohung aus – also auf *Sie* –, während seine anderen Speichersysteme ausfallen. Statt den Fokus auf das zu richten, was ein berechtigtes Anliegen sein kann – etwa der Fehler –, konzentriert sich der Mitarbeiter auf etwas ganz anderes, nämlich Ihr wütendes Mundwerk.

Manche Führungskräfte übergehen diese Warnung, weil sie denken, verbale Aggression würde das Innovationsvermögen steigern. Tut sie aber nicht. Anschreien fördert die Kreativität ebenso wenig, wie das Herumhantieren mit einer Waffe Menschen beruhigt.

## Zum Thema Flow

Sie bekommen zehn Punkte für kreatives Problemlösen, wenn Sie mir sagen können, wie der Nachname dieses berühmten ungarischen Wissenschaftlers ausgesprochen wird: Dr. Mihaly Csikszentmihalyi. Er ist der Verfasser unseres dritten und letzten Kreativitätsmodells. Er nennt es *Flow*, und seine Ideen über produktive Kreativität sind ebenso ungewöhnlich wie sein Nachname.

Das Flow-Modell interessiert sich weniger für Ergebnisse, sondern nimmt vor allem den mentalen Zustand im Schaffensprozess in den Blick. Eine Person im Flow-Zustand ist so sehr auf ihre Tätigkeit fokussiert, dass sich ihr Innenleben verändert. Sie verliert jegliches Zeitgefühl und blendet ablenkende Gedanken komplett aus. Ihr Tun vereinnahmt sie so sehr, dass bald kaum noch etwas anderes eine Rolle spielt. Die Schaffensfreude sorgt für ein wohliges Gefühl und kann so übermächtig sein, dass das Bedürfnis entsteht, sich selbst dann von ihr weitertreiben zu lassen, wenn daraus Nachteile resultieren. Im ultimativen Triumph der reinen Schöpferkraft kann die Tätigkeit zum Selbstzweck werden.

Csikszentmihalyi ist der Ansicht, dass der Flow-Zustand eines der schönsten Gefühle ist, die der Mensch erleben kann. Allerdings stellt sich dieser Zustand nicht einfach so ein, wenn wir versuchen, kreativ zu sein. Flow ist kein Automatismus, sondern setzt voraus, dass bestimmte Bedingungen erfüllt sind. Er ist wie eine sensible Pflanze, die auf bestimmte Nährstoffe im Boden angewiesen ist.

Zu den wichtigsten Bestandteilen dieses „Nährbodens" gehört es, eine Aufgabe mit dem rechten Mittelmaß zu wählen: herausfordernd genug, um Sie bei der Stange zu halten, aber nicht so hochgesteckt, dass sie Ihnen unlösbar erscheint. Der entscheidende Punkt ist also, dass die Aufgabe Ihren Fähigkeiten entspricht, auch wenn Sie dafür Ihre Komfortzone verlassen müssen.

Doch damit ist es nicht getan. Der Nährboden muss außerdem klar definierte Ziele für die gewählte Aufgabe enthalten. Gleichzeitig muss ein unmittelbarer interner Feedback-Mechanismus geschaffen werden, damit Sie erkennen können, ob und wann diese Ziele erreicht sind.

Zudem spielt natürlich der Zeitfaktor eine Rolle. Ihre Fähigkeit, sich ganz auf das zu konzentrieren, was im Moment geschieht – und diese Unmittelbarkeit sogar wertfrei zu genießen – ist die wichtigste Anforderung an den Nährboden. Wenn Sie der Meinung sind, dass sich das nach einer Achtsamkeitsübung anhört, haben Sie völlig Recht. Sich auf das Hier und Jetzt statt auf das Dort und Später zu konzentrieren, lässt Handeln und Bewusstsein miteinander verschmelzen. Sie vertiefen sich ganz in das, was Sie gerade tun, und gestatten dem Flow, zum Zeitraffer zu mutieren, der die Stunden wie Sekunden verfliegen lässt.

## Altbekannte Netzwerke

Um alles zu erklären, was wir über kreative Innovationen wissen, genügt kein einzelnes Modell; das gelingt nicht einmal den drei von mir hier vorgestellten Exemplaren zusammen. Die ganze Angelegenheit wird noch komplizierter, wenn man versucht die Hirnregionen zu identifizieren, die das Verhalten steuern, das diese Modelle messen.

Für die Erforschung der Nervenzellen, die am divergenten Denken – der Aufgabe „Neue Verwendungsmöglichkeiten für einen Ziegelstein“ – beteiligt sind, werden hohe Forschungssummen aufgewendet. Dafür geht es erstaunlich langsam voran. Eine Schwierigkeit besteht darin, verhaltensspezifische Aufgaben zu entwerfen, die *ausschließlich* divergentes Denken messen, ohne dass eine Kontamination durch andere Einflüsse stattfindet.

Erfreulicherweise gibt es dennoch Fortschritte zu vermelden. Forschungsergebnisse deuten darauf hin, dass drei neuronale Netzwerke als Trio dabei helfen, einen einfallslosen Ziegelstein-Türstopper in innovative Farbe zu verwandeln. Diese Netzwerke dürften Ihnen ziemlich bekannt vorkommen:

Das erste im Bunde ist das Default Mode Network (DMN), das bei Tagträumen aktiv ist. Insofern überrascht es nicht, dass es als primärer Generator für kreative Ideen angesehen wird.

Das zweite besteht aus den Netzwerken der exekutiven Funktionen, die hauptsächlich dafür verantwortlich sind, dass wir alles geregelt bekommen. Damit haben wir beide Säulen unserer Definition von Kreativität mit ihrer jeweiligen Entsprechung im Gehirn: neuartige Konzepte, die außerdem nützlich sind. Das DMN liefert die Ideen, und die exekutiven Funktionen wenden sie an.

Beim dritten handelt es sich um das Salienznetzwerk, also das System, das üblicherweise damit beschäftigt ist, Bedrohungen zu erkennen und darauf zu reagieren. Seine Nervenzellen haben noch einen Nebenjob: Sie sichten die Tagträume und beurteilen, welche der darin enthaltenen Informationen wertvoll genug sind, um sie an die exekutive Ebene weiterzuleiten.

Dieses Zusammenwirken kann uns nur schwerlich eine allgemeingültige Erklärung für divergentes Denken oder eine der anderen Arten von Kreativität liefern. Der größte Nutzen dieser heiligen Netzwerkdreifaltigkeit besteht darin, dass sie überprüfbare Ansätze liefert.

Forscher haben auch versucht, die biochemischen Grundlagen der Kreativität zu beschreiben. Zum Beispiel haben sie den Aha-Moment der Kreativität untersucht, wenn sich eins zum anderen fügt und daraus eine neue Erkenntnis entsteht. Hierzu wird ein psychometrisches Testinstrument verwendet, der sogenannte *Remote Associates Test*. Das Ganze funktioniert so: Sie bekommen drei Wörter vorgesetzt und sollen einen vierten Begriff finden, der sich mit den vorgegebenen zu einem sinnvollen Kompositum zusammensetzen lässt. Wenn ich Ihnen zum Beispiel die Wörter *Flocke*, *Eule* und *Besen* vorsetze, müssten Sie mit *Schnee* antworten.

Während Sie solche Aufgaben lösen, wird Ihr Gehirn mit einem bildgebenden Verfahren untersucht. Die Forscher stellten fest, dass das Gehirn in dem Moment, wo Sie auf *Schnee* kommen, wie ein Leuchtfeuer erstrahlt und dabei spezifische Muster zu beobachten sind. Unter anderem leuchten die Bereiche, in denen Dopamin produziert wird, die chemische Substanz, die mit Belohnung und Vergnügen in Verbindung gebracht wird. Ein herrlicher Gedanke, dass das Gehirn uns jedes Mal einen Dopamin-Lolli schenkt, wenn wir etwas herausfinden. Und das schon seit der ersten Klasse!

## Die Macht von Earl Grey

Leider sind Sie nicht mehr in der ersten Klasse. Der Körper eines erwachsenen Menschen braucht Ruhe, ganz unabhängig vom Alter, und wenn das nicht möglich ist, braucht er einen Muntermacher. Den größten Teil Ihres Arbeitstages sind Sie hin- und hergerissen zwischen dem Drang, herzhaft zu gähnen, und dem Bedürfnis nach einem großen Milchkaffee.

Eine der verblüffendsten Erkenntnisse über Ruhepausen ist, wie nachhaltig sie sich auf kreative Leistungen und insbesondere auf die Problemlösefähigkeit auswirken. In der Literatur finden sich zahlreiche Arbeiten mit Titeln wie „Wer bei einem Computerspiel nicht weiterkommt, kann durch Schlaf seine Chancen auf die Lösung erhöhen“.

Bei einer faszinierenden Untersuchung dieser Art bekamen Versuchspersonen eine Reihe von Rätseln gestellt. Während die Probanden an der Lösung arbeiteten, wurde ihnen eine bestimmte Schlafdauer vorgegeben. Diejenigen, die im Lösungszeitraum acht Stunden schlafen durften, wiesen insgesamt eine dreifach höhere Erfolgsquote als die Kontrollgruppe auf. Die Forscher wissen sogar, wann man sich ungelöste Probleme ins Bewusstsein rufen sollte: am besten kurz vor dem Schlafengehen.

Warum ist das so? Bereits vor Jahren wurde entdeckt, dass unser Gehirn nicht einschläft, wenn wir das tun. Das Organ verändert lediglich seine Funktionsweise. Es aktiviert „Offline-Verarbeitungssysteme". Diese Systeme wiederholen, was Sie tagsüber gelernt haben, und arbeiten an kreativen Lösungswegen für Probleme, denen Sie zuvor begegnet sind. Dabei wird die Phase des REM-Schlafs, in der sich die Augen bewegen (REM steht für *rapid eye movement* – rasche Augenbewegung), für die Kreativität genutzt. Der Non-REM-Schlaf, bei dem sich die Augen nicht bewegen, dient dagegen der Gedächtniskonsolidierung.

In stressigen Arbeitsumgebungen ist es natürlich nicht immer möglich, ausreichend zu schlafen. Doch selbst hier kann die Hirnforschung nützlich sein und auf eine der weltweit am häufigsten missbrauchten psychoaktiven Substanzen hinweisen: Koffein.

Koffeinkonsum fördert die Kreativität auf erstaunlich vielfältige Weise. Koffein stärkt das Arbeitsgedächtnis, fördert die Konzentrationsfähigkeit – beides charakteristische Verhaltensweisen der kognitiven Enthemmung – und sorgt dafür, dass beiden mehr Energie zur Verfügung steht. Außerdem verbessert Koffein unsere Leistung beim konvergenten und divergenten Denken. Über welches Getränk das Koffein verabreicht wird, spielt dabei keine Rolle, aber es kann sich jeweils unterschiedlich auf verschiedene Arten von Kreativität auswirken. Zum Beispiel fördern bestimmte Teesorten *divergentes* Denken. Nahezu sämtliche Kaffeesorten verbessern dagegen die Ergebnisse beim *konvergenten* Denken.

Interessanterweise wirkt Koffein nicht durch direkte Stimulation des Nervensystems, sondern es blockiert die Fähigkeit, sich müde zu fühlen. (Für die Biochemiker unter uns: Koffein hemmt die Fähigkeit von Adenosin, sich an die A1-Rezeptoren im Gehirn zu binden.) Auf diese Weise verbrauchen Sie unter Einwirkung von Koffein weiterhin Energie – und das sogar im Übermaß. Wenn die Wirkung dieser Droge nachlässt, werden Sie doppelt müde. Das bedeutet einfach, dass Sie sich ausschlafen müssen, was dann eine weitere Möglichkeit darstellt, die Kreativität zu steigern. Wie ich zu Beginn des Abschnitts bereits sagte: Gähnen oder Milchkaffee.

## Alter und Abwechslung

Als Hochschuldozent unterrichte ich seit vielen Jahren Doktoranden und Postdocs, also „Studis" in der Altersgruppe zwischen 20 und 40 oder auch 50. Es ist witzig, mehrere Generationen gleichzeitig im Hörsaal zu haben. Wenn ich vor diesem Publikum über Kreativität referiere, bin ich nicht überrascht über altersbezogene Fragen wie: „In welchem Alter sind wir am kreativsten?"

Ich erkläre dann, dass wir die Antwort auf diese Frage tatsächlich kennen: Im Alter von 40 Jahren (wo die meisten Menschen ihren kreativen Höhepunkt erleben) sind wir in der Regel etwa doppelt so kreativ wie mit 80 Jahren. Gleichzeitig weise ich darauf hin, dass man es nicht so pauschal sagen kann. Manche Menschen erbringen eine einzige großartige kreative Leistung in ihrem Leben und das war's. Andere dagegen sind ihr ganzes Leben lang unglaublich kreativ. (Frank Lloyd Wright entwarf eines seiner berühmtesten Werke, das Guggenheim-Museum, als er bereits in seinen Neunzigern war!) Außerdem gibt es Hinweise darauf, dass ältere Menschen weiser sind, weil sie über einen größeren Wissens- und Erfahrungsschatz verfügen. Dieses Wissen, das den Zwanzig-, Dreißig- und Vierzigjährigen nicht zur Verfügung steht, kann die Kreativität der Jüngeren beflügeln, die ihre besten Jahre noch vor sich haben. *Aber selbstverständlich nur dann, wenn die Generationen miteinander in Kontakt treten können.*

Im Anschluss stelle ich die Arbeit des bereits erwähnten Psychologen Robert Epstein vor.

Epstein, der ungefähr in meinem Alter ist, hat das sogenannte „Shifting Game" erfunden. Bei diesem Spiel unterteilt er die Teilnehmer in zwei Gruppen und fordert sie auf, ein divergentes Denkproblem zu lösen. Sein Ziel besteht darin, Menschen die Macht von Team-Kreativität *und* solitärer Betrachtung zu vermitteln.

Die erste Gruppe, die Kontrollgruppe, darf fünfzehn Minuten lang nachdenken und so viele Lösungsansätze wie möglich aufschreiben. Die zweite Gruppe darf nur fünf Minuten lang nachdenken. Dann werden die Gruppenmitglieder aufgefordert den Raum zu verlassen, sich einen einsamen Ort zum Nachdenken zu suchen und sich weiter mit dem Problem zu beschäftigen. Nach weiteren fünf Minuten werden sie gebeten, sich erneut zusammenzusetzen und ihre Liste mit Lösungen zu erstellen. Epstein fand heraus, dass diese „Shifting-Gruppe" in der Regel doppelt so viele Lösungen wie die Kontrollgruppe liefert.

„Und angesichts dessen, was ich gerade über den Zusammenhang zwischen Kreativität und Alter gesagt habe", frage ich dann meine Studierenden, „wie sollten Epsteins Teams zusammengesetzt sein?"

Epstein kam zu dem Ergebnis, dass in einer Shifting-Gruppe so viele Generationen wie möglich vertreten sein sollten, damit sie angesichts der beschriebenen Unsicherheiten so kreativ wie möglich sein kann.

In der Regel beende ich diesen Teil der Vorlesung mit einem Satz wie: „Sehen Sie sich einmal in diesem Raum um. Sie befinden sich aktuell inmitten einer der kreativsten Gruppen der Welt."

Und dann fordere ich sie dazu auf, sich neue Verwendungsmöglichkeiten für einen Ziegelstein zu überlegen.

## Was Sie am Montag tun sollten

In den 1970er-Jahren hatten zwei Jugendliche aus Seattle eine Idee, wie man Straßenverkehrszählungen verbessern könnte. Sie entwickelten ihre Lösung auf Basis primitiver Computertechnologie und gründeten dann ein Unternehmen für ihr Produkt. Als sie ihre Lösung zum ersten Mal bei den verantwortlichen Stellen präsentierten, scheiterte ihr Vorhaben grandios (– das Gerät funktionierte nicht). Die jungen Menschen ließen sich davon nicht beirren und versuchten es erneut, dieses Mal mit bescheidenem Erfolg, der allerdings trotzdem nicht weiter erwähnenswert war. Als sie aufs College gingen, legten sie das Projekt schließlich auf Eis, blieben aber weiterhin miteinander in Kontakt. Wie sich herausstellen sollte, war das der entscheidende Punkt – und nicht das Unternehmen. Der gesunde Umgang mit dem Rückschlag hatte sich positiv auf ihr Verhältnis zueinander ausgewirkt. Diese Einstellung und die davon geprägte Beziehung der beiden jungen Menschen haben die Welt verändert. Dazu kommen wir gleich.

Diese kleine Geschichte enthält die Kernpunkte unserer Ausführungen über Kreativität, die wir jetzt in praktische Arbeitskleidung stecken. Auch wenn wir ein breites Spektrum an Themen behandelt haben, können wir die To-dos für Montag in sieben Punkten zusammenfassen:

### *1. Entscheiden Sie, welche Art von Kreativität bei einer Aufgabe gefragt ist.*

Projekte, bei denen divergentes Denken gefragt ist, erfordern eine andere Herangehensweise als Projekte, die konvergentes Denken verlangen. Divergentes Denken kann nur effektiv sein, wenn es ohne Zeit- und Erfolgsdruck in stressfreier Atmosphäre stattfindet. Auf konvergentes Denken kann sich ein stressiges Umfeld dagegen sogar förderlich auswirken.

*2. Lernen Sie, auf Misserfolge zuzugehen, statt vor ihnen wegzulaufen.*

Das bedeutet, Ihr Scheitern genau zu untersuchen und dann den nötigen Mut aufzubringen, um daraus zu lernen. Wenn Ihre Mitarbeiter sehen, dass Sie Misserfolge als Lernmöglichkeit betrachten, werden sie es Ihnen gleichtun. Wie wir im nächsten Kapitel sehen werden, hat das Verhalten von Führungskräften große Vorbildfunktion.

*3. Gehen Sie iterativ vor.*

Suchen Sie drei bis fünf Lösungen für ein bestimmtes Problem und testen Sie sie anschließend. Legen Sie nach gescheiterten Testläufen nur kleine Pausen ein. Machen Sie allen klar, dass die meistbesuchten Denkmäler des Silicon Valley die dort begrabenen unternehmerischen Vorhaben sind. Das ist viel einfacher zu bewerkstelligen, wenn Sie Vorschlag Nr. 2 beherzigen.

*4. Fördern Sie ein Klima der Sicherheit.*

Sorgen Sie dafür, dass sich Ihre Mitarbeiter psychologisch sicher fühlen, sodass ihr Arbeitsgedächtnis intakt bleibt und ihre Kreativität nicht beeinträchtigt wird. Ihr Mund spielt dabei eine nicht zu unterschätzende Rolle. Verwenden Sie Ihre Worte nicht als Waffe. Fangen Sie nicht damit an, Ihre Kollegen anzuschreien, wenn Sie gerade in eine Führungsposition befördert worden sind; und hören Sie auf, sie anzuschreien, wenn Sie schon ein altgedienter Veteran sind.

*5. Achten Sie gut auf Ihren Schlaf.*

Kommen Sie kurz vor dem Schlafengehen noch einmal auf das Problem zurück, an dem Sie gerade arbeiten. Vermeiden Sie übermäßigen Kaffee- und Teekonsum, vor allem, wenn Sie Schlafprobleme haben. Bereiten Sie sich darauf vor, dass die Wirkung nachlässt. Koffein ist nur eine kurzfristige Lösung.

*6. Spielen Sie das „Shifting Game".*

Wenn Sie an einer Problemlösungsbesprechung teilnehmen, beginnen Sie mit einem Austausch der gesamten Gruppe, gefolgt von ein paar Minuten, wo jeder für sich alleine überlegt, und einer erneuten Zusammenkunft. Bilden Sie Teams aus Personen unterschiedlichen Alters.

*7. Schaffen Sie die Voraussetzungen für Flow.*

Zu den Voraussetzungen für einen Flow-Zustand gehört die Konzentration auf das Hier und Jetzt, was bedeutet, dass man etwas über Achtsamkeit lernen sollte. In diesem Zusammenhang sei vorgeschlagen, Achtsamkeitstraining für das gesamte Unternehmen anzubieten. Im Kapitel zur Work-Life-Balance werden wir ausführlicher auf das Thema Achtsamkeit eingehen.

Diese Vorschläge, die auf evidenzbasierten Quellen beruhen, können die Welt verändern. Kommen wir zum Beweis dafür noch einmal auf die Jugendlichen aus Seattle zurück. Das von ihnen gegründete Verkehrszählungsunternehmen – dem sie passenderweise den Namen Traf-O-Data gaben – war kein überragender Erfolg. Dennoch machten die jungen Leute weiter. Schließlich verlagerten sie den Tätigkeitsschwerpunkt des Unternehmens auf Softwareentwicklung und änderten seinen Namen in Microsoft. Wir sprechen hier natürlich von Paul Allen und Bill Gates.

Und der Rest, wie man so schön sagt, ist Geschichte.

**KREATIVITÄT**

**Brain Rule:** Scheitern sollte eine Option sein – solange Sie daraus lernen.

- Damit eine Idee als „kreativ“ bezeichnet werden kann, muss sie sowohl neuartig als auch nützlich sein.
- *Divergentes Denken* (viele innovative Ideen mit offenem Ergebnis zu entwickeln) erfordert eine stressfreie Umgebung und einen großzügigen Zeitrahmen. *Konvergentes Denken* (viele Lösungen für ein bestimmtes Problem zu entwickeln) gedeiht dagegen in einer stressigen Umgebung mit enger Zeitvorgabe.
- Betrachten Sie Misserfolge als Chancen. Scheitern ist der Mechanismus, der Neuartiges in Nützliches verwandelt.
- Um für Ihre Kreativität den größten Nutzen aus Ihren Misserfolgen zu ziehen, versuchen Sie, sich ihnen baldmöglichst zu stellen, sie zu analysieren und aus ihnen zu lernen.
- Denken Sie daran, dass das Scheitern an kreativen Aufgaben kein Urteil über Sie als Person darstellt.
- Hören Sie damit auf – oder fangen Sie erst gar nicht damit an –, Ihre Mitarbeiter anzuschreien. Es hemmt ihre kreative Leistung.
- Wenn Sie in Ihrem Unternehmen eine Führungsposition innehaben, geben Sie Ihren Mitarbeitern eine Struktur vor, in der Scheitern erlaubt ist. Unternehmen, die Prozesse für ein versagensfreundliches Umfeld formalisieren und die Mitarbeiter dazu ermutigen, Misserfolge zu analysieren, sind in kreativer Hinsicht besonders produktiv.

# 5
# Führung

**Brain Rule:**

Leader brauchen eine Menge Empathie
und ein klein wenig Bereitschaft zur Härte.

Zugegebenermaßen ist mir beim Gedanken, über Führung zu schreiben, ein bisschen mulmig. Der Hauptgrund dafür ist, dass ich ein *Angsthase* bin. Es erfordert schon eine gewisse Dreistigkeit, sich an ein Thema mit so vielen unkontrollierten Variablen zu machen. Ich bin nicht sicher, ob ich oder mein Fachgebiet dieser Aufgabe gewachsen sind. Auch der renommierte Management-Guru Peter Drucker scheint zu kapitulieren, wenn er sagt: „Die einzige Definition für einen Leader ist: jemand, der Follower hat."

Mir gefällt zwar die Einfachheit seiner Aussage, aber nicht ihre Erklärungskraft. Führung beinhaltet sicher mehr als die Fähigkeit, Gefolgsleute um sich zu scharen. Fakt ist: Menschen folgen gleichermaßen schlechten Chefs und guten Mentorinnen, fiesen Befehlshabern und netten Managern, grausamen Königinnen und einfühlsamen Vorgesetzten, die sich ganz in den Dienst ihrer Mitarbeiter stellen. Was aber nicht bedeutet, dass sich das Verhalten all dieser Führungspersönlichkeiten nicht grundlegend unterscheiden würde.

Dieser Mangel an Klarheit ist verwirrend und frustrierend, denn – wie wir alle aus unserer ersten BWL-Lektion wissen: Führung ist enorm wichtig für den Erfolg eines Unternehmens. Ein schlechter Chef ist der häufigste Kündigungsgrund. Im Jahr 2018, also noch vor der Pandemie, hatte fast ein Drittel der Arbeitnehmer vor zu kündigen. Mitarbeiterfluktuation wirkt sich direkt auf das Unternehmensergebnis aus, denn im Durchschnitt kostet es ca. 40 000 Dollar, einen Mitarbeiter zu ersetzen.

Was kann man dagegen tun? Ist schon jemand hinter das Geheimrezept für Führung gekommen und hat herausgefunden, wie Chefs verhindern können, dass sie Mitarbeiter verlieren und dabei 40 000 Dollar pro Nase in den Sand setzen? Wenn man von der Zahl der Bücher zum Thema ausgeht, muss die Antwort ja lauten. Im Jahr 2015 waren auf Amazon unter dem Stichwort „Leadership" über 57 000 Bücher zu finden, und jeden *Tag* kamen vier weitere dazu. Irre! Bis Ende 2020 verzeichnete Amazon bereits über 100 000 Titel.

Warum so viele? Einige dieser Veröffentlichungen betrachten Führung als Kunst und nicht als Wissenschaft – dementsprechend vielfältig sind auch die Meinungen dazu. Es gibt Autoren, die behaupten, Leader würden nicht geboren, sondern mit zunehmender Erfahrung in ihre Rolle hineinwachsen. Mit zu diesem Lernprozess gehöre, die jeweils richtige Balance zwischen Unverfrorenheit und Empathie, Exklusivität und Inklusivität sowie totaler Ignoranz und ausschließlicher Wertschätzung anderer Meinungen zu finden. Können die Verhaltenswissenschaften etwas Neues zu diesem bunten Strauß an Ideen beisteuern?

Um die Wahrheit zu sagen: nein – zumindest nichts grundlegend Neues. Allerdings können sie einen fundierten und von evolutionären Erkenntnissen getragenen neuen Ansatz beisteuern. Es handelt sich um die Prestige-Dominanz-Theorie der Führung, die auch als „Duales Modell" bezeichnet wird. Darum geht es im nächsten

Abschnitt, aber betrachten Sie die nachfolgenden Seiten bitte keinesfalls als umfassende Abhandlung zum Thema. Ich bin mir nämlich nicht so ganz sicher, wie man in nur einem Kapitel mit 100 000 anderen Büchern konkurrieren soll.

Wie ich bereits sagte: Ich bin ein Angsthase.

## Von zwei Generälen

Wir beginnen unsere Ausführungen zum Dualen Modell mit dem Zweiten Weltkrieg, genauer gesagt mit dem Kommandoverhalten von zwei sehr erfolgreichen alliierten Generälen. Der Führungsstil der beiden hätte unterschiedlicher nicht sein können.

Als Erstes wäre da der legendäre General George Patton: aggressiv, intelligent und extravagant bis zum Gehtnichtmehr. Er befehligte seine Dritte Armee mit einer 45er-Pistole mit Elfenbeingriff an der rechten Hüfte, einer Smith & Wesson mit Elfenbeingriff an der linken Hüfte und zwei an der Elite-Militärakademie West Point geschulten Gehirnhälften, mit denen er seine Waffen – gerade so – kontrollierte. Patton, der den Spitznamen „Altes Blut und Eingeweide" trug, kannte kein Zögern, wenn es darum ging, Untergebene zu kritisieren. In einer berühmten Ansprache an seine Truppen sagte er:

> *Es wird Beschwerden geben, dass wir unsere Leute zu hart rannehmen. Ich gebe einen Dreck auf solche Beschwerden. Ich glaube, dass eine Unze Schweiß eine Gallone Blut spart.*

Und das war unser Glück. Die von den Nazis besetzte Welt der 1940er-Jahre brauchte eine eiserne Faust als Gegengewicht. Patton in den Ring zu schicken, erschien als sicherster Weg zum K.o. Manche glauben, es ist Pattons aggressiver Taktik zu verdanken, dass der Zweite Weltkrieg nicht über weitere Runden ging.

Seine konfrontative Persönlichkeit brachte ihm allerdings auch Schwierigkeiten ein. Einmal wurde er zeitweilig suspendiert, weil er einen Soldaten geohrfeigt hatte, der durch einen Granatenangriff in Schockstarre war – seiner Meinung nach zeigte der Soldat Schwäche. Tatsächlich befand sich der Infanterist jedoch in einem Zustand, den wir heute als posttraumatische Belastungsstörung bezeichnen.

Patton war nicht der einzige Kommandant mit einem außergewöhnlichen Ruf in Sachen Führung. General Omar Bradley, Pattons Kollege auf dem afrikanischen und europäischen Parkett, galt ebenfalls als grandioser militärischer Anführer, allerdings aus einem ganz anderen Grund. Bradley hatte nicht das Auftreten eines wütenden Boxkämpfers. Er war unprätentiös, bescheiden, ein brillanter Taktiker und setzte sich unermüdlich für seine Truppen ein. Auch er hatte einen Spitznamen: „der General der GIs". In seinen Schriften über Führung kommt immer wieder seine Humanität zum Ausdruck:

> *[E]in Kommandant kann erst zum Strategen werden, wenn er seine Männer kennt. Mitgefühl ist keineswegs ein Hindernis für Befehlsgewalt, sondern der Maßstab dafür. Denn wer das Leben seiner Soldaten nicht wertschätzt und von ihrem Leid nicht getroffen wird, eignet sich nicht als Kommandant.*

Lange Jahre der Forschung haben ein differenzierteres Bild der beiden Männer gezeichnet. Wie nicht anders zu erwarten, sind sie ihrem Ruf nicht immer gerecht geworden. Dennoch gab es definitiv deutliche Unterschiede in ihrem Führungsstil. Beide Kompetenzen in einem Team zu haben, ist für jede kriegerische Auseinandersetzung von unschätzbarem Wert – vorausgesetzt, der Zündstoff zwischen ihnen lässt sich unter Kontrolle halten. Die Persönlichkeiten der beiden Generäle stehen sinnbildlich für die Prestige-Dominanz-Theorie der Führung.

## Definitionen

Um diese Theorie verstehen zu können, sollten wir zunächst das Wort *Führung* definieren. Auch wenn es im Führungsverhalten von Generälen des 20. Jahrhunderts ganz offensichtlich große Unterschiede gibt: Wie Wissenschaftler die Struktur von Führung betrachten, ist kinderleicht.

Soziologen haben herausgefunden, dass Menschen bei Zusammenkünften dazu neigen, sich auf ganz bestimmte, gut messbare Weise zu organisieren. Hierzu gehört, dass eine asymmetrische Machtkonzentration nach der altbekannten binären Struktur „Leader" und „Menschen, die Leadern folgen" hergestellt wird. Diese Tendenz zur Selbstorganisation ist so stabil, dass man sie bis in die Steinzeit zurückverfolgen kann. Und sie erinnert an Peter Druckers einfache Definition von Führung.

Es gibt auch andere Führungsmodelle – zum Beispiel weniger hierarchische, bei denen die Grenze zwischen dem Anführer und seinen Gefolgsleuten verschwimmt –, aber diese waren in der Geschichte eher die Ausnahme als die Regel. Von den antiken Pharaonen bis zu den europäischen Königshäusern dominierte fast immer die binäre Struktur, und an der Spitze waren überwiegend männliche Personen zu finden. Dieses Modell liefert einen bequemen, aber manchmal deprimierenden Untersuchungsrahmen für die verschiedenen Definitionen von Führung und ihre Auslegung – vor allem, wenn man sich für eine bestimmte Definition entscheidet.

Nach der Laiendefinition ist Führung die Fähigkeit, andere davon zu überzeugen, etwas zu tun, was man erreichen möchte. Die Wissenschaft ist zwar etwas weitschweifiger in der Wortwahl, kommt aber zum selben Ergebnis:

> *... einen unverhältnismäßig großen Einfluss auf kollektive Handlungen und Entscheidungen der Gruppe zu haben ... ein Phänomen, bei dem eine Person (der Leader) eine Handlung initiiert und eine oder mehrere Personen (die Follower) Verhaltensweisen zeigen, die mit den vom Leader initiierten Handlungen übereinstimmen oder konform gehen.*

Das gemeinsame Band, das beide Definitionen miteinander verbindet, sind die sozialen Interaktionen. Was für ein Glück! Wie wir bereits festgestellt haben, sind Gehirnforscher ständig damit beschäftigt, soziale Interaktionen zu analysieren. Das bedeutet, dass die Hirnforschung zumindest theoretisch etwas zum Thema Führung zu sagen haben könnte. Hat sie das wirklich? Die Befürworter der Prestige-Dominanz-Theorie sind definitiv dieser Ansicht.

## Zur Prestige-Dominanz-Theorie

Die Prestige-Dominanz-Theorie betrachtet Führung als Verhaltenskontinuum. Einen Extrempol bildet der Dominanz-Stil mit Führungspersonen, die Autorität in erster Linie durch Zwang und rohe Gewalt ausüben. Sie möchten ihren Willen um jeden Preis durchsetzen und zwingen den Untergebenen ihre Vorhaben auf, ohne sich groß darum zu kümmern, wie es diesen damit geht. Am anderen Ende des Kontinuums, dem Prestige-Stil, befinden sich die Leader, die ihre Autorität eher nicht durch Muskelkraft, sondern mit einer Kombination aus Grips, kommunikativem Geschick und echter Wertschätzung durchsetzen. Stichwortartig zusammengefasst, läuft der Unterschied zwischen beiden Führungsstilen auf Schlagkraft vs. Verstandeskraft hinaus. Dieser Ansatz wurde in einem Aufsatz mit dem Titel „A Dual Model of Leadership and Hierarchy: Evolutionary Synthesis" veröffentlicht und wird daher auch als Duales Modell bezeichnet.

Gibt es gemäß dem Dualen Modell ein ideales Mischungsverhältnis zwischen Muskeln und Köpfchen für den beruflichen Kontext? Das könnte gut sein. Um empirische Klarheit zu gewinnen, müssen wir uns näher mit den beiden Enden des Kontinuums beschäftigen. Zur Veranschaulichung leistet uns ein Weihnachtsfilm gute Dienste.

*Fröhliche Weihnachten* (1983) gehörte in unserer Familie ebenso zum Weihnachtsfest wie das Plätzchenbacken. Aus diesem (ebenfalls süßen) Film kann man viel über das Duale Modell lernen, vor allem in zwei Szenen.

In der ersten davon geht es um den Film-Rowdy, einen Jungen namens Scut Farkus. Scut war größer und kräftiger als die anderen Kinder, hatte gelbe Zähne, eine Mütze aus Waschbärfell und ein bösartiges Lachen, das wie ein Maschinengewehr klang. Er schikanierte gerne die Schwächeren und konnte dabei ziemlich hinterhältig sein. Zum Beispiel legte er sich nach der Schule in einer Gasse auf die Lauer und wartete auf geeignete Opfer, die er und sein Kumpan überfallen und grundlos verdreschen könnten. Zu ihren üblichen Foltermethoden gehörte es auch, die Arme ihrer Opfer hinter dem Rücken zusammen und nach oben zu drücken, bis sie sich ergaben und „Feigling" schrien. Farkus' Führungsanspruch gründete auf körperlicher Überlegenheit. Als Mittel der Belohnung und Bestrafung setzte er physische Drohgebärden ein und machte dabei keinen Unterschied zwischen Kameraden und Feinden.

Wie Sie vielleicht schon erkannt haben, tummelte sich Farkus gerne im Dominanzbereich des Führungsspektrums.

## Führung durch Dominanz

Menschen auf dieser Seite des Spektrums leiten ihre Macht ganz offensichtlich von einer asymmetrischen Kräfteverteilung ab. Dabei kann es sich um die Körperkraft handeln – wie bei Scut Farkus, der schwächere Jungs überwältigen konnte. Asymmetrie kann sich aber auch aus Koalitionen ergeben, durch die andere sich genötigt sehen, dem Willen des Leaders Folge zu leisten. So oder so: Es handelt sich um Führung durch Zwang, bei der eine explosive Mischung aus Wut, Angst und Druck erzeugt wird, um Kontrolle sicherzustellen. Dominante Führungsstile nutzen außerdem häufig „Loyalitätsprogramme", soll heißen: Die „liebe" Führungsperson verteilt Belohnungen an treu ergebene Anhänger und sichert so ihre Machtstellung. Bei diesen, teils sehr wirkungsvollen Belohnungen kann es sich um öffentliche Anerkennungs- und Respektsbekundungen oder auch konkretere Dinge wie höhere Gehälter und Beförderungen handeln. Doch die Welt, die dominante Leader erschaffen, ist kalt und binär. In Teams unter dominanter Führung gibt es eine klare Grenze zwischen denen, die etwas zu sagen haben, und denen, die nichts zu sagen haben. Wo diese Grenze verläuft, entscheidet in der Regel der Leader. Die Menschen in diesen Gruppen sind meist keine Freunde, sondern Verbündete – oder eben Feinde, denn Gegner wäre ebenfalls zu kurz gegriffen.

Dominante Führungskräfte können ihren Untergebenen das Leben schwer machen und tun dies oft auch, ohne es mit anderen Verhaltensweisen zu kompensieren. Allerdings existieren dominante Führungsstile nicht ohne Grund. Ihre Vertreter sind dazu in der Lage, schnell Ressourcen zu mobilisieren. Das ist besonders wertvoll, wenn Entscheidungen reflexartige Reaktionen erfordern und keine Zeit für lange Diskussionen ist. Insofern ist dieser Führungsstil besonders in Notsituationen nützlich, zum Beispiel wenn es darum geht, Feinde abzuwehren, mit Schmarotzern aufzuräumen oder gruppeninterne Konflikte zu lösen, die eine direkte Bedrohung für die zentrale Macht darstellen.

Joseph Stalin zeigte mit seinen Dominanztaktiken die extreme Ausprägung dieses Führungsstils. Sein Wille, an der Macht zu bleiben, mobilisierte die industriellen Kräfte der Sowjetunion und hielt die einfallenden Armeen Nazideutschlands in Schach. Doch dieses Bestreben führte gleichzeitig sowohl vor als auch nach Kriegsausbruch zum Tod von Millionen unschuldiger Menschen.

Die Forschung hat gezeigt, dass das strafende Verhalten dominanter Führungspersonen nicht dazu geeignet ist, die Produktivität langfristig aufrechtzuerhalten, vor allem dann nicht, wenn dabei gleichzeitig innovative Führung sichergestellt werden soll. (An dieser Stelle könnten Sie das gesamte Kapitel über Kreativität einfügen.) Um zu verstehen, welche Alternativen es gibt, müssen wir uns auf die andere Seite des Führungsspektrums im Dualen Modell begeben, also den Bereich, der mit „Prestige" ausgeschildert ist. Um diesen Führungsstil zu erklären, wenden wir uns einer zweiten Beispielszene aus *Fröhliche Weihnachten* zu.

## Führung durch Prestige

Bei der Abendessensszene des Films treffen wir auf Randy, den kleinen Bruder der Hauptfigur. Der höchstens fünf oder sechs Jahre alte Junge weigert sich, seine Fleischklopse mit Kartoffelbrei und Soße zu essen.

„Also gut", knurrt der Vater, und verleiht damit seiner inneren Dominanz Ausdruck. „Ich schaffe es, dass du isst. Wo ist meine Kneifzange und mein Stemmeisen? Ich öffne ihm den Mund und schieb's ihm rein!"

Daraufhin schaltet sich schnell die Mutter ein und fragt Randy sanft: „Wie machen die kleinen Schweinchen?" Randys Miene hellt sich sofort auf. Er grunzt und beginnt zu lachen. „Das ist richtig!", bestärkt ihn die Mutter und schöpft Hoffnung auf einen Durchbruch. „Oink, oink! Und jetzt zeig mir, wie die Schweinchen essen!" Sie zeigt auf Randys Teller mit dem unberührten Essen. „Das ist dein Trog. Sei brav und zeig mir, wie die Schweinchen essen!"

Das lässt sich Randy nicht zweimal sagen. Freihändig taucht er mit dem Gesicht voran in seinen Teller und quiekt dabei wie ein Schwein. Die Mutter bricht in schallendes Gelächter aus, weil Randy sich das ganze Gesicht mit Kartoffelbrei und Soße verschmiert. „Mein kleines Schweinchen!", erklärt sie lachend, während Randy den Teller leerschlabbert. Mission erfüllt.

Diese entzückende Szene liefert ein großartiges Beispiel für den Kontrast zwischen Führung durch Dominanz und Führung durch Prestige. Während sich dominante Führungspersonen zur Durchsetzung ihrer Ziele auf die asymmetrische Verteilung der Kräfte verlassen, setzen Menschen, die einen prestigeorientierten Führungsstil praktizieren, auf die asymmetrische Verteilung von Know-how. Die Mutter *wusste*, wie sie ihren kleinen Jungen dazu bringen konnte, den Teller leerzuessen, und setzte dieses Wissen entsprechend ein. Dazu brauchte es kein Stemmeisen, sondern Weisheit. Zumindest würden es manche so bezeichnen.

Führung durch Prestige erfordert entsprechende Fertigkeiten und Wissen, um hinter die Beziehungsstrukturen der Menschen zu blicken. Wer weiß, was Mitarbeiter antreibt, nutzt diese Erkenntnis, um sie zu motivieren und so die eigenen Ziele zu erreichen. Ausschließlich dominant geprägte Führungsstile lassen diese Raffinesse oft vermissen. Prestige-Leader scheinen intuitiv zu wissen, dass Angst, Wut und rohe Gewalt nur in letzter Instanz eingesetzt werden sollten. Wenn Sie vermuten, dass sie von der prosozialen Theory of Mind durchdrungen sind, liegen Sie absolut richtig.

Neben guten Ergebnissen beim RME-Test sind Prestige-Leader aber auch mit anderen Verhaltensmerkmalen ausgestattet. Sie teilen ihre Ressourcen bereitwillig mit den ihnen anvertrauten Mitarbeitern. Sie interessieren sich offenkundig nicht nur für ihre eigene Verwirklichung, sondern auch für die ihrer Mitarbeiter. Im Gegensatz zu den überwiegend negativen Anreizen des Dominanzmodells geben sie positive Anreize. Dominante Leader neigen zum Befehlen; prestigeorientierte Leader beeinflussen lieber.

## Warum es Prestige genannt wird

Führungspersönlichkeiten, die diese Kombination aus Weisheit und Großzügigkeit in sich vereinen, genießen in der Regel ein ausgesprochen hohes Ansehen. Durch ihr Verhalten ziehen sie die Menschen an wie Licht die Motten. Es ist tatsächlich so, dass Prestige-Leader meistens nichts dafür tun müssen, um andere für sich zu gewinnen. Ihre Mannschaft folgt ihnen aus freien Stücken.

Was ihre Untergebenen am meisten anzieht, ist die Aussicht auf eine sichere und vertrauensvolle Beziehung – und damit sind wir wieder einmal beim Thema psychologische Sicherheit. Zu wissen, dass man verstanden und für seine harte Arbeit belohnt wird, erzeugt eine große Wirkung. Prestige-Leader üben eine so starke Anziehungskraft auf ihre Mitmenschen aus, dass sich häufig persönliche Beziehungen zwischen ihnen und den unterstellten Mitarbeitern entwickeln. Die Menschen *mögen* sie, möchten in ihrer Nähe sein, ihnen vielleicht sogar nacheifern. In vielen Zusammenhängen werden diese Führungspersönlichkeiten als *charismatisch* bezeichnet.

Was aber nicht heißen soll, dass sich Menschen nicht manchmal auch zu dominanten Leadern hingezogen fühlen. Die Eigenschaft, klare und unmissverständliche Entscheidungen fällen zu können, kann aktivierend wirken, wenn das Leben komplex, uneindeutig oder bedrohlich wird. Wenn die persönliche Macht des Leaders zu tatsächlichen Ergebnissen führt, sind die Untergebenen manchmal dankbar für so viel Stärke. Auch wenn es angenehm sein mag, verständnisvolle und einfühlsame

Menschen um sich zu haben, sind das so ziemlich die letzten Eigenschaften, die man gebrauchen kann, wenn um einen herum ein heftiges Gefecht tobt.

Wir haben also zwei unterschiedliche Typen von Führungsstilen: der eine setzt auf Fäuste, der andere auf Faszination. Was sagt die Wissenschaft zu der Frage, welcher der bessere ist?

Die Wissenschaft sagt, dass das die falsche Frage ist. Effektive Führungskräfte haben beide Fähigkeiten in ihrem Repertoire und können einschätzen, wann sie welche davon hervorholen oder wegpacken sollten.

Die Forschung sagt aber auch, dass der eine Stil viel häufiger gebraucht wird als der andere: Studien zeigen, dass im Geschäftsleben Konfliktsituationen, die den „inneren General Patton“ einer Führungskraft erfordern, einfach nicht so oft vorkommen. Das bedeutet, der Bedarf am dominanten Führungsstil ist relativ gering. Häufiger – und wichtiger – sind dagegen die ganz alltäglichen Entscheidungen, mit denen Führungskräfte und Manager konfrontiert werden. Diese Entscheidungen erfordern Tag für Tag weises Kalkül, dessen kumulativer Effekt ein Unternehmen voranbringt. Weisheit, die auf Prestige baut, erfordert keine harte Hand, sondern vielmehr eine geschickte. „Zeig Mami, wie die Schweinchen fressen“ ist fürs Erste fast immer eine bessere Strategie, als jemanden dazu zu bringen, klein beizugeben und „Feigling“ zu rufen.

## Dualität(en)

Natürlich ist das Kontinuum des Dualen Modells nicht die einzige Managementtheorie weit und breit. Einige Forscher kategorisieren Führung zum Beispiel nach dem Konzept der *personalisierten Macht*. Hierunter versteht man die Autorität, die sich aus den jeweiligen Fähigkeiten einer Person ableitet. Davon ist die *positionelle Macht* zu unterscheiden, die sich einfach nur daraus ergibt, eine Autoritätsposition innezuhaben.

Der Großteil der anderen Modelle greift routinemäßig auf dieselben Verhaltenselemente wie die Prestige-Dominanz-Theorie zurück, integriert sie und bringt sie in Ausgleich. Ein derart konsistentes Vorgehen macht mich als Wissenschaftler stutzig.

Da wäre die Studie von James Zenger. Sein Team fragte 60 000 Arbeitnehmer: „Was macht einen Chef zu einer herausragenden Führungsperson?“

Dabei untersuchte Zenger zwei Merkmale besonders genau: Ergebnisorientierung und soziale Kompetenzen, worunter er Folgendes versteht: Ergebnisorientierte Chefs liefern die zugesagte Qualität bei der Erzeugung von Waren bzw. Erbringung von Dienstleistungen, erreichen dabei die sich selbst gesteckten Ziele und halten erforderliche Fristen ein. Chefs, die über gute soziale Kompetenzen verfügen, können mit ihren Mitarbeitern klar und einfühlsam kommunizieren.

Für eine gute Bewertung mussten beide Merkmale Hand in Hand gehen. Wenn eine Führungskraft oder ein Manager über ein ausgeprägtes Gespür für Ergebnisse verfügte, seine sozialen Kompetenzen aber denen eines Tabellenkalkulationsprogramms entsprachen, fanden nur 14 Prozent der Befragten, dass dies den Boss zum Helden mache. Verfügte ein Chef über die sozialen Kompetenzen eines gütigen Heiligen, konnte aber sein Team nicht dauerhaft zu konzentrierter, produktiver Arbeit bewegen, waren lediglich 12 Prozent der Ansicht, das sei ausreichend für seine Kanonisierung. Die Sache sah allerdings gleich ganz anders aus, wenn die beurteilte Person beide Merkmale in sich vereinte. Bei Managern, die ergebnisorientiert waren *und* das Gemüt von Mutter Teresa besaßen, waren laut Zenger beachtliche 72 Prozent der Studienteilnehmer der Meinung, sich in den Händen einer herausragenden Führungsperson zu befinden.

Diese Kombination aus (1) Zielstrebigkeit und (2) der mentalen Fähigkeit, die Mitarbeiter vom angestrebten Ziel zu begeistern, klingt verdächtig nach der Prestige-Dominanz-Formel.

Der Wirtschaftsforscher Greg McKeown kam über den genau entgegengesetzten Ansatz zum selben Ergebnis. Er wollte von Mitarbeitern wissen, welche Verhaltensweisen sie mit schlechten Führungskräften in Verbindung brächten.

Nachdem McKeown 1000 Mitarbeiter US-amerikanischer Top-Unternehmen befragt hatte, stieß er auf eine binäre Struktur: Etwa die Hälfte der Befragten gab an, dass schlechte Chefs zu kontrollierend, zu diktatorisch und zu sehr bemüht seien, den Arbeitsalltag ihrer Mitarbeiter bis ins kleinste Detail zu bestimmen. Diese Chefs wurden „Über-Manager“ genannt.

Die andere Hälfte der Teilnehmer sagte das Gegenteil: Die schlechtesten Chefs engagierten sich nicht genug, übernähmen zu wenig Verantwortung und gäben praktisch kein Feedback. Die meisten waren „ganz nett“, aber ihre Freundlichkeit erklärte sich eher durch das Bestreben, Konflikte zu vermeiden als nachhaltig zu führen. Diese Chefs wurden „Unter-Manager“ genannt.

Und welche Chefs waren die besten? Diejenigen, die sich für die goldene Mitte entschieden – was einfach bedeutet, dass sie beide Verhaltensweisen im Repertoire hatten und wussten, wann sie welche einsetzen mussten. Auf diese Zweiteilung trifft man immer wieder, egal wohin man blickt.

Mich macht die ganze Sache immer noch stutzig.

## Alles über Babys

Angesichts der Tatsache, dass das Duale Modell immer wieder Gastauftritte in den Managementtheorien anderer Leute hat, stellt sich die Frage, ob dieses Modell auf etwas hindeutet, das allen Menschen in die Wiege gelegt wurde. Ist unsere Angewohnheit, uns in einem Prestige-Dominanz-Kontinuum zu organisieren, fest in unserer Biologie verankert?

Die Antwort lautet: „Das weiß niemand so genau." Dennoch gibt es vielversprechende Hinweise darauf, dass bestimmte soziale Verhaltensmuster nicht ausschließlich auf bestimmte soziale Machtverhältnisse zurückzuführen sind. Man kann zum Beispiel schon sehr früh im Leben – und damit meine ich bei Babys – konsistente Reaktionen auf soziale Macht beobachten. Säuglinge scheinen mit Verhaltensschablonen ausgestattet zu sein, die aufzeigen, wie Menschen miteinander umgehen sollten. Diese Schablonen, die wir bereits bei 21 Monate alten Kindern vorfinden, bestehen offenbar aus Prestige- und Dominanzerwartungen. Ein Forscher formuliert es mit folgenden Worten:

> *... bereits junge Kinder verfügen über kognitive Schablonen für jeden Leader-Typus ... Follower und außenstehende Beobachter (selbst wenn es sich dabei um Kleinkinder handelt) können leicht unterscheiden, ob eine Person durch Prestige oder durch Dominanz führt, und bevorzugen in Abhängigkeit des jeweiligen Kontexts den einen oder anderen Führungsstil.*

Woher wissen wir das? Hierzu könnte es aufschlussreich sein, auf die Mechanismen einzugehen, die Wissenschaftler zur Messung der kindlichen Kognition heranziehen. Schon seit Langem ist bekannt, dass kleine Kinder – genau wie Erwachsene – den Blick länger auf einem bestimmten Detail verweilen lassen, wenn sie einen Unterschied bemerken. Nehmen wir einmal an, ein Baby schläft in einem Raum mit zwei Fenstern, hinter denen sich jeweils ein Baum befindet. Wenn der Baum hinter dem einen Fenster gefällt wird, aber der hinter dem anderen stehen bleibt, wird das Baby länger – und intensiver – auf das nun baumlose Fenster starren. Das Blickverhalten ist eine zuverlässige Methode, um zu testen, worauf Kinder ihre Aufmerksamkeit richten.

In einem bekannten Experiment zu sozialer Macht wurde 21 Monate alten Kleinkindern ein Film gezeigt, bei dem erwachsene Führungskräfte auf bestimmte Weise mit ihren Mitarbeitern interagieren. Einer der Leader zeigte im Umgang mit den Unterstellten Prestige-Verhalten, genau wie die Mutter in *Fröhliche Weihnachten*. Der andere zeigte ein eher dominantes, autoritäres Verhalten, wie der gute alte Scut Farkus. Erstaunlicherweise konnten die Kinder den Unterschied erkennen. Je nach dem beobachteten Führungsstil erwarteten sie, dass die Mitarbeiter auf eine bestimmte Weise reagieren würden.

Als Nächstes ließen die Forscher die Kinder eine bestimmte Interaktion beobachten: Ein Vorgesetzter erteilte einem Mitarbeiter eine Anweisung und verließ dann den Raum. Mithilfe einer ausgefeilten Version des Blickexperiments konnten die Forscher feststellen, was die Kinder als Nächstes von dem Mitarbeiter erwarteten. Zeigte die Führungskraft Prestigeverhalten, erwarteten die Kinder, dass der Mitarbeiter die Anweisung auch in ihrer Abwesenheit befolgte. Verhielt sich der Leader dagegen dominant, rechneten die Kinder damit, dass der Mitarbeiter nur dann gehorchte, wenn sein Vorgesetzer physisch anwesend war. In seiner Abwesenheit wurde tatsächlich Ungehorsam erwartet. In den Gehirnen der Kinder schien die Vorstellung „Ist die Katze aus dem Haus, tanzen die Mäuse" fest verankert zu sein.

Die Forscher kamen zu dem Schluss, dass sich die Kinder einer in ihnen angelegten sozialen Schablone bedienten, die Vorhersagen darüber enthält, wie andere Menschen auf bestimmtes Führungsverhalten reagieren.

Dies ist nur eines von unzähligen Experimenten, die beweisen, dass Kinder über kognitive Interaktionsmodelle für zwischenmenschliche Beziehungen verfügen. Und diese orientieren sich an den Spielregeln des Dualen Modells. Man könnte sagen: Managementtheorie in der Kinderversion.

## Als Erwachsene

Wie genau entstehen diese kognitiven Schablonen? Wie bereits erwähnt, weiß das niemand so genau. (Sie können sich dazu gerne noch einmal die Ausführungen zur Problematik Anlage vs. Umwelt [*nature/nurture*] in der Einleitung durchlesen.) Vielleicht wurden wir schon mit diesen Schablonen geboren – vielleicht aber auch nicht. Wir wissen nur, dass sie bereits in dem Alter nachweisbar sind, in dem kleine Kinder Backenzähne bekommen.

Diese Schablonen wurden auch bei älteren Kindern untersucht, die schon zur Schule gehen. Das Duale Modell – mitsamt seinen sozialen Konsequenzen – lässt sich bei Schulkindern *immer noch* nachweisen. Es ist richtig, dass die bekanntesten Schüler in der Klasse oft den Ton angeben. Die *beliebtesten* Kinder in der Klasse sind jedoch diejenigen, die beide Stile des Dualen Modells verwenden und vollumfänglich dazu in der Lage sind, zwischen ihnen zu wechseln.

Leider zeigt diese Untersuchung auch, dass Kinder, die in einem autoritären, von Strafen geprägten Umfeld aufwachsen, nicht flexibel zwischen beiden Stilen wechseln können. Sie werden selbst sozial aggressiv und zeigen sogenannte „externalisierende Verhaltensweisen" (ein Euphemismus dafür, andere zu *tyrannisieren*). Als Erwachsene bevorzugen sie autoritäre Führungskräfte. Wenn sie selbst später eine Führungsrolle übernehmen, setzen sie bevorzugt dominante Führungsstile ein.

Für welches Führungsmodell sich Leader letztlich entscheiden, hat offenkundig Konsequenzen auf die Beziehungen in ihrem Umfeld. Ihr Verhalten wirkt sich sowohl im privaten als auch im beruflichen Kontext aus, aber welche Folgen hat es konkret? Wie beeinflusst der Führungsstil die Atmosphäre im Unternehmen? Was können wir schon am Montag tun, um das „Verhaltenskonto" schön ausgeglichen zu halten, weg von extremen Schikanen und hin zu mehr Produktivität?

Um diese Fragen zu beantworten, verwenden wir ein didaktisches Hilfsmittel, das sowohl an medizinischen als auch an wirtschaftswissenschaftlichen Fakultäten häufig zum Einsatz kommt: ein Fallbeispiel. Es handelt sich um die ebenso kurze wie bekannte Geschichte der Enron Corporation mit Sitz in Houston, Texas. Der atemberaubende Aufstieg und der erschütternde Niedergang des Unternehmens werden auf die grundverschiedenen Führungsstile der beiden Männer zurückgeführt, die als CEO an seiner Spitze standen: Richard Kinder und Jeffrey Skilling. Die Geschichte ist unschön, aber äußerst lehrreich. Sie verdeutlicht sowohl die Stärken und Schwächen als auch die Folgen eines von Prestige bzw. Dominanz geprägten Führungsstils.

Noch ein paar kurze Hintergrundinformationen: Enron war ein Energiekonzern, der 1985 aus dem Zusammenschluss von InterNorth und der Houston Natural Gas Corporation hervorging. Richard Kinder wurde angeheuert, um das junge Unternehmen als Präsident und COO durch seine Anfangsjahre zu führen, als sich der Initiator der Fusion, ein Mann namens Ken Lay, in Washington, D.C. ins politische Getümmel stürzte.

## Enrons Aufstieg

Kinder zeigte ein bemerkenswertes Talent dafür, das Wohl seiner Mitarbeiter in den Vordergrund zu stellen und nahm sich sogar höchstpersönlich ihrer Belange an. Berichten zufolge war er aber nicht kontrollsüchtig, sondern einfach fürsorglich und förderte dadurch – wie ein Beobachter es nannte – eine „familiäre Atmosphäre" am Arbeitsplatz. Kinder hatte eindeutig die von Zenger beschriebene „Heilige Mutter Teresa"-Disposition verinnerlicht. In seinem Verhalten waren wesentliche Elemente des prestigeorientierten Führungsstils erkennbar.

Doch das war nicht das einzige Managementtool in Kinders Repertoire. Da er sich über den Unterschied zwischen Mitarbeitern und Familienmitgliedern im Klaren war (z.B. kann man einen Mitarbeiter feuern, aber nicht den eigenen Bruder), konnte er auch härtere Töne anschlagen. Er setzte im gesamten Unternehmen eine auf Zielerreichung, Terminerfüllung und die Erbringung qualitativ hochwertiger Dienstleistungen ausgerichtete Arbeitsethik durch. Sein hervorragendes Gedächtnis half ihm dabei, ständig im Blick zu behalten, wie sich die einzelnen Geschäftsbereiche seines expandierenden Unternehmens entwickelten. Er pochte auf Transparenz und war durchaus bereit, seine Führungskräfte zur Rede zu stellen, wenn er auf ein Problem aufmerksam wurde. Im Zuge dessen hielt er sie dazu an, mit ihren Mitarbeitern dasselbe zu tun, was ihm den Spitznamen „Dr. Disziplin" einbrachte.

All seiner Ergebnisorientierung zum Trotz glänzte Kinder mit seiner Beziehungskompetenz, und die klassischen Auswirkungen des Prestige-Stils traten zutage. Seine Intoleranz gegenüber Geheimniskrämerei führte dazu, dass im Unternehmen eine seltene, auf freiwilligem Vertrauen und klaren Verantwortlichkeiten basierende Wertekonstellation Einzug hielt.

Auch die Zahlen des Unternehmens waren ein klares Indiz, dass Kinders Führungsstil funktionierte. In seine Amtszeit fielen die ertragreichsten Jahre von Enron: Die Gewinne stiegen sprunghaft von 200 Millionen Dollar auf 584 Millionen Dollar, während die Umsätze von 5,3 auf 13,4 Milliarden Dollar kletterten.

Umso verwunderlicher war es, dass Kinder abgelöst wurde. Der Vorstand zwang ihn 1996 zum Rücktritt. Über diesen Machtwechsel berichten viele Artikel, Bücher und Dokumentarfilme – nicht nur aufgrund seiner Abruptheit, sondern auch wegen der tragischen Konsequenzen. Enron engagierte einen Nachfolger, der den florierenden Großkonzern direkt in einen Eisberg steuerte. Das Schiff sank im Jahr 2001.

Der ruchlose Kapitän hieß Jeffrey Skilling – ein Leader, wie er im Buche über dominante Führung steht. Einer Quelle zufolge war er von darwinistischen Einflüssen geprägt: Er war der Ansicht, dass Unternehmen am besten nach dem Ellbogenprinzip geführt werden sollten und nur die am besten angepassten überleben.

Dementsprechend führte Skilling umgehend ein Mitarbeiterbeurteilungssystem ein, das sogenannte Peer Review Committee. Im Zuge dessen wurden alle Mitarbeiter auf einer Skala von 1 bis 5 bewertet, wobei 1 das beste und 5 das schlechteste Ergebnis war. Ihre Kompetenz floss allerdings *nicht* in die Bewertung ein. Als extra „Bonus“ gab es eine öffentliche Demütigung: Alle Leistungsbeurteilungen wurden zusammen mit einem Foto der betreffenden Person auf der Unternehmenswebsite veröffentlicht. Eine schlechte Beurteilung kam einem beruflichen Todesurteil gleich. Mitarbeiter mit einer Bewertung von 5 konnten direkt entlassen werden oder erhielten eine zweiwöchige Frist, um eine andere Stelle im Unternehmen zu finden. Blieb die 14-tägige Suche erfolglos, mussten sie gehen, auch wenn sie ihre Arbeit wirklich gut machten. Das Leistungsprinzip war unter Skilling verpönt.

## Enrons Niedergang

Wie Sie sich vorstellen können, machten sich die Mitarbeiter zunehmend Gedanken über die Sicherheit ihres Arbeitsplatzes, was im Unternehmen tiefe Gräben entstehen ließ. Kollegen wurden zunehmend als Konkurrenten angesehen, und es wurde zum Normalzustand, sich gegenseitig in den Rücken zu fallen. Manager machten das Beurteilungssystem zur Waffe, indem sie positive Bewertungen als Belohnung für persönliche Loyalität verteilten, statt ehrliche Einschätzungen der Produktivität abzugeben.

Die aggressive Stimmung vergiftete sogar das Verhältnis zu Enrons Kunden. Eine Führungskraft wurde heimlich dabei gefilmt, wie sie einen Waldbrand in Kalifornien feierte, der das örtliche Stromnetz lahmgelegt hatte, sodass Enron die Möglichkeit bekam, die Energiepreise hochzuschrauben: „*Burn, baby, burn.* Eine tolle Sache!“, hörte man den Manager im Video.

In Verbindung mit Skillings Faible für riskante Geschäfte stand Enron das Wasser (hauptsächlich in Form von Schulden) bald bis zum Hals. Die Führungskräfte versuchten zunächst, die sich anbahnende Katastrophe zu verheimlichen und die Aufsichtsbehörden zu täuschen, aber der Bluff kam schließlich doch ans Tageslicht. Im Jahr 2001 meldete Enron Konkurs an und mehrere Führungskräfte, darunter auch Skilling, kamen ins Gefängnis. Es war ein herber Absturz: Enron-Aktien waren auf ihrem Höchststand 90,75 Dollar wert. Beim Konkurs waren sie für 26 Cent zu haben.

Welche Erkenntnis ziehen wir daraus? Führungsstile haben Konsequenzen. Bei Enron wurde nicht die gesamte Belegschaft entlassen, sondern nur der Chef ausgetauscht. Aber das hat alles komplett verändert.

## Was Sie am Montag tun sollten

Auch wenn Ihr Unternehmen nicht mit so extremen Führungsproblemen wie Enron zu kämpfen hat, sehen Sie möglicherweise ähnlich ungesunde Tendenzen bei Führungskräften, mit denen Sie derzeit zusammenarbeiten. Vielleicht legen Sie auch selbst als Führungskraft oder Manager mehr dominantes Führungsverhalten an den Tag, als Sie zugeben würden. In den letzten Abschnitten dieses Kapitels werden wir darüber sprechen, wie sich Fehler vermeiden lassen, die Leader wie Skilling häufig begehen. Wir beginnen also schon ein bisschen früher mit der Planung, was Sie am Montag tun sollten. Es wird dabei einiges zu schreiben geben.

Ich beginne mit einem grundlegenden Fehler, den Skilling, der Vorstand von Enron und sein Führungsteam in Bezug auf darwinistisches Verhalten gemacht haben. Skilling hatte nur einen Teil von Darwins Theorie verinnerlicht, und zwar den eigennützigen Part. Der *un*eigennützige Teil, der sich am Erfolg anderer erfreut, fehlte dagegen komplett. Die Wissenschaftler streiten sich immer noch darüber, worin die hauptsächliche Triebkraft der Evolution besteht: Konkurrenz, Zusammenarbeit oder eine noch zu definierende Mischung aus beidem. Führungskräfte, die sich nur auf den eigennützigen Teil ihrer darwinistischen Wurzeln konzentrieren, können verhängnisvolle Konsequenzen für andere heraufbeschwören. Die Kalifornier können das bezeugen.

So seltsam es auch klingt: Das katastrophale, auf Ichbezogenheit beruhende Wertesystem von Enron zeigt uns, was am Montag zu tun ist: herausfinden, wie wir nachhaltig weniger ichbezogen werden können. Über das richtige Vorgehen weiß die Hirnforschung viel zu sagen. Sehen wir uns zwei Studien dazu an. Die erste untersucht, was Menschen davor bewahrt, eine klinische Depression zu entwickeln. Die zweite versucht herauszufinden, was Menschen wirklich glücklich macht. Beide führen uns an einen unerwarteten Punkt: die formale Analyse menschlicher Dankbarkeit.

## Eine dankbare Haltung

Forscher beschreiben Dankbarkeit in der Regel als das Zusammentreffen zweier Erkenntnisse – einer einfachen und einer schwierigen –, die gemeinsam eine positive Emotion hervorrufen. Die einfache Erkenntnis besteht darin zu bemerken, dass etwas Gutes geschehen ist. Schwierig wird es dann, wenn man feststellt, dass sich die Quelle des Guten außerhalb der eigenen Person befindet. Wenn es Ihnen gelingt, zu dieser zweiten Erkenntnis zu gelangen und die positive Stimmung aufrechtzuerhalten, überkommt Sie ein Gefühl der Zufriedenheit, das in der Wissenschaft häufig als *warm* beschrieben wird. Ihnen wird klar, dass Ihre Fußballmannschaft gerade das Spiel gewonnen hat, aber es war Ihre Mannschaftskameradin, die das Tor zum Sieg geschossen hat, und nicht Sie. Wenn Sie sich trotzdem über das Ergebnis freuen und die Leistung Ihrer Teamkollegin würdigen können, stellt sich ein warmes Gefühl ein.

Streichen Sie sich diese zweite Erkenntnis über die Quelle außerhalb der eigenen Person dick an. Das ist der entscheidende Punkt, an dem Menschen ansetzen können, um zu lernen, weniger selbstbezogen zu sein. Merken Sie sich auch die positive Emotion, die dadurch entsteht. Das ist die Belohnung, die Ihr Gehirn auslöst, wenn es Sie davon überzeugt, dass Sie nicht der Nabel der Welt sind. Die Forschung beweist: Wenn es gelingt, jemanden davon zu überzeugen, seine Ichbezogenheit abzulegen und durch Dankbarkeit zu ersetzen, wirkt sich das positiv auf die sozialen Beziehungen und das Führungspotenzial aus.

Erste Hinweise auf diesen interessanten Zusammenhang ergaben sich in Studien zu psychiatrischen Störungen. Bei Patienten, die im Rahmen der Behandlung einer klinischen Depression gelernt hatten, Dankbarkeit zu entwickeln, konnten positive Effekte nachgewiesen werden. Durch Dankbarkeit wurden bestimmte „Knoten" im Gehirn gelöst und sowohl die Dauer als auch die Häufigkeit ihrer depressiven Episoden nahm ab.

Auch für Menschen, die sich nicht in Therapie befinden, bringt Dankbarkeit nachweislich erstaunliche Vorteile mit sich, die sich direkt auf die Führungsqualität auswirken. Zum Beispiel verbessert sich die Fähigkeit, Empathie zu empfinden, und Gefühle wie Neid, Groll und Aggression werden unterdrückt. Außerdem verleiht uns Dankbarkeit die bemerkenswerte Fähigkeit, unsere Rachsucht zu dämpfen, wenn wir auf mutmaßliche Feinde treffen.

Menschen, die Dankbarkeit kultivieren, verbessern auch ihre Fähigkeit, Freundschaften zu schließen und zu erhalten. Das erinnert an den Spruch: Wer Freunde finden will, muss zuerst einer sein. Dankbare Menschen sind nach außen hin stärker auf andere ausgerichtet – da ist sie wieder, die Selbstlosigkeit – und zeigen sich in alltäglichen sozialen Interaktionen umsichtiger. Ständiger Kontakt mit dankbaren Menschen weckt in anderen den Wunsch danach, sozial verbunden zu bleiben, und stärkt auf diese Weise hochwertige und langfristige soziale Beziehungen.

Dankbarkeit wirkt sich auch darauf aus, wie Menschen Stress verarbeiten. Wer regelmäßig dankbar ist, erlebt nicht nur weniger Spannungen im Alltag, sondern wird auch stressresistenter, wenn doch einmal etwas Schlimmes passiert. Die Ergebnisse sind belastbar und konnten sogar bei Soldaten mit posttraumatischer Belastungsstörung nachgewiesen werden: Menschen, die gewohnheitsmäßig ein tiefes Gefühl von Dankbarkeit kultivieren, erholen sich schneller von Traumata aus kriegerischen Auseinandersetzungen als andere.

## Die Neurobiologie der Dankbarkeit

Im Starbucks-Drive-in habe ich die Macht der Dankbarkeit schon mehrfach live erlebt. Es gibt da diese „Pay-it-forward"-Aktion, bei der die Person vor Ihnen Ihr Getränk mitbezahlt und Sie erst davon erfahren, wenn Sie selbst an der Kasse stehen. Mich durchströmt dabei immer ein Gefühl von Wärme und Dankbarkeit, und jedes Mal revanchiere ich mich und mache der Person hinter mir dieselbe Freude.

Für dieses Gefühl gibt es eine solide neurowissenschaftliche Erklärung. Wenn ich – oder auch Sie – Dankbarkeit empfinden, sind mindestens drei neuronale Netzwerke im Gehirn beteiligt.

Das erste Netzwerk betrifft einen Neurotransmitter, von dem Sie vielleicht schon gehört haben: Serotonin. Es befindet sich in einer Hirnregion, von der Sie vielleicht noch nie gehört haben: dem anterioren cingulären Kortex (zum Glück können wir ihn mit ACC abkürzen). Serotonin ist das Schweizer Taschenmesser unter den biochemischen Botenstoffen; seine wichtigste Aufgabe ist es jedoch, für Zufriedenheit und Stimmungsstabilität zu sorgen. (Tatsächlich haben Menschen, die an Depressionen leiden, oft Probleme mit der Serotoninregulierung.) Wenn man Dankbarkeit empfindet, setzt der ACC Serotonin frei. Interessanterweise ist er auch an der Entscheidungsfindung beteiligt, denn er hilft uns dabei, die Ergebnisse einer bestimmten Handlung zu bewerten oder sogar vorherzusagen.

Die zweite Region betrifft einen anderen, wahrscheinlich ebenfalls bekannten Neurotransmitter: Dopamin. Dopamin ist die klassische Wohlfühl-Chemikalie im Gehirn und bei Freude und Belohnung direkt beteiligt. Wenn uns Dankbarkeit durchströmt, schütten Regionen in der Nähe des Hirnstamms eine kleine, aber äußerst wirkungsvolle Menge dieser angenehmen Substanz aus. Das ist einer der Gründe, warum Sie Freude empfinden, wenn Sie dankbar sind.

Dankbarkeit ist also mit den beiden stärksten Wohlfühl-Neurotransmittern gekoppelt, die das Gehirn aufzubieten hat. Sie macht uns zufriedener und belohnt uns dann dafür, zufriedener zu sein. So entsteht ein wundervoller Bumerangeffekt: Wenn wir unseren Fokus nicht auf uns selbst und unser eigenes Glück, sondern auf das Glück anderer Menschen richten, bekommen wir unser eigenes Glück sowieso zurück. Kein Wunder, dass Dankbarkeit unsere menschlichen Erfahrungen so stark beeinflusst.

Das dritte und letzte an der neuronalen Vermittlung von Dankbarkeit beteiligte Netzwerk im Gehirn ist vielleicht das interessanteste – ganz bestimmt aber der größte Zungenbrecher von allen: Es besteht aus dem intraparietalen Sulcus (der direkt oberhalb der Ohren liegt) und dem inferioren frontalen Gyrus (der direkt vor den Ohren liegt). Ihr Aufgabenbereich? Kopfrechnen. Diese Regionen sind daran beteiligt, unsere Alltagswelt zu quantifizieren, indem sie zum Beispiel *Mengen* berechnen. Niemand weiß so genau, warum sie hinzugezogen werden, wenn wir Dankbarkeit empfinden. Möglicherweise benutzen wir sie, um eine mentale Strichliste zu führen, was wir anderen schulden und vielleicht auch – Sie ahnen es bestimmt schon – was andere uns schulden. Zum Teil könnte es auch damit zu tun haben, wie Dankbarkeit gemessen wird. Bei vielen Dankbarkeitsexperimenten erhält die Versuchsperson eine unerwartete Belohnung, oft in Form von Geld, während eine Aufnahme ihres Gehirns gemacht wird.

Auf jeden Fall zeigt die Dankbarkeitsforschung, welche erstaunliche Kraft freigesetzt wird, wenn man sich selbst überwindet. Vom Aufbau positiver Beziehungen bis hin zu Stressresistenz lesen sich die Vorzüge fast wie eine Anleitung für Führung nach dem Prestige-Modell.

## Fangen Sie an zu schreiben

Wie können wir also ein beständiges Gefühl von Dankbarkeit entwickeln? Es ist schön und gut, mal eben dankbar zu sein, aber die Literatur legt eine eher unbequeme Sache nahe. Zwar lassen sich sogar dann erstaunlich stabile Vorteile nachweisen, wenn wir Dankbarkeit in begrenztem Maße praktizieren (dazu kommen wir gleich), doch um nachhaltige Effekte zu erzielen, muss Dankbarkeit zur Gewohnheit werden und sich einen langfristigen Platz im Gehirn erobern. Im Wesentlichen geht es darum, eine dauerhafte und reflexive „Haltung der Dankbarkeit“ zu entwickeln.

Entsprechende Übungen hierzu sind bereits in der Praxis erprobt worden. Sie funktionieren tatsächlich, aber man muss sie über einen längeren Zeitraum durchführen, ehe sie eine messbare Wirkung erzielen. Bei überraschend vielen dieser Übungen geht es darum, etwas aufzuschreiben.

Die erste Schreibübung besteht darin, ein Dankbarkeitstagebuch zu führen. Halten Sie täglich etwas darin fest, genau wie in einem klassischen Tagebuch. Die Einträge können aus einer Liste von Menschen, Ereignissen oder Umständen bestehen, für die Sie an dem entsprechenden Tag wirklich dankbar sind. Sie können so viele Dinge aufschreiben, wie Sie möchten, oder auch nur eine einzige Sache. (Der Forscher Martin Seligmann empfiehlt drei Dinge.) Ihre Aufzeichnungen werden noch wirkungsvoller, wenn Sie darin auch erwähnen, warum die Person, das Ereignis oder der Umstand Ihnen etwas bedeutet hat. Wenn Sie zum Beispiel von einem Konkurrenten einen aufrichtig freundlichen Händedruck bekommen haben, könnten Sie schreiben: „Das hat mir viel bedeutet, denn ich dachte, wir wären Feinde."

Die zweite Übung besteht darin sich anzugewöhnen, regelmäßig ein kurzes „Danke" zu schreiben. Das geht klassisch mit Tinte auf toten Bäumen oder per Textnachricht mit dem Smartphone. Es kann auch nur in Gedanken sein. Wenn jemand nett zu Ihnen ist, bedanken Sie sich mental, wenn Sie es gerade nicht eintippen oder aufschreiben können.

Die dritte Methode ist das „Danke" in Langform. Machen Sie es sich zur Gewohnheit, Dankesbriefe zu schreiben und einen Dankesbesuch folgen zu lassen. Denken Sie an eine Person, die Ihnen etwas bedeutet, und erklären Sie ihr in einem Brief (300 Wörter ist eine gute Länge), welche Bedeutung sie für Ihr Leben hat. Anschließend besuchen Sie die Person, falls möglich, und lesen ihr den Brief laut vor. Wenn Sie das wirklich durchziehen, vergessen Sie die Taschentücher nicht.

Die Empfehlung lautet in jedem Fall, etwas Greifbares, Physisches zu schaffen – etwas, das Sie in den Händen halten, mit den Augen lesen, mit der Stimme zum Ausdruck bringen können. Für dieses Vorgehen gibt es einen guten Grund. Die Menschen treffen fast ausnahmslos auf Widerstand, wenn sie versuchen, sich selbst aus dem Zentrum ihres Universums zu vertreiben. Um dabei erfolgreich zu sein, muss man viel dazulernen. Eine der wirkungsvollsten Methoden, um das Erlernte zu festigen, besteht darin, die kognitive Zustimmung mit einer motorischen Fertigkeit zu verknüpfen. Auf diesen multisensorischen Gedanken werden wir an anderer Stelle noch eingehen. Ihr Ziel sollte sein, sofort mit Ihrem Dankbarkeitsritual anzufangen und es in drei Monaten immer noch zu praktizieren.

Eine wichtige Konsequenz des Aufschreibens ist, dass es handfeste Spuren auf Papier hinterlässt. Immer wenn es Sie nervt, Sie entmutigt sind oder es einfach satt haben, an sich zu arbeiten, können Sie auf Ihre Anstrengungen zurückblicken und Ihre Fortschritte sehen. Das Schreiben kann Ihnen dabei helfen, Ihre Routine zu stärken – betrachten Sie es als ein Fixiermittel aus Worten.

## Auswirkungen im Unternehmen

Schon seit Jahrzehnten gibt es Studien darüber, wie Dankbarkeit unsere egozentrischen Tendenzen unterbindet. Im Rahmen dieser Arbeiten werden auch Aspekte untersucht, die für Geschäftsleute von direktem Interesse sind.

Führungskräfte, die ihren Mitarbeitern gegenüber regelmäßig Dankbarkeit zum Ausdruck bringen, erreichen beispielsweise, dass diese produktiver sind. Eine interessante Studie nahm den Bereich Fundraising unter die Lupe. Die befragten Mitarbeiter führten 50 Prozent mehr Anrufe bei potenziellen Spendern durch, wenn ihre Vorgesetzten ihnen regelmäßig Dankbarkeit entgegenbrachten, im Vergleich zu den Kontrollprobanden, deren Vorgesetzte angewiesen wurden, keine Dankbarkeit zum Ausdruck zu bringen.

Zu solchen Veränderungen in der Produktivität kommt es häufig, und vielleicht kennen wir auch den Grund dafür. Führungskräfte, die ihrer Dankbarkeit regelmäßig Ausdruck verleihen, vermitteln ihren Mitarbeitern ein Gefühl der Wertschätzung. Dieses Gefühl motiviert die Mitarbeiter zu Bestleistungen und steigert ihre Arbeitszufriedenheit – das magische Elixier, das die Mitarbeiterfluktuation niedrig hält.

Dankbarkeit hat auch positive Effekte auf die Menschen, die sie regelmäßig praktizieren, vor allem auf deren psychische Gesundheit. Überraschenderweise kann dabei schon wenig viel bewirken. Selbst wenn konkrete Aktivitäten (wie die Schreibübungen) eingestellt werden, sind die Auswirkungen auf die psychische Gesundheit noch zwölf Wochen später messbar.

Wie wirken sich diese Übungen also auf die Führungskompetenz aus? Dankbarkeit wirkt wie ein Eisbrecher: Sie durchbricht den hartnäckigen Egoismus und bahnt einen Weg, dem andere folgen können. Und das ist großartig für Unternehmen, denn nichts fördert Produktivität mehr als die Möglichkeit, einen klaren, einladenden Weg ohne Hindernisse gehen zu können. Meiner Meinung nach folgen die Menschen dankbaren Leadern nicht, weil sie müssen, sondern weil sie wollen – eines der Hauptmerkmale von Führung nach dem Prestige-Modell.

Es ist also ganz leicht zu verstehen, was Sie am Montag tun sollten. Lernen Sie von Enron und den Generälen im Zweiten Weltkrieg: Finden Sie in Ihrem Führungsstil die richtige Mischung aus Prestige und Dominanz und beschränken Sie die Dominanz auf den tatsächlichen Bedarf. Vielleicht stellen Sie fest, dass Sie übermäßig durch dominantes Verhalten führen. Die beste Möglichkeit, das Gleichgewicht wiederherzustellen, besteht darin, sich direkt mit Ihrer Ichbezogenheit auseinanderzusetzen, zum Beispiel indem Sie eine der hier aufgeführten Dankbarkeitstechniken praktizieren. Mit etwas Übung können Sie sich davon verabschieden, das übermächtige Zentrum Ihres Beziehungsuniversums zu sein. Beginnen Sie doch mit ein wenig Aufmerksamkeit für die großartigen Wissenschaftler, die herausgefunden haben, wie einfach das geht. Es gibt Dutzende davon.

**FÜHRUNG**

**Brain Rule:** Leader brauchen eine Menge Empathie und ein klein wenig Bereitschaft zur Härte.

- Nach dem Prestige-Dominanz-Modell findet Führung in einem Kontinuum zwischen Stärke und Macht (Dominanz) auf der einen sowie Verständnis und Empathie (Prestige) auf der anderen Seite statt.
- Die effektivsten Leader verfügen über die Fähigkeit, sowohl Dominanz- als auch Prestigestrategien einzusetzen, und wissen, wann welches Verhalten angebracht ist: Prestige für den überwiegenden Teil der Alltagsaufgaben und Dominanz für sporadische Konflikte, Notfälle oder andere Situationen, in denen effiziente und präzise Entscheidungen vonnöten sind.
- Beschränken Sie Führungsverhalten nach dem Dominanzmodell auf ein Minimum. Zu viel davon kann für die Mitarbeiter ein ungünstiges und angstbesetztes Arbeitsumfeld erzeugen.
- Geben Sie sich Mühe, dankbar zu sein, vor allem gegenüber anderen. Wenn Menschen in Führungspositionen von Dankbarkeit erfüllt sind, arbeiten die unterstellten Mitarbeiter produktiver.
- Trainieren Sie gezielt Dankbarkeit, indem Sie über einen längeren Zeitraum regelmäßig aufschreiben, wofür Sie dankbar sind. Sie verbessern dadurch Ihre empathischen Fähigkeiten.

# 6
# Macht

**Brain Rule:**

Macht ist wie Feuer. Sie kann für warme Mahlzeiten sorgen oder Ihr Haus niederbrennen.

Macht tut Menschen komische Dinge an. Vielleicht könnte man aber genauso gut sagen: Macht bringt komische Dinge über Menschen *ans Tageslicht.*

Nehmen wir als Beispiel den Diktator Idi Amin, der in den 1970er-Jahren Uganda regierte. Sein Regime war für Korruption, Exzentrik und Brutalität berüchtigt – man nannte ihn nicht umsonst den „Schlächter von Uganda". Amin war mordlustig (er ließ Hunderttausende töten), in sexueller Hinsicht ziemlich aktiv (er hatte sechs Frauen und soll an die 54 Kinder gezeugt haben) und legte derart bizarre Verhaltensweisen an den Tag, dass er gleich viermal in der Comedy-Show *Saturday Night Live* parodiert wurde. Er führte folgenden selbst erfundenen Titel, der bei jeder Ankündigung seiner Person verlesen werden musste:

> *Seine Exzellenz, Präsident auf Lebenszeit, Feldmarshall Al Hadji Doktor Idi Amin Dada, Victoria-Kreuz, Orden für hervorragenden Dienst, Militärkreuz, Herr aller Tiere der Erde und aller Fische der Meere und Bezwinger des Britischen Weltreichs in Afrika im Allgemeinen und in Uganda im Besonderen.*

Außerdem behauptete er, König von Schottland zu sein.

Wie sich Macht auf Menschen auswirkt, illustrieren fiktionale Erzählungen von Shakespeares *König Lear* über Orson Welles' *Citizen Kane* bis hin zu neueren seichten TV-Formaten wie *The Office*. In einer Folge dieser Fernsehserie, die den Titel „Der Coup" trägt, bezeichnet sich Dwight Schrute – ein von Rainn Wilson gespielter, machthungriger Möchtegern-Manager, der es auf die Stelle des ihm vorgesetzten Regionalmanagers Michael abgesehen hat – als „Assistent des Regionalmanagers". Gemeinsam mit seiner Büroliebe Angela schmiedet Dwight einen Plan zur Machtübernahme, aber Michael kommt ihm auf die Schliche und beschließt, ihn in eine Falle zu locken. Er informiert Dwight über seinen Rücktritt und übergibt ihm das Zepter. Es dauert nicht lange, bis Dwight alles an die Wand fährt: Er plant die Entlassung mehrerer Mitarbeiter und intrigiert mit einem Kollegen, um weitere Hierarchieebenen zu erklimmen. Natürlich sind alle darüber schockiert. Daraufhin deckt Michael die List auf und entbindet Dwight von seiner Verantwortung – und seinen Plänen. Zweifelsohne schlummerten diese Tendenzen schon immer in Dwight, aber erst durch die neu gewonnene Macht brechen sie sich ungehindert Bahn und offenbaren sein wahres Gesicht. Vielleicht hätten sie es sogar *verändert*, wenn genügend Zeit dafür gewesen wäre.

Amin und Schrute kommen aus völlig unterschiedlichen Welten, und nur die zweite Geschichte ist erfunden – gerade mal so. Gewisse Dinge haben die beiden jedoch gemeinsam: Sie sind sehr mit sich selbst und ihrer Macht beschäftigt, tendieren dazu, sich nicht für das Wohl ihrer Untergebenen zu interessieren, und teilen außerdem einen machtgetriebenen sexuellen Appetit. Ihre Geschichten stehen sinnbildlich für die Versuchungen, denen praktisch jeder Mensch erliegen kann, der Macht erlangt.

Wie lässt sich dieses schlechte Benehmen erklären? Warum wachsen manche Führungspersönlichkeiten an ihren Aufgaben, während andere sich zum Herrn aller Tiere der Erde erklären? Was hat Macht an sich, dass sie Monster aus Menschen macht – oder vielmehr, dass sie die seit jeher in ihnen schlummernden Monster wachruft? Und was können wir tun, um zu verhindern, dass uns errungene Macht zu Kopf steigt?

Wir werden auf diese Fragen zurückkommen, nachdem wir einige Begriffe definiert haben. Beginnen wir mit dem Wort *Macht*. Nachfolgende Definition stammt von Dacher Keltner, einem Psychologen, der schon seit Jahren über die Auswirkungen von Macht forscht:

> *In der Psychologie wird Macht definiert als die Fähigkeit einer Person, den körperlichen Zustand oder die psychische Verfassung einer anderen Person zu verändern, indem sie Ressourcen – wie Nahrung, Geld, Wissen und Zuneigung – zur Verfügung stellt oder vorenthält, oder Strafen verhängt, wie körperliche Züchtigung, Kündigung oder soziale Ausgrenzung.*

Beachten Sie, dass diese Definition nicht nur die Kontrolle über das körperliche, sondern auch die über das seelische Wohl beinhaltet. Auf Körper und Seele Bezug zu nehmen, ist deshalb so wichtig, weil manche Leader kontrollieren möchten, was die Menschen haben, andere dagegen, was die Menschen denken.

Bei unseren Betrachtungen zur Neurowissenschaft der Kontrolle werden wir uns jedoch nicht auf subjektive Definitionen beschränken. Die Forschung hat hierzu auch quantitative Untersuchungsverfahren entwickelt. Eine gängige wirtschaftswissenschaftliche Methode arbeitet mit dem Konzept der *sozialen Macht*. Hierbei werden soziodemografische Daten wie Vermögen, Jahreseinkommen, Bildungsgrad und berufliches Ansehen mithilfe einer Formel in einer Zahl ausgedrückt. Dieser Ansatz berücksichtigt, dass für die meisten Menschen ganz klar ein Zusammenhang zwischen Geld und Macht besteht. Je höher die Zahl, desto größer die soziale Macht einer Person.

Soziale Dominanz, mentale Beeinflussung, großes Vermögen – ganz egal, was Sie untersuchen, bei Macht geht es immer um die Kontrolle von Ressourcen. Wir werden Keltners Definition und das Konzept der sozialen Macht verwenden, um herauszufinden, was echte Kontrolle mit echten Menschen macht. Um es gleich vorwegzunehmen: Wie der „König von Schottland" zeigt, haben wir es dabei nicht immer mit schönen Geschichten zu tun. Aber wie am Assistenten des Regionalmanagers zu sehen, kann es manchmal durchaus lustig werden.

## Von Haft und Saft

Warum in aller Welt betrachten so viele Menschen die Fähigkeit, Gedanken und Güter zu kontrollieren, als so erstrebenswert? Welche Veränderungen lassen sich im Verhalten von Menschen beobachten, wenn sie mächtiger werden? Die Verhaltensforschung weiß es, und zwar vor allem aus den Ergebnissen von zwei der umstrittensten psychologischen Experimente aller Zeiten. Eines davon wurde an der Ostküste in Yale, das andere an der Westküste im kalifornischen Stanford durchgeführt.

In Kalifornien zeichnete der berühmte Psychologe Phil Zimbardo verantwortlich für die unter dem Namen *Stanford Prison Experiment* bekannt gewordene Studie aus dem Jahr 1971, die untersuchte, was passiert, wenn ganz normale Studierende in einem fingierten Gefängnis miteinander ein Rollenspiel spielen. Einige Versuchsteilnehmer wurden als Wärter eingesetzt und erhielten die volle Verfügungsgewalt, während den anderen eine Gefangenenrolle zugewiesen wurde. Als solche mussten sie ihr Verhalten nach dem ausrichten, was die Wärter für angemessen hielten.

Zimbardo ahnte nicht, dass sein Experiment aus dem Ruder laufen würde. Nach 48 Stunden begannen die „Wärter", die „Gefangenen" zu misshandeln, erst psychisch, dann physisch. Die Übergriffe wurden so schlimm, dass das Experiment nach nur sechs Tagen abgebrochen wurde. Eigentlich sollte es zwei Wochen dauern. Selbst in gespielten Situationen hat Macht die Fähigkeit, Menschen schnell zu korrumpieren.

Wie nicht anders zu erwarten, ist dieses Experiment sehr umstritten. Kritiker beanstanden, dass bestimmte Aspekte der Originalarbeit nicht repliziert werden können, und weisen bei den wiederholbaren Daten darauf hin, dass gegen ethische Normen verstoßen wurde. Trotz gegenteiliger Ansichten bleibt eine beunruhigende Grunderkenntnis: Autorität verändert die Menschen, und das nicht immer zum Besseren.

Während Zimbardos Studie das Verhalten der *Mächtigen* in den Blick nahm, untersuchte Yale-Forscher Stanley Milgram im Jahr 1963 das Verhalten der *Machtlosen*. Er führte sein Experiment 26-mal mit Versuchspersonen unterschiedlichen Alters durch. An jedem Durchgang waren drei Personen beteiligt: eine Autoritätsperson (in diesem Fall ein Wissenschaftler), ein „Komplize" im Untersuchungslabor (ein bezahlter Schauspieler) und die Versuchsperson.

Jedes Experiment begann mit einer Lüge: Den Versuchspersonen wurde gesagt, sie hätten sich für einen Gedächtnistest zwischen ihnen und dem Komplizen (von dessen Rolle sie nichts wussten) angemeldet und sollten ihm jedes Mal, wenn er eine falsche Antwort gab, per Knopfdruck einen Stromschlag von zunehmender Intensität versetzen. Auf der höchsten Stufe waren es tödliche 450 Volt, dementsprechend war der letzte Schalter mit einem Totenkopf mit gekreuzten Knochen gekennzeichnet. Während des Versuchs konnten sie den Schauspieler zwar nicht sehen, aber hören – auch seine Reaktionen auf die Stromschläge.

Wenn die Versuchsperson zum ersten Mal auf den Knopf drückte, signalisierte der Schauspieler nur leichtes Unbehagen (über ein „Aua"). Mit den stärker werdenden Elektroschocks steigerte sich jedoch auch seine verbale Erregung, bis er schließlich flehte, das Experiment abzubrechen. Am Ende schrie er sogar. Und dann, auf der 450-Volt-Stufe, herrschte absolute Stille. Selbstverständlich gab es überhaupt keine echten Stromschläge. Milgram wollte nur herausfinden, wie viele Menschen auf den Schalter mit dem Totenkopf drücken würden.

Die Antwort war ernüchternd. Fast 65 Prozent.

Beide Experimente erwiesen sich als äußerst provokativ, und das nicht nur wegen der gewonnenen Erkenntnisse. Bemängelt wurden Methodik, Interpretation, Replikationsfähigkeit und vor allem ethische Aspekte. Aber die Ergebnisse waren eindeutig: Macht bewirkt etwas Seltsames im menschlichen Gehirn – oder vielleicht, was noch beunruhigender ist: Sie bringt etwas über das menschliche Gehirn ans Tageslicht. Lustig ist das allerdings beides nicht.

## Das Problem an Vermögen

Zugegebenermaßen geht es in diesen Experimenten um Extrembeispiele. Wie verhält es sich bei harmloseren und eher alltäglichen Begebenheiten, etwa wenn jemand befördert wird oder Zugang zu bestimmten Ressourcen erhält und dadurch in die Lage versetzt wird, diesen Zugang auch anderen zu gewähren? Sind dann ebenfalls noch messbare Veränderungen feststellbar?

Die Antwort lautet tatsächlich ja, und die zentrale Erkenntnis: Macht führt schleichend dazu, dass Menschen ihre eigenen Interessen über die Interessen einer Gruppe stellen. Diesen Vorgang bezeichnen Forscher als *Enthemmung.* Damit bewirkt Macht bei Leadern genau das Gegenteil von dem, was Leader eigentlich tun sollten – und kann sogar dazu führen, dass sie gegen ethische Prinzipien verstoßen.

Möchten Sie Beweise? Dazu bietet sich eine von der US-amerikanischen Akademie der Wissenschaften veröffentlichte Forschungsarbeit an. Sie untersucht das Verhalten vermögender Personen, die gewohnt sind, die Strippen der Macht zu ziehen, und vergleicht es mit dem Alltagsverhalten von weniger vermögenden Menschen, die nichts mit Strippenziehen am Hut haben. Beide Gruppen wurden sowohl im Testlabor als auch in „freier Wildbahn" beobachtet.

Die Resultate sind beunruhigend. Reiche Menschen schummelten im Labor eher bei Glücksspielen als arme. Sie neigten unter experimentellen Bedingungen (und bei entsprechender Gelegenheit) eher zum Lügen – ebenfalls im Vergleich zu ärmeren Kontrollprobanden. Bei Labortests zur Erfassung von Gier waren sie nachweislich gieriger: Reiche Testpersonen nahmen mehr von den angebotenen Süßigkeiten als ärmere Studienteilnehmer, und zwar sogar dann, wenn man ihnen sagte, dass der Rest an Kinder in der Nachbarschaft verteilt würde.

Es geht weiter. Vermögende Menschen logen bei Verhandlungen eher, betrogen, wenn sie glaubten, dadurch einen Preis gewinnen zu können, und nahmen sich selbst dann bestimmte Güter, wenn diese für andere wichtig gewesen wären.

Und um noch eine Schippe draufzulegen: Beobachtungsstudien in „freier Wildbahn" zeigten ähnlich egozentrische Gewohnheiten bei den Reichen wie die experimentellen Tests. Zum Beispiel verstoßen sie beim Autofahren öfter gegen die Verkehrsregeln: Im Vergleich zu ärmeren Leuten nehmen sie anderen Autos an Kreuzungen häufiger die Vorfahrt und schneiden Fußgänger öfter an Zebrastreifen (30 Prozent gegenüber 7 Prozent).

Wir haben es hier also nicht gerade mit spaßigen Zeitgenossen zu tun, aber sie bringen uns auf eine interessante Sache. Bemerkbar macht sich diese über ein Verhalten, das dem Gedankenlesen ziemlich nahekommt. Sie kennen dieses Verhalten bereits. Es handelt sich um die gute alte Theory of Mind.

## Verlust der Theory of Mind

Es gibt viele wissenschaftliche Methoden, mit denen sich der Zusammenhang zwischen „mächtig" und „unausstehlich" nachweisen lässt. Er beruht darauf, dass Theory-of-Mind-Fähigkeiten verloren gehen. Wissenschaftler wie Adam Galinsky haben gezeigt, dass selbst sporadischer Kontakt mit Macht zu einer messbaren Beeinträchtigung unserer Fähigkeit führt, die Emotionen anderer Menschen zu erkennen.

Bei einer Untersuchung forderte Galinsky die Versuchspersonen dazu auf, sich an eine Situation zu erinnern, in der sie Macht über eine andere Person hatten, und setzte damit einen sogenannten *experimentellen Prime*. Die Kontrollgruppe wurde gebeten, sich an das zu erinnern, was sie gestern getan hatte (*neutraler Prime*). Beide Gruppen unterzogen sich dann sensitiven psychometrischen Tests, die messen, wie gut Menschen Emotionen erkennen – ähnlich wie der schon beschriebene RME-Test.

Galinsky stellte fest, dass die geprimte Gruppe durchschnittlich 46 Prozent mehr Fehler machte als die Kontrollgruppe. Gleichzeitig wurde sie unsensibler. Nach zahlreichen weiteren Experimenten kam er zu dem Schluss, Macht führe dazu, dass wir Emotionen immer seltener korrekt erfassen, und leitete davon ab, dass Macht die Fähigkeit einschränke, sich in andere hineinzuversetzen.

Hierzu sind zwei Dinge anzumerken: Erstens war der Sensibilitätsverlust ganz einfach auszulösen. Rein die *Erinnerung* daran, Macht über andere zu haben, reichte aus, um das Verhalten zu verändern. Diese Sensibilität ist übrigens ein Phänomen, auf das wir noch öfter stoßen werden. Zweitens die *eingeschränkte Fähigkeit, sich in andere hineinzuversetzen.*

Hierbei handelt es sich um das charakteristische Theory-of-Mind-Verhalten. Dieser Punkt ist wichtig, denn er deutet auf etwas hin, das von Neurowissenschaftlern getestet werden kann, die mit der bildgebenden Darstellung von Nervengewebe ihre Brötchen verdienen. Dank ihrer Bemühungen wissen wir, wo im Gehirn das Theory-of-Mind-Verhalten entsteht. Es wird durch eine Reihe von neuronalen Schaltkreisen vermittelt, die man als Mentalisierungsnetzwerk bezeichnet. Dieses Netzwerk besteht aus einem breiten Spektrum von Nervenarealen mit schwer auszusprechenden Bezeichnungen, vom dorsomedialen präfrontalen Kortex (eine hinter den Augen liegende Region) bis zum unglücklich benannten Precuneus (eine Region in der Nähe des höchsten Punkts am Kopf).

Das führt uns zu einer sehr wichtigen Frage: Können wir einen Blick in das Gehirn von Menschen werfen, die Macht erlangt haben, um zu sehen, wie ihr Mentalisierungsnetzwerk funktioniert? Liegt der Grund dafür, dass mit zunehmender sozialer Macht die Fähigkeit abnimmt, sich in andere hineinzuversetzen, an einem metaphorischen Kurzschluss im Mentalisierungsnetzwerk?

Die Antwort lautet ja. Der Titel einer Arbeit der Neurowissenschaftlerin Keely Muscatell bringt es auf den Punkt: „Sozialer Status moduliert neuronale Aktivität im Mentalisierungsnetzwerk." Eine atemberaubende Erkenntnis: Macht verdrahtet das Gehirn buchstäblich neu.

## Die Macht der Empathie

Macht wirkt sich also auf die Theory of Mind aus. Darüber hinaus wirkt sich Macht auch auf eine kognitive Vorrichtung aus, die sich – nach ihrer Laiendefinition – sehr nach Theory of Mind anhört. Die Vorrichtung, die ich meine, heißt Empathie, und die besagte Laiendefinition lautet: „Die Fähigkeit, den emotionalen Raum einer anderen Person zu erkennen und mit ihr zu teilen." Damit ist gemeint, sich in die Situation und den Erfahrungshintergrund eines anderen Menschen hineinversetzen zu können.

Hier ein Beispiel zur Veranschaulichung. Eine Mutter ist mit ihrem Kleinkind und ihrem zwei Wochen alten Säugling in einem Einkaufszentrum unterwegs. Sie schiebt den Kinderwagen mit dem schreienden Säugling vor sich her und versucht, etwas zu essen aus der Tasche zu kramen, während das Kleinkind an ihrem T-Shirt zerrt. Da bemerkt sie, dass sie nicht an die Ersatzwindeln für das Baby gedacht hat. Sie fühlt sich plötzlich überfordert, setzt sich auf eine Bank und vergräbt den Kopf in den Händen. Eine ältere Dame in der Nähe sieht gleich, was mit ihr los ist, obwohl sie der Mutter nie zuvor begegnet ist. Sie erkennt ihre Verzweiflung, hört das Kleinkind quengeln und kann daraus auf die Situation schließen. Aber noch etwas geschieht mit der Frau. Sie kann den Stress der Mutter förmlich *fühlen*, fast so, als wäre es ihr eigener. Die Frau steht auf und schaukelt den Säugling im Kinderwagen, während die Mutter sich um das Essen für das ältere Kind kümmert. Mit einem „Ich weiß, dass es gerade schwer ist, aber es wird auch wieder leichter" übergibt sie dann den Kinderwagen wieder an die Mutter und verschwindet so plötzlich, wie sie gekommen war.

Die großherzige Fremde hat ganz offensichtlich Empathie gezeigt. In der Forschung werden zwei Arten von Empathie unterschieden. Als *kognitive Empathie* bezeichnet man die Bereitschaft, das emotionale Erleben eines anderen zu verstehen (einige Forscher halten das für die gute alte Theory of Mind). Die ältere Frau zeigte ihre Fähigkeit zur kognitiven Empathie, indem sie das Gesicht, die Körperhaltung und die Veränderung in der Stimme der Mutter deutete. Von *affektiver Empathie* spricht man dagegen, wenn Gefühle einer anderen Person übertragen werden. Auch das war in unserem Beispiel der Fall: Die ältere Dame fühlte sich fast so, als wäre sie an der Stelle der Mutter.

Wissenschaftler haben herausgefunden, dass mächtige Menschen eine geringere Empathiefähigkeit haben, unabhängig davon, welche der beiden Varianten gemessen wurde. Um das zu erklären, haben sie die großen biologischen Geschütze aufgefahren. Ich spreche von bildgebenden Verfahren zur Darstellung von Strukturen des Nervensystems oder kurz: Neuroimaging.

In einem Experiment wurden die Empathiezentren im Gehirn von Menschen aus unterschiedlichen sozioökonomischen Verhältnissen untersucht, und zwar während die Testpersonen sich herzzerreißende Bilder von Kindern auf einer Krebsstation ansahen. Je ärmer die Probanden waren, desto *mehr* Aktivität zeigte ihr Empathiezentrum. Je wohlhabender sie waren, desto *weniger* Aktivität war im Empathiezentrum zu beobachten.

Die vorhin schon erwähnte Neurowissenschaftlerin Keely Muscatell fand heraus, dass reiche Menschen die inneren Beweggründe und Absichten anderer nicht so leicht verstehen können. Dieser Mangel an Empathie konnte bereits bei den Kindern von Personen mit hohem sozioökonomischem Status ab einem Alter von ca. vier Jahren festgestellt werden.

Forscher an der Arizona State University erfassten Veränderungen der Empathie anhand von Veränderungen in der Oberflächenelektrizität der Kopfhaut (Gehirnwellen). Mithilfe der EKP-Technologie (ereigniskorrelierte Potenziale) – bei der die Messung über eine Art Haube erfolgt, die an ein Haarnetz erinnert – fanden die Forscher heraus, dass die Empathienetzwerke mächtiger Menschen einfach weniger aktiv sind. Sie zeigten auch, dass mächtige Menschen sich ihres Defizits so gut wie gar nicht bewusst sind und sich für genauso empathisch wie jeder andere halten. Die Neurowissenschaft hat jedoch eindeutig belegt, dass dies nicht der Fall ist.

Wenn reiche, mächtige Menschen *weniger* empathisch sind, ist Empathie bei weniger mächtigen Menschen dann *stärker* ausgeprägt? Die Antwort lautet ja. Forscher haben gezeigt, dass Personen mit niedrigerem sozioökonomischem Status bei Tests zur Empathiegenauigkeit (ja, das gibt es!) besser abschneiden als mächtige Personen. Diejenigen mit geringerer sozialer Macht können emotionale Informationen auch bei realen Interaktionen zuverlässiger entschlüsseln.

Um zu diesen Ergebnissen zu gelangen, sind die Forscher weiter gegangen, als nur die Veränderungen der Oberflächenelektrizität auf der Kopfhaut zu betrachten. Sie haben auch in Echtzeit direkt ins Innere des Gehirns geschaut. Die Ergebnisse sind erschreckend konsistent und sehr aufschlussreich.

## Empathie spiegeln

Lässt sich eine Echtzeit-Aufnahme des empathischen Gehirns machen? Ja, erstaunlicherweise ist das möglich. Mit nicht invasiven Bildgebungsverfahren wie der funktionellen Magnetresonanztomografie (fMRI), die Veränderungen des Blutflusses im Gehirn mit einem externen Magneten misst, können Wissenschaftler die Aktivität im Inneren des Gehirns erfassen. Diese leistungsstarke Technologie wurde anhand der Vorgänge im Gehirn von Menschen trainiert, die sich empathisch verhalten. Dabei ist man auf eine Reihe von neuronalen Netzen gestoßen, die nach etwas benannt wurden, das in den meisten Umkleidekabinen zu finden ist: Spiegel. Aufgrund ihrer reflektiven Kraft werden diese bemerkenswerten Schaltkreise als *Spiegelneuronen* bezeichnet.

Es handelt sich dabei um spezialisierte neuronale Netzwerke, die sehr eigenartig auf Informationen aus der Außenwelt reagieren: Sie spiegeln die Aktivität der beobachteten Aktion und verhalten sich so, als ob der „Besitzer" der Spiegelneuronen die Aktivität selbst durchleben würde (jetzt wissen Sie auch, warum man diesen Begriff verwendet). Ein Beispiel: Wenn Sie Aufnahmen von Menschen sehen, die eine Grippeimpfung bekommen, reagieren Ihre Spiegelneuronen so, als hätten Sie sich ebenfalls impfen lassen. Dementsprechend zucken Sie zusammen. Sowohl die Reaktion als auch das Zusammenzucken lassen sich mit bildgebenden Verfahren im Gehirn darstellen – was sehr nützlich ist, um sowohl die neuronalen Schaltkreise der kognitiven Empathie (Theory of Mind) als auch die der affektiven Empathie (der Gefühlsreaktion) zu erkennen.

Eine kanadische Forschergruppe nutzte die Reaktivität der Spiegelneuronen, um zu beobachten, was Macht mit unserem Gehirn anstellt, und entwickelte dazu ein ähnliches erfahrungsbasiertes Priming-Experiment wie Galinsky. Einige Probanden wurden gebeten, einen Aufsatz über eine Zeit zu schreiben, in der jemand Macht über eine andere Person ausübte. Anschließend wurden die Gehirne der Versuchspersonen Tests zur Messung der Aktivität ihrer Spiegelneuronen unterzogen. Und siehe da: Ihre Spiegelsysteme sprangen an und kletterten auf einen Wert von ca. 30 (was hoch ist).

Andere Probanden wurden gebeten, einen Aufsatz über eine Zeit zu schreiben, in der *sie selbst* Macht über eine andere Person hatten. Auch ihre Gehirnaktivitäten wurden untersucht, mit denselben Methoden wie die erste Gruppe. Ihre Spiegelneuronen reagierten überhaupt nicht. Die Aktivität der betreffenden Schaltkreise fiel sogar unter den Ausgangswert. Der Durchschnittswert lag bei *minus* 5 (das ist niedrig).

Genau wie in der anderen Verhaltensstudie ließ sich ein Einfluss durch Macht feststellen, selbst wenn sie nur als filigrane Erinnerung in Erscheinung trat.

Diese Studie war nur eine von vielen, die bestätigte, was Verhaltensforscher bereits zuvor gezeigt hatten: Macht beeinflusst die Fähigkeit der Menschen, auf ihre Welt zu reagieren. Allerdings wurde die Sache dieses Mal mithilfe von Neuronen untermauert. Spiegelneuronen messen zuverlässig die Fähigkeit eines Menschen, das Erleben anderer nachzuvollziehen. Macht zerstört diese Fähigkeit dagegen – und zwar ebenso zuverlässig.

Welche Folgen hat es, wenn sich dieses Beziehungsradar abschaltet? Ist es schlimm, sozial abzustumpfen, wenn man andere zu führen beginnt? Die Antwort lautet ja, und diese deprimierende Erkenntnis lässt sich auf verschiedene Weise messen. Unter anderem anhand der Bereitschaft zur Objektifizierung und einem überzogenen Anspruchsdenken. Beides können wir anhand eines Films über Bandproben veranschaulichen.

## Instrumente und Instrumentalität

Mit dem Film meine ich *Whiplash*, ein Drama aus dem Jahr 2014, das in einem extrem wettbewerbsorientierten und ziemlich realistisch dargestellten Musikkonservatorium spielt. Der Schauspieler J. K. Simmons bekam für den Film einen Oscar – und zwar absolut verdient! Er spielt Terence Fletcher, einen launischen Jazz-Lehrer mit einem Befehlston wie Attila der Hunnenkönig. Fletcher brüllt seine Schüler bei den Proben an, macht sich über ihr Gewicht lustig, schüchtert sie ein und demütigt sie. Nach einem wirft er sogar einen Stuhl, woraufhin dieser übt, bis die Finger bluten. Fletcher sagt, es sei seine Band, und er lasse nicht zu, dass sein Ruf von einem inkompetenten Kind beschmutzt werde.

Dieses Verhalten fordert seinen Tribut bei den Kindern. Die meisten lassen sich von Fletcher einschüchtern und zu Objekten degradieren, die einzig und allein für den guten Ruf eines lehrergewordenen Monsters einstehen sollen. Für das Grauen der Schüler gibt es viele Gründe. Der wichtigste davon ist Fletchers unheimliche

Fähigkeit, seine Schüler als reine Objekte zu betrachten – eine der vernichtendsten Auswirkungen, die Macht auf das Erleben des Menschen hat.

Was ist darunter zu verstehen? Ich definiere es gerne mit dem Wort *Instrumentalisierung* – vor allem, weil diese messbar ist. Darunter versteht man die Bereitschaft, Menschen als Instrumente zu betrachten, die für das Ziel eines Leaders nützlich sind. Beraubt man Untergebene des ihnen ureigenen Menschseins, werden sie einfach ein Mittel zum Zweck. Die Forschung belegt, dass Menschen, die Macht erwerben, dazu neigen, Untergebene eher als Instrumente denn als Menschen zu behandeln. In *Whiplash* ist mehrfach zu sehen, dass Schüler aus der Band fliegen, wenn sie nicht den richtigen Ton treffen, oder ersetzt werden, weil sie nicht schnell genug spielen. Sie werden nicht als menschliche Wesen betrachtet, sondern sind nur als Instrumente da – sowohl im wörtlichen als auch im übertragenen Sinn –, damit Fletchers Band gut klingt.

Es handelt sich um eine der wichtigsten Lektionen aus dem Stanford Prison Experiment, aber trotzdem besteht die Tendenz zur Instrumentalisierung überall dort, wo Menschen zu Macht kommen können: in Sportmannschaften, im geschäftlichen Kontext und sogar bei Bandproben. Eine bemerkenswerte Arbeit untersuchte Instrumentalisierung mithilfe von sechs verschiedenen Experimenten am Arbeitsplatz. Unter anderem wurde das Verhalten von Führungskräften gegenüber Mitarbeitern gemessen und Machtgefühle bei eigentlich machtneutralen Personen ausgelöst. Die Schlussfolgerung der Arbeit lautet: „In allen Untersuchungen führte Macht zu Objektifizierung, definiert als die Tendenz, sich sozialen Zielen eher auf Grundlage ihrer Nützlichkeit als nach dem Wert ihrer weniger nützlichen Attribute zuzuwenden."

Erschwerend kommt hinzu, dass sich Mächtige die Freiheit erlauben, andere als Objekte anzusehen, weil sie zunehmend das Gefühl haben, dass normale Verhaltensregeln für sie nicht mehr gelten. Diese Haltung ist so verbreitet, dass es einen eigenen Namen dafür gibt: *Hybris-Syndrom*. Mächtige Menschen fühlen sich aufgrund ihrer privilegierten Stellung zunehmend dazu berechtigt, sich nicht an Regeln halten zu müssen.

Woher wissen wir das? Die Überzeugung, ungestraft Regeln brechen zu können, wurde erstmals in den bereits erwähnten Priming-Experimenten nachgewiesen. Unter Laborbedingungen betrügen mächtige Personen mit 20 Prozent höherer Wahrscheinlichkeit (im Test ging es um Geldgewinne bei einer Verlosung). Menschen in Machtpositionen sind außerdem eher dazu bereit, Steuern zu hinterziehen, gestohlene Fahrräder zu behalten und Geschwindigkeitsbegrenzungen zu übertreten. Ihr Anspruchsdenken wirkt sich sogar auf soziale Beziehungen aus. Wie wir später sehen werden, begehen Mächtige beispielsweise viel häufiger Ehebruch und haben öfter ungeschützten Geschlechtsverkehr. Forscher formulieren das so:

> *... Menschen in Machtpositionen nehmen sich nicht nur, was sie wollen, weil sie es ungestraft tun können, sondern auch, weil sie intuitiv das Gefühl haben, dazu berechtigt zu sein.*

So kann beispielsweise ein Bandleader, der Wettbewerbe gewinnt, Übergriffe auf seine Schüler rechtfertigen und kommt mit einem erschreckenden Maß an Straflosigkeit davon. Schließlich leitet er ja die Band. Interessanterweise verhält es sich andersherum ganz ähnlich: Menschen, die nicht viel Macht haben, nutzen das bisschen Kontrolle, über das sie verfügen, oft nicht aus. Sie haben nicht das Gefühl, dazu berechtigt zu sein.

Ob sie nun die richtigen Töne treffen oder nicht: Untergebene ziehen zwangsläufig den Kürzeren, wenn Machthaber der Ansicht sind, sie seien dazu berechtigt, ihre Macht ungestraft auszuspielen.

## Der Mahlstrom

Es genügt also, Menschen Macht zu geben – und sogar, sie nur die Erinnerung an eine Machtsituation abrufen zu lassen –, damit sie ihr Verhalten verändern. Wie wirken sich all diese Erkenntnisse auf das Arbeitsumfeld aus?

Verhaltenstechnisch betrachtet, birgt eine frischgebackene Führungskraft jede Menge Katastrophenpotenzial. Wenn sie nicht aufpasst, kann sich ein gewaltiger Sturm mit gefährlicher Sogwirkung zusammenbrauen – vergleichbar mit einem Mahlstrom. Mit neuen Machtbefugnissen ausgestattete Menschen laufen Gefahr, beziehungstechnisch in einen Abwärtsstrudel zu geraten.

Vielleicht haben Sie an einem Ihrer Arbeitsplätze dieses Szenario schon einmal erlebt: Jemand gewinnt im Unternehmen an Macht, beispielsweise durch eine Beförderung. Infolgedessen werden die Eigeninteressen dieser Person immer stärker ersichtlich. Vielleicht neigt sie plötzlich vermehrt dazu, ethische Grenzen zu überschreiten. Sie konzentriert sich weniger darauf, wie es dem Team geht, dafür aber umso mehr darauf, wie es ihr selbst geht. Die Menschen in ihrem Umfeld beginnen sich darüber aufzuregen, teils ärgert es sie, manchmal sind sie auch neidisch.

Sobald dieser selbstsüchtige Strudel Fahrt aufnimmt, wird die mit neuer Macht ausgestattete Person immer unempfänglicher für derartige Sticheleien. Sie ist nicht mehr dazu in der Lage, die Mimik ihrer Untergebenen richtig zu deuten. Außerdem verliert sie den Blick für das, was sich im Innenleben anderer abspielt. Möglicherweise sind die Mitarbeiter irritiert über die neu entwickelte Ichbezogenheit der Führungskraft, die genau zu dem Zeitpunkt durchbricht, als sie selbst die Fähigkeit verliert, es zu bemerken.

Das Schlimme an all dem ist, dass der frischgebackenen Chefin die Gefühle der Untergebenen wahrscheinlich egal sind. Sie wissen ja: Macht erhöht die Bereitschaft, Mitarbeiter zu Objekten zu machen und sie als Instrumente des eigenen Willens statt als Menschen zu betrachten. Das ist eine grausame Entwicklung. Eine Person mit neuen Befugnissen verliert die Fähigkeit, sich in andere hineinzuversetzen, sowie die Fähigkeit, andere zu verstehen. Mit der Zeit verlieren Führungskräfte ihre Freunde am Arbeitsplatz. Bestenfalls schaffen sie es noch, Bündnisse mit anderen einzugehen.

Erschwerend kommt hinzu, dass gerade dann, wenn der emotionale Doppler abschaltet, ein überzogenes Anspruchsdenken einsetzt. Schließlich hat man ihnen das Führungszepter verliehen, und Regeln für Untergebene gelten nicht für den Führungskräfte-Adel. Und um noch einen draufzusetzen: Was bekommen beförderte Menschen normalerweise als Zeichen der Anerkennung? Mehr Geld – und dadurch noch mehr Möglichkeiten, das zu tun, worauf sie Lust haben.

Auch wenn diese verhaltenstechnischen Wetteraussichten schon ziemlich düster sind: Die brisanteste soziale Konsequenz des Mahlstroms haben wir noch nicht einmal gestreift, nämlich unangemessenes sexuelles Verhalten am Arbeitsplatz. Diese Konsequenz hat so verheerende Wirkungen, dass sich zu ihrer Bekämpfung eine nationale Bewegung formiert hat. Wie wir noch sehen werden, liegt auch der Ursprung dieses Fehlverhaltens in der Macht begründet. Um die Turbulenzen besser einordnen zu können, betrachten wir zunächst ein paar Zitate von Leuten, die sich mit Macht auskennen.

## Sänger, Schriftsteller, Eroberer und Außenminister

Zweimal wurde er als *Sexiest Politician Alive* ausgezeichnet, erst kürzlich und auch seinerzeit. Die Rede ist von dem ehemaligen US-Außenminister Henry Kissinger.

Dicke Brille, starker deutscher Akzent, drolliges Auftreten in der Öffentlichkeit – Sex ist wahrscheinlich *nicht* das Erste, was Ihnen in den Sinn kommt, wenn Sie an Kissinger denken. Dennoch war sein Privatleben über Jahre ein gefundenes Fressen für die Boulevardpresse. Auf die Frage, warum er mit der nächsten Hochzeit (er war geschieden) so lange gewartet habe, zitierte Kissinger Napoleon Bonaparte, der gesagt haben soll: „Macht ist das ultimative Aphrodisiakum."

Als Frau, die in den 2000er-Jahren im Musikbusiness durchstartete, weiß Janelle Monáe so ein, zwei Dinge über Sex und Macht. Ihr Song „Screwed" enthält eine Zeile, die häufig dem Schriftsteller Oscar Wilde zugeschrieben wird: „Alles dreht sich um Sex, nur nicht der Sex. Der dreht sich um Macht."

Auch wenn es vielleicht weder Monáe noch Kissinger wissen: Die Hirnforschung hat einiges in petto, was ihre Ansichten bestätigt. Die Erkenntnisse stammen aus verschiedenen Richtungen, sowohl den Verhaltenswissenschaften als auch der Biochemie – und von mehreren Kontinenten.

Wir beginnen mit einer Forschungsstudie des US-Bundesstaates Florida, an der sowohl Männer als auch Frauen teilnahmen. Anhand von Entscheidungssimulationen und Wortassoziationen („Was löst dieses Wort bei Ihnen aus?") überprüften Forscher die Hypothese, dass bei einer Person durch Machtgewinn ein „Paarungsmotiv" ausgelöst würde. Das ist ein darwinistisch anmutender Euphemismus für sexuelle Erregung. Bei den Versuchspersonen stieg die Wahrscheinlichkeit, ihre Beziehungen sexuell aufzuladen, im Durchschnitt um etwa 33 Prozent. Die Wissenschaftler stellten fest, dass „Macht über ein Mitglied des anderen Geschlechts zu haben, sexuelle Konzepte aktiviert ... was auf die Aktivierung eines Paarungsziels hindeutet". Sie kamen zu dem Schluss, dass „... es Macht war ..., die einen Anstieg der sexuellen Motivation bewirkte".

Die Forscher nannten dieses Konzept *sexuelle Überwahrnehmung*. Außerdem fanden sie heraus, dass Macht nicht nur sexuelles Begehren verstärkte. Sie führte auch zu einer verzerrten Selbstwahrnehmung, denn die Menschen hielten sich dadurch für sexuell attraktiver, als ihre Untergebenen sie einschätzten. Man bezeichnet dieses Konzept als *selbst wahrgenommener Paarungswert* und das dadurch erzeugte Gefühl als *sexuelle Erwartung*. Menschen mit übersteigerten sexuellen Erwartungen unterliegen Wahnvorstellungen. Aus ihrer Sicht sind sie irgendwie sexuell plötzlich hochattraktiv geworden, sodass sich ihre Untergebenen *natürlich* zu ihnen hingezogen fühlen. Interessanterweise stellten die Forscher fest, dass dieses Gefühl sowohl bei Männern als auch bei Frauen durch Macht ausgelöst wird.

Wir alle kennen die Eskapaden von Menschen in Machtpositionen. Dafür ist der berauschende Cocktail aus sexueller Überwahrnehmung (der Steigerung des sexuellen Appetits) und sexueller Erwartung (der eigenen Auffassung, sexuell attraktiver zu sein, als man tatsächlich ist) verantwortlich. Ein Bericht der *New York Times* aus dem Jahr 2018 zeigt, wie häufig es vorkommt, dass der Rausch nach Macht die Sinne vernebelt. In dem Artikel werden über 200 Personen – hauptsächlich männlichen Geschlechts – genannt, die wegen sexuellen Fehlverhaltens beschuldigt und daraufhin durch Rücktritt, Kündigung oder gar Verhaftung von ihren Ämtern entbunden wurden. Die #MeToo-Bewegung unterstreicht, wie häufig Macht missbraucht wird: Rücktritte, Entlassungen und Verhaftungen gibt es von der Vorstandsetage bis zum Klassenzimmer und von den Filmbossen in Hollywood bis zu den Machthabern in Washington, D.C.

Wenn Sex und Macht miteinander feiern, entfaltet sich ganz offensichtlich eine destruktive Wirkung. Beides in Kombination erzeugt eine so toxische – und mittlerweile so gut erforschte – Dynamik, dass es sich lohnt, einen Blick auf die Biochemie zu werfen.

## Die Hormone sind schuld

Die Verhaltensforschung, die Macht mit sexueller Überwahrnehmung verbindet, liefert belastbare Ergebnisse. Was ist mit der zugrunde liegenden Biochemie? Sind hier ebenfalls Veränderungen ersichtlich?

Genau so ist es. Wir richten unseren Fokus nun auf das endokrine System, ein Netzwerk aus Drüsen, das für die Hormonproduktion und -sekretion im Körper verantwortlich ist. Dabei werden wir uns speziell mit einem der vielleicht am meisten missverstandenen Hormone des Menschen beschäftigen: Testosteron.

Wie Sie wissen, gilt Testosteron traditionell als „männliches Hormon“. Tausende Fernsehspots zum Thema Testosteronmangel zeigen echte, sich auf die Brust trommelnde Kerle. Dieses Getrommel ist aber eigentlich fehl am Platz. Wie sich herausgestellt hat, kommt Testosteron nicht nur bei Männern vor. Es wurde schon vor Jahren nachgewiesen, dass das Hormon bei beiden Geschlechtern auf nachweisbarem Niveau vorhanden ist (wenngleich sich seine Rolle bei Frauen aufgrund des Menstruationszyklus etwas komplizierter gestaltet). Sobald das sexuelle Verlangen zunimmt, steigt der Testosteronspiegel an. Und zwar bei jedem von uns.

Die Psychologin Cordelia Fine weist in ihrem Buch *Testosterone Rex* darauf hin, dass der Irrglaube, Testosteron sei „reine Männersache“, nur einer von vielen Mythen ist, die sich um das Hormon ranken. Außerdem sei es zu stark vereinfacht, zwischen Testosteron und bestimmten Verhaltensweisen – etwa Aggression oder Erregung – einen direkten Zusammenhang herzustellen, egal für welches Geschlecht. Die Freisetzung von Hormonen müsse in Verbindung mit sozialen Kontexten betrachtet werden. Unser Körper reagiert dadurch auf bestimmte soziale Situationen, die er kontrollieren möchte.

Betrachten wir dazu ein Beispiel aus der Welt des Sports. Bei einem Forschungsprojekt der englischen Universität Cambridge wurde ein Ruderwettbewerb mit männlichen Teilnehmern absichtlich manipuliert. Die Wissenschaftler suggerierten einigen Athleten, dass sie den Wettbewerb gewonnen hätten (obwohl dies nicht der Fall war). Ganz egal: Ihre Testosteronwerte stiegen um 14,5 Prozent im Vergleich zur Kontrollgruppe, der gesagt wurde, sie hätten verloren. Infolgedessen sank der Testosteronspiegel in der Kontrollgruppe um über sieben Prozent.

Verhaltensmessungen, die parallel zu den biochemischen Auswertungen durchgeführt wurden, zeigten die Auswirkungen dieses erhöhten Testosteronspiegels auf die Erregung. Die Forscher stellten fest, dass sich männliche Gewinner weiblichen Personen eher mit der Absicht auf unverbindlichen Sex näherten. Der selbst wahrgenommene Paarungswert dieser Männer war ebenfalls höher (kommt Ihnen das bekannt vor?). Um die Wissenschaftler zu zitieren:

*... die Männer ... [waren] eher bereit, auf attraktive Frauen zuzugehen, um sexuelle Kontakte zu knüpfen.*

Darüber hinaus bestätigten die Ergebnisse, was Fine in ihrem Buch behauptet. Die Forscher befanden, dass „das endokrine System, das die Hormone steuert, auf situative Veränderungen reagiert".

Dieses letzte Zitat ist sehr wichtig. Ein Machtgewinn ist genau die Art von situativer Veränderung, die unser endokrines System auf Hochtouren bringt und es Hormone wie Testosteron ausschütten lässt.

Warum bewirkt Macht so außergewöhnliche Dinge bei ganz gewöhnlichen Menschen und greift sogar in unsere Biochemie ein? Dafür gibt es keine einfache Erklärung, aber man vermutet, dass mehrere Faktoren dafür verantwortlich sind. Wir treffen auch hier auf das Produkt unserer evolutionären Vergangenheit: unser Bedürfnis nach einem sozialen Miteinander, gepaart mit der Besessenheit unseres Gehirns, möglichst sparsam mit seiner Energie umzugehen.

## Freundschaften kosten Energie

Wir Menschen sind zweifelsohne eine soziale Spezies, kontaktfreudig wie Grußkarten, und das nicht einfach so. Wie wir schon gehört haben, war die Tatsache, dass wir soziale Wesen sind, aus evolutionärer Sicht entscheidend für unser Überleben. Warum also ist Macht so gut darin, die Theory of Mind und die Empathie mächtiger Menschen zu beeinträchtigen? Die Antwort darauf ist beschämend: weil wir uns in hohem Maße wie Affen verhalten.

Schon vor langer Zeit haben Forscher festgestellt, dass wir wie viele andere Primaten soziale Hierarchien aufbauen. Allerdings haben wir uns eingehender damit beschäftigt als unsere genetischen Cousins, darum sind unsere Hierarchien um einiges ausgefeilter. Wir bringen eine enorme Menge an Zeit damit zu, uns zu fragen, wie andere uns sehen, wie sich das Verhalten anderer vorhersagen lässt und vielleicht auch wie wir andere am besten manipulieren können. Wir haben das Konzept des Verbündeten entwickelt. Und das des Feindes.

Sozial zu sein, ist bioenergetisch betrachtet ein teurer Spaß. Das Gehirn verschlingt 20 Prozent der Energie, die wir verbrauchen (obwohl es nur zwei Prozent unseres Körpergewichts ausmacht). Ein Großteil dieser Energie wird für den Aufbau und die Pflege sozialer Beziehungen aufgewendet. Das ist einer der Gründe, warum Menschen so oft sagen, dass sie nach einem gesellschaftlichen Ereignis wie einer Party erschöpft sind.

Warum sind wir dazu bereit, einen so hohen Preis zu bezahlen? Die Antwort hierauf ist ebenfalls beschämend. Soziale Beziehungen sind so wichtig, weil wir biologische Schwächlinge sind – ja, immer noch. Von unseren winzigen Zähnen bis zu unseren zarten Fingern sind wir für den Kampf gegen die meisten großen Lebewesen auf diesem Planeten denkbar schlecht ausgestattet. Angesichts dessen fragt man sich schon, wie wir an die Spitze der Nahrungskette gelangen konnten.

Aber wir haben es geschafft, zum Spitzenprädator zu avancieren. Unsere bestens versorgten Gehirne haben Massen an Energie eingesetzt, um zu lernen, mit anderen zu kooperieren. Die Theory of Mind und ihre Cousine ersten Grades, die Empathie, haben wahrscheinlich den Großteil der Arbeit erledigt. Denn wenn man die Absichten einer Person vorhersagen kann, kann man auch abschätzen, wie sie unter bestimmten Umständen reagieren wird, und Empathie ermöglicht es einem, während dieser Prognose freundlich zu bleiben.

In der rauen Welt der Serengeti ist das ein bemerkenswert nützliches Talent. Denken wir an die Koordination der Jagd oder das Beaufsichtigen der Kinder. Im Grunde genommen verdoppelt man seine Biomasse, aber nicht, indem man seine Biomasse tatsächlich verdoppelt, sondern indem man ein Bündnis mit jemand anderem schließt, vielleicht sogar eine Freundschaft. Diese Idee ist in der sogenannten *Social-Brain-Hypothese* verankert.

Was hat das alles damit zu tun, dass sich die Beziehungskompetenz mächtiger Menschen verschlechtert? Dafür gibt es wahrscheinlich mehrere Gründe, darunter die berühmte Erkenntnis, dass es an der Spitze einsam zugehen kann. Natürlich sehen sich frischgebackene Führungskräfte in ihren Beziehungen mit ganz neuen Herausforderungen konfrontiert. Die Leute fangen an, nett zu ihnen zu sein. Dabei bemühen sie sich nicht um Freundschaft, sondern um ihre Gunst. Wenn dies regelmäßig vorkommt, wie es oft der Fall ist, wird sich bei der Führungskraft die Überzeugung einstellen, dass alle Menschen Hintergedanken haben. Infolgedessen fühlt sie sich isoliert, interagiert weniger mit anderen und verliert aufgrund mangelnder Übung schließlich an sozialen Kompetenzen.

Aber das ist nur ein Teil der Geschichte. Andere Untersuchungen deuten darauf hin, dass die Einsamkeit an der Spitze ein geringeres Problem ist als gemeinhin angenommen. Eine Forschergruppe, die Einsamkeit und Autorität in Führungspositionen untersuchte, drückt es so aus:

> *Wir vermuten, dass die psychologischen Vorteile der Macht das menschliche Bedürfnis nach Zugehörigkeit zu sozialen Gruppen ausgleichen können.*

Mit anderen Worten: Wer Bündnisse zum Überleben nutzt, braucht keine Verbündeten mehr, sobald es nicht mehr ums Überleben geht. Die menschliche Psychologie passt sich entsprechend an. Die Forschergruppe erklärt weiter: „Die Ergebnisse zeigen eindeutig: Macht verringert Einsamkeit, indem sie das empfundene Bedürfnis nach Zugehörigkeit zu anderen reduziert.“

Betrachten Sie dies aus evolutionärer Perspektive: Sobald Ihre Macht gewährleistet, dass Sie keine anderen Menschen zum Überleben benötigen, ist der negative Anreiz des Gehirns, Sie sozialer werden zu lassen, nämlich die Einsamkeit, nicht mehr so nützlich. Auch die aktiven Instrumente zur Schaffung von Bündnissen, Theory of Mind und Empathie, sind nicht mehr so wichtig. Warum sollte man unverhältnismäßig viel Energie für die Aufrechterhaltung von Allianzen aufwenden, wenn man sie nicht braucht? Inmitten der darwinistischen Dunkelheit sind Freunde für Mächtige nicht ganz so nützlich. Es ist drastisch, bedenklich, aber im Grunde genommen vorhersehbar: In der rauen Welt der Serengeti überlassen die Spezies immer dem Überleben das Kommando.

## Mit Entlassungen umgehen

Es könnte noch einen weiteren Grund geben, warum Macht und Empathie in gegenläufiger Beziehung zueinander stehen. Er hat mit einer Aufgabe zu tun, die viele Führungskräfte als den schwierigsten Teil ihrer Arbeit bezeichnen: Menschen zu entlassen.

Die erste Reaktion von Menschen, die bei der Entlassung anderer an den Hebeln der Macht sitzen, ist häufig ein innerer Konflikt. Nur selten sind Führungskräfte immun gegen das Gefühl, „Blut an den Händen" zu haben, zumindest ganz am Anfang. Viele haben mit depressiven Symptomen zu kämpfen, etwa Schlafstörungen oder stressbedingten Beschwerden. Damit Führungskräfte nicht von ihrer Verantwortung erdrückt werden, brauchen sie Bewältigungsstrategien.

Häufig treten sie den taktischen Rückzug an. Sie beginnen sich emotional von den Mitarbeitern zu distanzieren, die unter den Folgen ihrer Autorität zu leiden haben. Oder sie tun das, was Soldaten beim Militär antrainiert bekommen: Sie fangen an, Menschen nicht mehr als Menschen, sondern als Ziele zu betrachten. Auch die Sprache der Vorgesetzten wird distanzierter und kann ins Technische abgleiten. In Gesprächen verwenden sie zunehmend Euphemismen („Wir bewegen uns in eine andere Richtung"), als ob sie der scharfen Axt, die sie zu schwingen gezwungen sind, dadurch etwas von ihrer Schärfe nehmen könnten.

Es funktioniert. Nach einer gewissen Zeit steht der Empathieschalter auf Aus. Das ist nicht verwunderlich, wenn man bedenkt, dass Macht die Menschen bereits dazu bringt, andere in ihrem Umfeld als Objekte zu betrachten. In seiner Extremform wird dieses Verhalten als *moralischer Rückzug* bezeichnet. Die Führungskraft verschließt sich emotional, was die soziale Abstumpfung erklären könnte, auf die man bei mächtigen Menschen so häufig trifft.

Die Tatsache, dass Führungskräfte im Hinblick auf Gefühle immer inkompetenter werden, ermöglicht ihnen, sich emotional immer mehr zurückzuziehen. Es kann auch zu leichten kognitiven Verzerrungen kommen: Die Folgen des eigenen Handelns werden einfach heruntergespielt. Vielleicht denken sie, wenn sie ausblenden, was sie anrichten, sind sie nicht dafür verantwortlich.

Aus Sicht der Hirnforschung erinnert das Ganze an Energiesparen. Und genau das ist es auch. Es geschieht überall auf der Welt, und das – der gängigen Forschungsmeinung zufolge – schon seit einer halben Ewigkeit. Wahrscheinlich ist es der Preis, den wir Menschen dafür bezahlen, die Welt – und uns gegenseitig – beherrschen zu können.

## Verhärtete Hierarchien

Unsere Tendenz zum Energiesparen mag erklären, warum Macht zum Verlust von Beziehungsfähigkeit führt, aber was ist mit ihren Auswirkungen auf das Sexualleben? Gibt es darwinistische Gründe dafür, dass Macht einen Vorrat an Viagra in ihrem Verhaltensrepertoire bunkert?

Ja, den meisten Evolutionsbiologen zufolge gibt es sie. Diese Gründe haben damit zu tun, wie die meisten sozialen Säugetiere überlebt haben, ohne so groß werden zu müssen wie ein Mastodon (die Sache mit der Verdopplung der Biomasse). Ihre Argumentation leuchtet ein: Wenn dominante Alpha-Primaten den ganzen Sex abbekommen, bekommen sie auch die ganzen Nachkommen – und das führt zu einer stärkeren Heimmannschaft mit besseren Überlebenschancen.

Gilt das auch bei Menschen? Die Antwort ist ein berechtigtes Vielleicht.

Menschen haben komplexere soziale Strukturen, sodass sich dieser Befund nicht eins zu eins übertragen lässt. Der Neurowissenschaftler Robert Sapolsky aus Stanford weist zu Recht darauf hin, dass eine Person in einem bestimmten sozialen Kontext einen niedrigen Status besitzen, aber in einem anderen absolut dominant sein kann. Diese Komplexität entkoppelt uns jedoch nicht vollständig von unseren urzeitlichen Verwandten.

Die meisten Wissenschaftler sind der Meinung, dass es sich bei den gemeinsamen Vorfahren von Schimpansen und Menschen (wir entwickelten uns vor sechs bis neun Millionen Jahren auseinander) um Alpha-Charaktere handelte. Viele glauben außerdem, dass diese ungleiche Verhaltensstruktur lange Schatten wirft, die bis ins 21. Jahrhundert reichen. Die konsultierte Forschung legt nahe, dass da etwas dran sein könnte.

Sobald man mächtiger wird, bietet sich eine Option zur Sicherung des Überlebens durch die gesteigerte Bereitschaft, seine Beziehungen sexuell aufzuladen. Dadurch steigt die Wahrscheinlichkeit, beim Kontakt mit anderen Erregung zu verspüren. Erst kommt die Macht und mit der ihr folgenden Lust dann die Superbabys.

Aus diesen Gedanken lassen sich überprüfbare Hypothesen ableiten. Über zwei von ihnen haben wir bereits gesprochen: die sexuelle Überwahrnehmung (je mehr Macht man erwirbt, desto höher das sexuelle Interesse) und der selbst wahrgenommene Paarungswert (je mächtiger man wird, für umso sexuell attraktiver hält man sich). Diese Verhaltensweisen treten nicht im evolutionären Vakuum auf. Sie alle sind darauf ausgerichtet, unserer in freier Wildbahn so schwachen menschlichen Spezies – die im Übrigen nur wenige Tage im Monat fruchtbar ist –, die bestmöglichen Überlebenschancen zu bieten. Die Tatsache, dass wir nicht mehr in der Savanne leben, hat unser Gehirn bislang nicht davon überzeugt, sich von dieser Vorstellung zu lösen.

## Prophylaktische Erziehung

Gibt es denn etwas, das unser Gehirn davon überzeugen kann, der Macht nicht auf den Leim zu gehen?

Die Antwort lautet ja. Glücklicherweise haben die Verhaltenswissenschaften etwas dazu zu sagen. Tatsächlich ist die Lösung im Gegensatz zu so vielen anderen Bemühungen der translationalen Forschung eigentlich ganz einfach: Man muss die Menschen warnen.

Bevor neue Führungskräfte ihre neue Position antreten und zum ersten Mal die Hebel der Macht bedienen, muss sich jemand mit ihnen zusammensetzen und sie warnen. Sie müssen im Voraus wissen, was Macht statistisch gesehen mit ihnen und den Beziehungen zu ihren Untergebenen anstellen kann. Sie brauchen Hinweise auf ihre möglichen Schwachstellen. Jemand muss ihnen sagen, dass ihr Anspruchsdenken und ihre Überzeugung, ungestraft Regeln brechen zu können, stark zunehmen werden, und ihnen erklären, wie es zu sexueller Überwahrnehmung kommt. Frischgebackene Führungskräfte sollten sich näher mit den Daten befassen, die diesem Kapitel zugrunde liegen oder, noch einfacher, dieses Buch lesen.

Es gibt einen empirischen Grund dafür, einen solchen Moment der Erleuchtung zu inszenieren. Ob Sie nun einen Mitarbeiter befördern wollen oder selbst eine Beförderung erhalten haben: Allein das Wissen um die moralisch verwerflichen und potenziell verlustreichen Versuchungen der Macht kann ein wirksamer Schutz davor sein. Die Forschung hat sogar einen Begriff für diese Art von Prävention: *prophylaktische Aufklärung*.

Sie sind nicht überzeugt davon, dass es so einfach ist? Im medizinischen Bereich hat diese Methode wahre Wunder bei der Prävention von Behandlungsfehlern bewirkt. Forscher fanden heraus, dass dic häufigsten Klagen aufgrund von Kunstfehlern auf Kommunikationsprobleme im Vorfeld des chirurgischen Eingriffs zurückzuführen waren. Es handelte sich im Grunde genommen um Varianten von „Der Arzt hat mich nicht davor gewarnt, was passieren könnte".

Da kam den Forschern eine geniale Idee. Was wäre, wenn Ärzte ihre Patienten tatsächlich im Vorfeld warnen würden? Wenn sie die Kranken vorab mit Wissen versorgen würden? Und was wäre, wenn Ärzte Patienten im Falle eines Fehlers darüber informieren würden, statt ihn zu verheimlichen? Wenn sie sich sogar dafür *entschuldigten*?

Die Ergebnisse waren verblüffend.

Patienten, die vor dem Eingriff über ihre Operation aufgeklärt wurden, litten nach der Operation seltener unter Angstzuständen und Depressionen, benötigten weniger Schmerzmittel, hatten weniger Komplikationen und – zur Freude der Verwaltung – einen kürzeren Krankenhausaufenthalt. Am Krankenhaus der University of Michigan ging die Anzahl der Gerichtsverfahren um fast zwei Drittel zurück. Die Anwaltskosten sanken um 61 Prozent. Spätere Prüfungen ergaben, dass die Anzahl der Klagen (pro Patient) um 58 Prozent zurückging, obwohl die medizinischen Versorgungsleistungen im gleichen Zeitraum um 72 Prozent zunahmen. Also mehr Leistung, und trotzdem geringere Kosten.

Das Fazit? Wir sehen, dass es sich lohnt, die Menschen im Vorfeld auf Macht vorzubereiten. Und Wissenschaftler haben sogar herausgefunden, warum es funktioniert. Als ähnliche Programme an der Universität Heidelberg eingeführt wurden, stellten die Forscher fest, dass „... Aufklärung und Unterstützung einen positiven Effekt auf das physische und psychische Wohlbefinden chirurgischer Patienten vor und nach der Operation haben, weil Aufklärung und Unterstützung das Kontrollgefühl des Patienten aufrechterhalten oder verstärken". Mit anderen Worten: Prophylaktische Aufklärung funktioniert, weil sie uns einen Wissensvorsprung gibt, ähnlich wie Unwetterwarnungen ermöglichen, sich auf herannahende Stürme vorzubereiten.

Krankenzimmer sind allerdings nicht dasselbe wie Chefetagen. Würde es ein ähnliches Kontrollgefühl hervorrufen, wenn man neuen Führungskräften Wissen darüber an die Hand gäbe, was vermutlich mit ihnen passieren wird, wenn sie Macht erwerben? Könnte prophylaktische Aufklärung auch im Arbeitsleben funktionieren?

Dass Medizin und Wirtschaft fachlich weit auseinanderliegen, scheint keine Rolle zu spielen, denn die Antwort lautet glücklicherweise ja.

## Schwierige Veränderungen

Verhaltensweisen ändern nicht einfach den Kurs und ziehen von dannen, nur weil man sie dazu auffordert. Leider sind erfolgreiche Veränderungen ziemlich selten. Trotzdem sind sie keineswegs ausgestorben.

Die wenigen Programme, die in der Lage sind, die Kollateralschäden von Macht zu verhindern, haben größtenteils mit Wissenstransfer zu tun. Eine interessante Studie befasste sich mit der Frage, wie man dafür sorgen kann, dass Beziehungen zwischen Männern und Frauen professionell bleiben, vor allem, wenn eine asymmetrische Machtverteilung besteht. Es handelt sich um eine Arbeit des Psychologen David Smith und des Soziologen Brad Johnson. Darin wurde die heikelste aller beruflichen Interaktionen untersucht: Mentoring – genauer gesagt, das Mentoring von *Frauen* durch *Männer*.

Die Wissenschaftler stellten fest, dass die Beziehungen zwischen Mentor und Mentee am stabilsten auf professionellem Kurs gehalten wurden, wenn die Teilnehmer im Vorfeld über mögliche Fallstricke in Bezug auf ihr Verhalten Bescheid wussten. Außerdem fanden sie heraus, dass sich Männer und Frauen, die über verhaltenswissenschaftliche Erkenntnisse zum Thema Anziehung – sexuelle Überwahrnehmung und emotionale Verletzbarkeit – Bescheid wussten, mit geringerer Wahrscheinlichkeit auf unangemessene Beziehungen am Arbeitsplatz einließen. Smith und Johnson veröffentlichten ihre Ergebnisse in der *Harvard Business Review* und führten sie anschließend in ihrem Buch *Athena Rising* näher aus.

Menschen über die Hintergründe ihres Verhaltens aufzuklären *funktioniert*. Das prophylaktische Wissen genügt, um den Umgangston in Beziehungen freundlich, aber professionell zu halten. Es entspricht in etwa dem, was Ärzte getan haben, um seltener verklagt zu werden. Die beste Lösung besteht deshalb darin, Menschen, die befördert wurden, zu erklären, was wahrscheinlich mit ihnen geschehen wird.

Ich muss dazu sagen, dass konfirmatorische Studien in diesem Bereich nicht gerade dicht gesät sind. Diese Art der Verhaltensforschung ist hoffnungslos unterfinanziert. Außerdem sollte ich erwähnen, dass Aufklärung zwar mächtig, aber nicht allmächtig ist. Wenn die Zielgruppe den von unabhängigen Fachleuten geprüften Daten keinen Glauben schenkt, wird ihr Unglaube nur noch verstärkt, wenn man ihr solche Fakten präsentiert. Es sind dann nur weitere „Fake News". Nur wer der Wissenschaft vertraut, wird durch Kenntnis dieser Mechanismen das eigene Verhalten verändern.

Wenn Mitarbeiter, Führungskräfte und Unternehmen diese Forschungsergebnisse ernst nehmen und entsprechende Inhalte als Frühwarnsysteme in ihre Führungskräfteprogramme integrieren, werden sie wahrscheinlich eine Menge Geld sparen und, wenn sich dadurch die Überzeugungen und Verhaltensweisen der verantwortlichen Manager verändern, auch eine Menge Herzschmerz. Die Daten sind mächtig genug, um die Monster, die Macht hervorbringen kann, in Schach zu halten und dafür zu sorgen, dass bei Entscheidungsträgern gar nicht erst der Wunsch entsteht, der Herr aller Tiere der Erde zu werden. Oder der König von Schottland.

**MACHT**

**Brain Rule:** Macht ist wie Feuer. Sie kann für warme Mahlzeiten sorgen oder Ihr Haus niederbrennen.

- Macht ist die Fähigkeit, den Zustand oder die Befindlichkeit eines anderen durch die Steuerung von Ressourcen und Sanktionen zu verändern.
- Macht kann dazu führen, dass Sie Ihre eigenen Interessen über die einer bestimmten Gruppe stellen. Sie kann Ihre Fähigkeiten zum Entschlüsseln von Emotionen und Ihr Empathieempfinden beeinträchtigen, Ihren sexuellen Appetit steigern, Ihnen vorgaukeln, Sie wären für andere sexuell attraktiver, als Sie tatsächlich sind, und Sie sogar dazu bringen, gegen Ihre ethischen Prinzipien zu verstoßen.
- Reiche Menschen lügen eher bei Verhandlungen, betrügen, wenn sie glauben, dass sie einen Preis gewinnen könnten, und nehmen sich selbst dann bestimmte Güter, wenn diese für andere wichtig sind.
- Um sich vor den Gefahren der Macht zu schützen, sollten Sie sich näher darüber informieren und Ihre Erwartungen entsprechend anpassen.
- Warnen Sie Mitarbeiter, die (durch eine Beförderung oder Gehaltserhöhung) auf dem Weg zu mehr Macht sind, vor potenziellen Fallstricken. Je mehr sie darüber wissen, desto geringer ist ihre Wahrscheinlichkeit, sich darin zu verheddern.

# 7
# Präsentationen

**Brain Rule:**

Berühren Sie Ihr Publikum emotional,
dann haben Sie seine Aufmerksamkeit –
zumindest für zehn Minuten.

Wer hätte gedacht, dass eine Fernsehwerbung mit Limo, kitschiger 70er-Jahre-Diskomusik und einem Fußballtrikot einmal zu den kultigsten Werbespots aller Zeiten gehören würde?

Der Spot beginnt im Spielertunnel eines Stadions. Auf der rechten Seite steht ein etwa neunjähriger Junge, der den Protagonisten des Werbespots in der Hand hält: eine Flasche Cola. Aber der eigentliche Star befindet sich auf der linken Seite: Mean Joe Greene, einer der aggressivsten und gefürchtetsten American-Football-Spieler von 1979. Man hätte fast meinen können, er wäre schon mit Schulterpolstern zur Welt gekommen. In diesem Moment wirkt er allerdings nicht besonders furchteinflößend. Mit gesenktem Kopf humpelt er verletzt den Gang entlang, sein zerrissenes Trikot hat er über eine Schulter geworfen.

„Mr. Greene? Mr. Greene?", ruft der Junge. Sichtlich genervt bleibt Greene stehen.

„Ja", blökt er zurück.

„Brauchen Sie Hilfe?", fragt der Junge unschuldig. Greene winkt ab und humpelt weiter. Der Junge lässt sich nicht beirren und verkündet: „Ich wollte Ihnen nur sagen, dass Sie für mich der Allergrößte sind!" Dann fragt er: „Möchten Sie meine Cola? Das ist schon OK. Sie können sie haben."

Widerwillig stoppt der Hüne erneut. Als er sieht, dass der Junge ihm die Flasche reicht, werden seine Gesichtszüge weicher. Greene setzt zu einem kräftigen Schluck an. Das Getränkelogo ist dabei deutlich zu erkennen. Während er die Flasche leert, wird die Diskomusik lauter. Gleichzeitig seufzt der Junge und wendet sich enttäuscht ab, um wieder zu gehen.

„Hey, Kleiner", ruft da der Football-Star, dessen grimmige Miene wie weggeblasen ist. „Fang!" Er wirft ihm sein Trikot zu und erntet dafür ein strahlendes Lächeln, das die Herzen und Gemüter aller Zuschauer, einschließlich der Werbeprofis, eroberte. Der Spot räumte 1979 fast alle namhaften Auszeichnungen der Werbebranche ab, darunter den begehrten Clio und den Goldenen Löwen in Cannes, und wurde auf der ganzen Welt kopiert. Das Magazin *TV Guide* zählt ihn zu den besten Werbeclips aller Zeiten.

Das ist kein Zufall.

In diesem Spot wurden bewusst bestimmte Elemente platziert, die dazu in der Lage sind, unsere Aufmerksamkeit zu fesseln und sich an unsere Neuronen zu heften. Im Folgenden werden wir die Bestandteile dieses Fixiermittels genauer untersuchen. Dabei werden wir feststellen, dass diese Elemente nicht nur im Fernsehzimmer nützlich sind, um die Aufmerksamkeit des Gehirns aufrechtzuerhalten, sondern auch im Besprechungsraum, im Sitzungssaal, im Klassenzimmer und in jedem anderen Raum, in dem Sie andere Menschen dazu bringen möchten, dem zu lauschen, was Sie zu sagen haben.

## Spot an

Warum also erinnern wir uns an manche Informationen, an andere aber nicht? Die Antwort liegt auf der Hand: Wir schenken Dingen, die uns faszinieren, mehr Aufmerksamkeit, und diese Dinge prägen sich uns besser ein, weil wir ihnen mehr Aufmerksamkeit schenken.

Dieser Zirkelschluss ist weitgehend korrekt, aber gleichzeitig auch befremdlich. Es gibt eine ganze Reihe konkurrierender Erklärungsansätze dafür, warum wir bestimmten Details unsere Aufmerksamkeit schenken und andere sofort wieder vergessen.

Der erste ist die sogenannte *Spotlight-* oder *Lichtkegeltheorie*. Ursprünglich stammt sie aus der Sehforschung: Wissenschaftler stellten sich die Frage, was unsere Augen dazu bewegt, sich auf bestimmte Objekte zu richten und andere zu ignorieren. Doch einige, darunter Michael Posner, erkannten schnell, dass dies die falsche Frage war. Er fand heraus, dass sich unsere Augen nicht unbedingt auf eine Sache richten müssen, damit wir ihr Aufmerksamkeit schenken. Aufmerksamkeit erwies sich als unabhängig von der Blickrichtung. Stattdessen scheint es in unserem Kopf einen rührigen Lenkungsausschuss zu geben, der die unterschiedlichen Sinneswahrnehmungen nach interessanten Dingen scannt, auf die wir uns konzentrieren könnten. Dinge wie das Gefühl eines kalten Lufthauchs oder der Geruch nach Feuer. Der Lenkungsausschuss trifft dann eine Übereinkunft darüber, worauf wir unsere Aufmerksamkeit richten sollten, und zwar basierend auf zwei Faktoren: was unser Gehirn denkt, worauf es gerade achten sollte, und was tatsächlich da draußen los ist. Die Wissenschaftler glauben sogar herausgefunden zu haben, wo dieser neuronale Lenkungsausschuss tagt: im präfrontalen Kortex, direkt hinter der Stirn.

Nicht jeder ist von der Spotlight-Theorie überzeugt. Viele sind der Ansicht, dass sie nicht alles berücksichtigt, was wir bereits über Aufmerksamkeitssteuerung wissen. Zum Beispiel kann sie das, was in der Forschung als *Filtersystem* bezeichnet wird, nur schwer integrieren. Die Kritiker der Theorie glauben, dass manche Eindrücke auf der Strecke bleiben, wenn wir unsere Aufmerksamkeit anderen Eindrücken schenken. Zumindest berät sich unser hochentwickelter Aufmerksamkeitslenkungsausschuss bei der Informationsverarbeitung mit einem ebenso hochentwickelten Unterausschuss darüber, welche Inputs ignoriert werden können. Die Spotlight-Gegner gehen davon aus, dass dieser Unterausschuss nicht im präfrontalen Kortex tagt, sondern im sogenannten Thalamus. Dabei handelt es sich um eine uralte neuronale Struktur tief im Inneren unseres Kopfes, die im Grunde genommen als eine Art Flugsicherungssystem für motorische und sensorische Signale dient und bestimmte Hirnregionen anweist, gewisse Eindrücke zu verarbeiten. Es gibt Belege dafür, dass der Thalamus auch für das Filtern von Aufmerksamkeit zuständig ist (zumindest dann, wenn man eine Maus ist).

Um endgültig sagen zu können, welche neurologischen Instanzen unsere Aufmerksamkeit überwachen, sind weitere Forschungen nötig. Zum Glück brauchen wir kein lückenloses Bild, um zu verstehen, wohin unsere Aufmerksamkeit bei Präsentationen wandert. Es liegt auf der Hand, dass das Gehirn manche Inputs interessant und andere langweilig findet. Im Folgenden lernen Sie einige Techniken kennen, um nicht zur verbalen Schlaftablette zu mutieren, wenn andere Ihren Ausführungen lauschen.

## Eine Sache von Minuten

Was geht in unserem Gehirn eigentlich vor, wenn jemand die PowerPoint-Präsentation startet und zu sprechen beginnt? Wie lange schenken wir der Rednerin unsere Aufmerksamkeit, bevor wir anfangen, uns auszuklinken?

In der Forschungsliteratur findet man hierzu unterschiedliche Angaben. Es gibt gewisse Anhaltspunkte dafür, dass die Aufmerksamkeit bei einem Vortrag bereits nach dreißig Sekunden nachlassen kann. Hieraus hat sich das in Rhetorikkursen viel beschworene Mantra „Du musst in der ersten halben Minute etwas tun, um dein Publikum bei der Stange zu halten" entwickelt. Die direkte Beweislage ist ziemlich dürftig, aber einige Studien zeigen indirekt, wie man auf die Maxime „Fessle dein Publikum in dreißig Sekunden" kommen könnte.

Gestützt werden diese Erkenntnisse durch die robuste und in gewisser Weise beunruhigende Literatur zum ersten Eindruck. Die Forschung zeigt, dass wir nur wenige Augenblicke nachdem wir anderen Menschen begegnen ein erstaunlich beständiges Urteil über sie fällen. Innerhalb von 100 Millisekunden (also einer Zehntelsekunde) haben wir die Sympathie, Vertrauenswürdigkeit und Kompetenz einer Person beurteilt.

Ist diese Geschwindigkeit relevant für Leute, die eine Präsentation halten? Obwohl es hierfür nur wenig direkte Beweise gibt, wäre es fahrlässig anzunehmen, dass Detektoren, die ein blitzschnelles 100-Millisekunden-Urteil fällen, überhaupt nichts zu vermelden hätten. Sie sind auf der sicheren Seite, wenn Sie die ersten paar Minuten einer Präsentation als wichtig betrachten, vor allem dann, wenn sich Fremde im Publikum befinden. Am besten, Sie lernen die ersten Sätze Ihres Vortrags auswendig.

Der Einstieg ist allerdings nicht der einzige kritische Moment. Untersuchungen haben gezeigt, dass die Zuhörer selbst bei langweiligen Rednern tapfer versuchen dranzubleiben, während ihre Aufmerksamkeit immer weiter schwindet. Sie tun das etwa zehn Minuten lang – bis Folgendes passiert: Ein rhetorisches Gesetz, das gelegentlich als „Zehn-Minuten-Regel" bezeichnet wird, tritt in Kraft. Der Psychologe Wilbert McKeachie hat herausgefunden, dass die Aufmerksamkeit des Publikums bei einem Vortrag nach rund zehn Minuten rapide nachlässt. Wenn Sie also bis zur Neun-Minuten-und-59-Sekunden-Marke keine Rettungsaktion starten, haben Sie verloren.

Diese Zehn-Minuten-Regel wurde erst vor relativ kurzer Zeit bestätigt. Wie im Wissenschaftsmagazin *Nature* zu lesen war, fand Robert Ewer heraus, dass Zuhörer einem Vortragenden etwa zehn Minuten lang folgen (seine exakte Zeitangabe war elf Minuten und 42 Sekunden). Wenn der Redner dann nichts tut oder sagt, was erneutes Interesse beim Publikum weckt, schwindet die Aufmerksamkeit – so auch McKeachies Befund. Wenn das Publikum den Redner nach 13 Minuten und zwölf Sekunden immer noch langweilig findet, sollte er vielleicht einfach das Podium verlassen, denn Ewer hat ausgerechnet, wie steil es nach diesem kritischen Punkt weiter bergab geht:

> *Alle 70 Sekunden, die der Redner weitersprach, verdoppelte sich die Wahrscheinlichkeit, dass sein Vortrag als „langweilig" wahrgenommen wurde.*

Sie haben richtig gelesen: *verdoppelte.*

## Emotionen

Die Zahlen deuten darauf hin, dass Sie wirklich etwas tun müssen, damit die Aufmerksamkeit nach rund zehn Minuten nicht erlahmt. Andernfalls laufen Sie Gefahr, Ihr Publikum zu verlieren. Was kann man gegen Erlahmung tun? Die Forschung weiß Rat. Es geht darum, ein dickes, fettes Problem zu lösen.

Das dicke, fette Problem betrifft die Menge an Informationen, die gleichzeitig auf das Gehirn einprasseln, ganz egal, ob man in einem Konferenzraum sitzt oder einfach nur im Bett liegt. Die Forschung hat nachgewiesen, dass es fast immer zu viel ist. Nehmen wir nur den Input aus einer einzigen Quelle, nämlich visuelle Informationen. Der Neurowissenschaftler Marcus Raichle sagt, dass in dem Moment, wo Sie die Augen öffnen, pro Sekunde ca. 10 Milliarden Bits an visuellen Informationen auf Ihre Netzhaut treffen. Die Netzhaut ist damit so überlastet wie die Notaufnahme im Krankenhaus, denn sie kann nur ca. 6 Millionen dieser Bits gleichzeitig verarbeiten. Und weiter hinten im Gehirn, wo die Wahrnehmung dieser visuellen Eindrücke erst beginnt, sind es sogar nur mickrige 10 000 Bits.

Ganz offensichtlich handelt es sich um ein Engpassproblem, und dabei haben wir erst über *einen* unserer Sinne gesprochen. Das Gehirn muss nicht nur externe Sinneseindrücke aus mindestens vier anderen Quellen verarbeiten, sondern auch interne Eindrücke, zum Beispiel Positionsangaben aus dem Innenohr. Und Statusmeldungen über Ihr Hungergefühl aus dem Magen. Und Informationen von jedem anderen Ihrer Körperteile. Wenn das Gehirn nicht eine Art Filtersystem besäße, das in der

Lage ist, die Eindrücke nach Prioritäten in einer To-do-Liste zu sortieren, würden seine Netzwerke ständig massenhaft den Dienst verweigern. Und Sie würden überhaupt nichts mehr wahrnehmen.

Zum Glück kann sich das Gehirn vor Überlastung schützen und ist dazu in der Lage, den unübersichtlichen Informationsstrom nach Prioritäten zu organisieren. Dafür sind nach der gängigen Ansicht unsere Emotionen zuständig. Auch wenn Emotionen den Ruf haben, chaotisch zu sein, sorgen sie dennoch für die nötige Priorisierung, damit wir unsere Aufmerksamkeit auf bestimmte Informationen richten und dafür andere ausblenden. Je emotionaler ein Stimulus ist, desto wahrscheinlicher ist es, dass wir ihm Aufmerksamkeit schenken und uns an ihn erinnern. Solche starken Reize, die unsere Aufmerksamkeit erregen, bezeichnen Forscher als *emotional kompetente Reize.*

Welche Arten von Reizen lösen die stärksten Aufmerksamkeitsreaktionen aus? Aus evolutionärer Sicht drängen sich zwei große Kategorien auf, die beide auf Dringlichkeit zurückgeführt werden können. Zum einen schenken wir Bedrohungen sehr viel Aufmerksamkeit. Auf diese Weise hat die Evolution dafür gesorgt, dass wir den gegenwärtigen Moment überleben. Auch Sex schenken wir große Beachtung. Dadurch hat die Evolution sichergestellt, dass wir in der Zukunft überleben. Tatsächlich besteht ja der eigentliche *Sinn* der Evolution in der Weitergabe der eigenen Gene auf die nächste Generation. Emotionen zwingen unsere chaotischen Eindrücke dazu, sich biologischen Prioritäten unterzuordnen.

Wie Sie wahrscheinlich schon vermuten, haben emotional kompetente Reize einiges dazu zu sagen, was Sie nach den ersten neun Minuten und 59 Sekunden Ihres Vortrags tun sollten.

## Nicht nur Handtücher brauchen Aufhänger

Ich bezeichne emotional kompetente Reize gerne als Aufhänger, aber eigentlich handelt es sich dabei einfach um Strategien zur Aufrechterhaltung der Aufmerksamkeit. Rund um die Zehn-Minuten-Marke müssen Sie Ihrem Publikum einen triftigen Grund liefern, Ihnen für weitere zehn Minuten zuzuhören. Genau das ist es, was ich mit Aufhänger meine. Zehn Minuten später brauchen Sie wieder einen. Und so geht es weiter, solange Ihre Präsentation dauert.

Das folgende Beispiel verwende ich als Aufhänger, wenn ich einen Vortrag über die soziale Entwicklung von Kleinkindern halte. Es handelt sich um eine Geschichte aus der Fernsehsendung *House Party.* Sie lief in den 1960er-Jahren im Nachmittagsprogramm und war vor allem bei Familien beliebt. Der Moderator Art Linkletter unterhielt sich in seiner Show häufig mit Kindern und stellte offene Fragen, auf die er zuweilen recht aufschlussreiche Antworten bekam – manchmal auch *zu* aufschlussreiche Antworten für das Live-Format, denn Aufzeichnungen gab es damals noch nicht. Diese Rubrik trug nicht umsonst den Namen „Was Kinder so alles sagen".

In einer dieser Sendungen fragte Linkletter einen kleinen Jungen namens Tommy, was ihn glücklich machen würde. Tommy antwortete: „Ein eigenes Bett. Das würde mich glücklich machen."

Linkletter reagierte betroffen: „Schläfst du denn nicht in einem Bett?"

„Normalerweise schlafe ich bei Mama und Papa", antwortete Tommy, „aber wenn mein Papa weg ist, schläft Onkel Bob bei Mama und ich muss auf der Couch schlafen. Und außerdem ist er gar nicht mein richtiger Onkel."

Ich kann mir vorstellen, dass aus dem Regieraum postwendend „Schnitt und Werbung!" zu hören war.

Meiner Erfahrung nach kann man gute Aufhänger an vier Merkmalen erkennen:

### *1. Emotionalität*

Erstens muss der Aufhänger unbedingt *emotional* sein, damit er dazu in der Lage ist, die allzeit wachsamen Aufmerksamkeitsmechanismen in den Gehirnen Ihrer Zuhörer zu aktivieren. Das funktioniert besonders gut, wenn es um Bedrohungen oder um das Überleben geht. Aus diesem Grund habe ich die Geschichte über die Magie zwischen einem verletzten Footballspieler und einem kleinen Jungen an den Beginn dieses Kapitels gestellt. Auch sexuelle Themen können gute Aufhänger sein, wobei der Schwerpunkt auf dem Reproduktionsergebnis liegen sollte – ich denke dabei an Babys und Welpen – und nicht auf dem eigentlichen Akt (dies würde vermutlich eine andere Reaktion als die gewünschte hervorrufen). Humor funktioniert hier ebenfalls, denn durch Lachen (genau wie durch Sex) bekommt das Gehirn einen Schuss des Wohlfühlhormons Dopamin und kann sich dadurch selbst belohnen.

### *2. Relevanz*

Der Aufhänger sollte für das jeweilige Thema relevant sein. Um die Aufmerksamkeit Ihres Publikums zu bekommen, könnten Sie zwar einfach irgendeinen alten Witz reißen, aber in aller Regel sind Präsentationen keine Comedy-Veranstaltungen und Referenten zumeist auch keine Stand-up-Comedians. Stellen Sie sicher, dass Ihr Aufhänger entweder etwas zusammenfasst, was Sie zuvor gesagt haben, etwas illustriert, worüber Sie gerade sprechen, oder etwas vorwegnimmt, zu dem Sie gleich noch kommen. Routinierte Zuhörer können erkennen, ob ein Referent ernsthaft versucht, ihnen wichtige Informationen zu vermitteln, oder sie einfach nur unterhalten möchte. In diesem Zusammenhang sollten die Aufhänger auch zum emotionalen

Grundton der Präsentation passen. An schlechte Witze wird man sich aus den falschen Gründen erinnern.

*3. Kürze*

Ihr Aufhänger sollte kurz sein. Viele Aufhänger sind so mächtig, dass sie das eigentliche Thema regelrecht erdrücken. Möglicherweise erinnert sich Ihr Publikum dann eher an den emotional kompetenten Reiz als an den Inhalt der ihm vorausgehenden neun Minuten und 59 Sekunden. Dieses Gewichtungsproblem können Sie lösen, indem Sie Ihrem Aufhänger einfach nur begrenzte Zeit einräumen. In den fast vierzig Jahren meiner Vortrags- und Unterrichtstätigkeit habe ich festgestellt, dass die richtige Länge bei ca. zwei Minuten liegt.

*4. Storytelling*

Erzählen Sie mit Ihrem Aufhänger nach Möglichkeit eine Geschichte. Geschichten sind ein sehr einprägsames und wirkungsvolles Mittel, um sich immer wieder der Aufmerksamkeit Ihrer Zuhörerschaft zu versichern.

Die Geschichte aus Art Linkletters Sendung verfügt über alle vier Merkmale eines gelungenen Aufhängers. Der sexuell und humoristisch angehauchte Part erfüllt eindeutig die Anforderung von Emotionalität. Da ich die Geschichte verwende, um meinen Vortrag über die Entwicklung des sozialen Bewusstseins bei Kindern zu eröffnen, können wir auch das Merkmal Relevanz abhaken. Außerdem ist sie kurz. Ich kann die Begebenheit normalerweise in wenigen Minuten schildern. Und vor allen Dingen handelt es sich um eine Geschichte.

Geschichten spielen in der Erfahrungswelt der Menschen eine maßgebliche Rolle. Deshalb möchte ich in den nächsten Abschnitten näher auf sie eingehen.

## Die Bestandteile einer Geschichte

Beginnen wir mit der Definition von *Geschichte* (oder *Erzählung* – ich verwende hier beide Begriffe synonym) und vergleichen sie mit dem Plot (oder Handlungsgerüst). Unabhängig davon, welchen Begriff man gebraucht, ist die Aufgabe schwieriger, als man denkt. Zum Glück können wir auf die professionelle Hilfe von Menschen zurückgreifen, die ihren Lebensunterhalt mit dem Schreiben von Geschichten verdienen: Belletristik-Autoren. Beginnen wir mit dem gefeierten Romanschriftsteller

E.M. Forster. Er hat so viel über das Geschichtenerzählen nachgedacht, dass er ein Buch darüber geschrieben hat. Aus diesem stammt sein vielzitierter Vergleich der folgenden zwei Sätze:

1. Der König starb, und dann starb die Königin.
2. Der König starb, und dann starb die Königin *vor Kummer*.

Die beiden Sätze sind weder Teil desselben Gefühlsuniversums noch derselben Kategorie. Laut Forster ist der erste Satz eine Geschichte und der zweite ein Plot. Worin liegt der Unterschied? Der erste Satz schildert einfach die Tatsachen, wie ein Zeitungsbericht: Erst geschah dies und dann das. Der zweite Satz beschreibt die Verbundenheit zwischen zwei Menschen. Durch zwei einfache Worte eröffnet sich uns eine emotionale Galaxie. Und dieser tiefe Einblick verändert alles.

Für die Autorin Janet Burroway ist eine Geschichte „eine Reihe von Ereignissen, die in chronologischer Reihenfolge aufgezeichnet werden. Ein Plot ist eine Reihe von Ereignissen, die bewusst so angeordnet werden, dass sich ihre dramatische, thematische und emotionale Bedeutung offenbart."

Schon seit Jahrzehnten versuchen Wissenschaftler zu verstehen, was genau Geschichten zu Plots macht. Sie sind zu dem Schluss gekommen, dass ein Plot eine Geschichte mit einer dramatischen Struktur ist. Damit lautet die nächste Frage: Woraus besteht eine solche Struktur?

Auch hierauf gibt es keine eindeutige Antwort. Die Literaturtheoretiker sind der Ansicht, dass grundlegende Strukturelemente in allen Plots vorhanden sind, aber es herrscht weder Einigkeit darüber, welche das nun genau sind, noch wie viele es davon überhaupt gibt. Manche Arbeiten sprechen von sieben solcher Strukturelemente, andere von 31 oder 20. Der Dramatiker Gustav Freytag entwickelte eine dramatische Struktur aus fünf aufeinander folgenden Akten. Im Wesentlichen handelt es sich dabei um ein Schema mit ansteigender und abfallender Handlung, das aus unerfindlichen Gründen als *Pyramidenmodell* bezeichnet wird (obwohl es eher wie eine umgekehrte Quadratwurzel aussieht).

Modernen Verhaltensforschern ist es beim Versuch, sich auf eine Formel für Erzählungen festzulegen, nicht viel besser ergangen. Manche definieren sie als Interaktion „intentionaler Agenten", was stark an Theory of Mind erinnert. Andere beschreiben Geschichten als kausal miteinander verknüpfte Ereignisse, die mit einem Zeitstempel versehen sind – wie etwa der Tod unserer Königin. Einige Neurowissenschaftler gehen davon aus, dass an der Verarbeitung von Geschichten eine kognitive Vorrichtung beteiligt ist, die *episodisches Gedächtnis* genannt wird. Diese Vorrichtung funktioniert wie ein Schneidegerät aus der Filmproduktion und unterteilt bestimmte Erlebnisse in leichter abzuspeichernde Segmente.

Bei diesen Ansätzen bleiben viele Details unerwähnt, die sich als wesentlich für das Konzept erweisen könnten. Doch Geschichten – was immer sie genau sein mögen – scheinen nicht gerade kurzlebig zu sein. Wir glauben sogar zu wissen, wo im Gehirn sie verarbeitet werden, was aber wiederum davon abhängt, wie man sie definiert.

Was die Definition anbelangt, kapituliere ich letztendlich mit erhobenen Händen vor einem weiteren Autor, einem der größten Geschichtenerzähler, den ich kenne: Ira Glass. Er ist ein berühmter Radiosprecher und moderiert seit vielen Jahren die preisgekrönte Sendung *This American Life*. Seiner Ansicht nach ist Erzählen „wie in einem Zug zu sitzen, der ein Ziel hat" und er behauptet, dass man am Ende „etwas finden wird".

Bis uns die Wissenschaft eine präzisere Definition für Geschichten liefern, ihre inneren Abläufe beschreiben und ihre Mechanismen aufzeigen kann, muss dieses wundervolle Bild genügen – sogar für einen übereifrigen Wissenschaftler wie mich.

## Geschichten und Aufmerksamkeit

Was geschieht, wenn das Gehirn eine Geschichte erkennt? Die Forschung hat gezeigt, dass das Organ wie ein Flipperautomat zu leuchten beginnt, und zwar in koordinierter Form. Seit Jahren versuchen Forscher herauszufinden, welche Regionen dabei genau aktiviert werden.

Als gesichert gilt die Aktivierung der Aufmerksamkeitssysteme im Gehirn. Diese Systeme werden in höchste Alarmbereitschaft versetzt, wenn das Organ glaubt, dass Erzählungen zu erwarten sind. (Den Probanden einer Kontrollgruppe wurden Kopfrechenaufgaben vorgesetzt, die keinerlei Alarmreaktion bewirkten.) Das könnte erklären, warum Geschichten im Rahmen einer Präsentation starke Aufmerksamkeit erzeugen – im Gegensatz zu Statistiken.

Die Aufmerksamkeitsnetzwerke sind jedoch nicht die einzigen Regionen, die auf Geschichten reagieren. Auch in den Sprachzentren kommt es zu einem Anstieg der elektrischen Aktivität. Das Gleiche gilt für die motorischen Hirnareale, und zwar insbesondere die Regionen, die den Handlungsinhalt der durchlebten Erzählung nachempfinden. Die für die Interpretation von Tast-, Seh- und Geruchssinn zuständigen Bereiche werden ebenfalls angeregt. Zum Beispiel brauchen wir das Wort *Zimt* nur zu lesen, und schon werden die für die Entschlüsselung von Geruchssignalen verantwortlichen Hirnregionen stimuliert. Das Gehirn beginnt, die Elemente einer Geschichte zu imitieren, sobald diese in sein Gewebe vordringt.

Wissenschaftler bezeichnen diese Nachahmung als *narrativen Transport*. Dabei löst unser Gehirn ein Erste-Klasse-Ticket zu einem Ort, den uns ein gutes Buch weist – allein dadurch, dass wir es lesen. Es gaukelt uns tatsächlich vor, an einen anderen Ort zu reisen, obwohl die Reise nur aus gedruckten Wörtern besteht. Wahrscheinlich ist das der Grund, warum wir uns während der Lektüre oft vorstellen, an dem Ort zu sein, von dem wir lesen. Der Begriff *narrativer Transport* ist also durchaus treffend gewählt.

Ein weiterer Prozess, der in unseren Gehirnen durch Erzählungen angeregt wird, ist das Lernen. Wenn Forscher beobachten, dass große neuronale Netzwerke aufleuchten, ruft das die Gedächtnisspezialisten unter ihnen auf den Plan. Das hat mit einem schon vor Jahren entdeckten Prinzip der Informationsverarbeitung zu tun: Je mehr neuronale Substrate zum Zeitpunkt des Lernens stimuliert werden, desto nachhaltiger lernen wir. Fügt man beispielsweise der visuellen Präsentation einer Unterrichtslektion zusätzlich eine Tonspur hinzu, verringert sich die zur Beherrschung der Inhalte erforderliche Anzahl der Durchgänge um 60 Prozent. Wenn Sie noch weitere Sinne einbeziehen, etwa den Geruchs-, Geschmacks- oder Tastsinn, gibt es Bonuspunkte. Der Grund, warum multisensorische Lernerfahrungen so gut funktionieren, hat mit den Zugangsmöglichkeiten zu den neuen Informationen zu tun: Je mehr Hirnregionen während des Lernens stimuliert werden, umso größer ist die Anzahl der geschaffenen Zugangspunkte, die den späteren Abruf der Informationen erleichtern.

Daraus lässt sich ein einfacher Schluss ziehen: Wenn Geschichten zum Zeitpunkt des Lernens so viele Bereiche im Gehirn stimulieren, sollten sie dann nicht auch über lange Zeit danach die Behaltensfähigkeit verbessern?

Die Antwort lautet ja, auch wenn die Sache nicht so ganz einfach ist.

## Geschichten verbessern das Behalten

Zur Veranschaulichung möchte ich Ihnen eine Begebenheit aus meiner Teenagerzeit schildern. Ich hatte gerade die „Herr der Ringe“-Trilogie zu Ende gelesen und musste weinen. Nie zuvor war ich mit derartigen Bildern, vergleichbarer Weisheit und einer neu geschaffenen Welt wie dieser in Berührung gekommen. Ich weiß noch, dass ich Gott damals darum bat, nach meinem Tod nicht in den Himmel, sondern nach Mittelerde zu kommen.

Bis heute kann ich vor meinem inneren Auge die Bilder sehen, die damals in meinem Kopf entstanden, und sie sind mir immer noch lieb und teuer. Ich hänge so sehr an ihnen, dass ich mir geschworen habe, mir niemals die Filme anzusehen. Und ich habe dieses Gelübde gehalten, sehr zum Leidwesen meiner Familie. Ich würde es einfach nicht ertragen, dass die Welt in meinem Kopf durch die Bilder von Regisseur Peter Jackson überlagert würde. Die Erinnerungen an diese Lektüre sind unendlich kostbar und *unauslöschlich*.

Genau das ist es, was Erzählungen bei uns Menschen bewirken: Sie fördern das Erinnerungsvermögen. Geschichten fesseln nicht nur unsere Aufmerksamkeit, sondern sorgen auch dafür, dass die Informationen so gut haften bleiben, als wären sie mit einen Tropfen Sekundenkleber festgeklebt worden. Ihre Haftkraft wurde bei Labortests in Stanford und New York City gemessen.

In einem berühmten Experiment aus Palo Alto untersuchten die Brüder Chip und Dan Heath Studierende, die in einem betriebswirtschaftlichen Seminar ein Referat halten sollten. Die Aufgabe bestand darin, die Kommilitonen davon zu überzeugen, dass gewaltfreie Kriminalität entweder ein Problem oder kein Problem darstellt. Dazu hatten die Studierenden eine Minute Zeit. Im Anschluss fanden Gedächtnistests statt. Die Heaths stellten fest, dass die 60-sekündigen Präsentationen mit Statistiken gespickt waren – im Durchschnitt waren es 2,5. Nur in zehn Prozent der Präsentationen wurden Geschichten verwendet, um die Zuhörer zu überzeugen. Bei den Gedächtnistests erinnerten sich nur fünf Prozent der Seminarteilnehmer an eine bestimmte Statistik, aber 63 Prozent erinnerten sich an die Geschichten.

Den Beitrag aus New York liefert Jerome Bruner, ein Titan der Entwicklungspsychologie mit breitem kognitionspsychologischem Interessensspektrum, das von der Gehirnentwicklung bei Babys bis zu Fragen der Erziehung reichte, ehe er sich schließlich auf die Rolle von Geschichten in der Kognition konzentrierte. Seine Forschung über Gedächtnis und Storytelling ist häufig zitiert worden. Hier ein Auszug aus einem Artikel der preisgekrönten Journalistin Gaia Vince, in dem sie sich auf eine seiner Arbeiten bezieht:

> *Informationen, die in einer Geschichte vermittelt werden, bleiben viel besser im Gedächtnis – einer Studie zufolge 22 mal häufiger , da durch Erzählungen mehrere Teile des Gehirns aktiviert werden.*

## Der Interpret

Welche „mehrere Teile" hat die Journalistin gemeint? Viele Hirnforscher versuchen, die neurologischen Grundlagen der Verarbeitung von Geschichten zu entschlüsseln. Die Tatsache, dass dabei das Gedächtnis so stark involviert ist, liefert uns gewisse Hinweise. Um diese deuten zu können, müssen wir uns ansehen, wie das Gehirn die verschiedenen Gedächtnisspeicher erzeugt.

Beachten Sie, dass ich die Formulierung „verschiedene Gedächtnisspeicher" verwendet habe und nicht das einzige, allumfassende Wort *Gedächtnis*. Das liegt daran, dass in unserem Gehirn mehrere Gedächtnissysteme existieren, die zumeist relativ unabhängig voneinander arbeiten. Überrascht Sie das? Die Erinnerung daran, dass George Washington Präsident der Vereinigten Staaten war, wird in anderen Hirnregionen verarbeitet als die Erinnerung daran, dass man sich beim Berühren einer heißen Herdplatte verbrennt. Gleichzeitig ist beides in wiederum anderen Bereichen abgelegt als die Erinnerung daran, wie man Fahrrad fährt.

Welche Systeme sind an der Verarbeitung von Geschichten beteiligt? Forscher glauben, dass dazu mindestens zwei von ihnen gebraucht werden. Zum einen das *semantische Gedächtnis*, um Fakten und Konzepte zu speichern. Dort ist zum Beispiel das Wissen darüber abgelegt, dass die Veranstaltung, an der Sie gestern teilgenommen haben, die Hochzeit Ihrer besten Freundin war und dass es dort Schokoladenkuchen gab. Über das andere Gedächtnissystem haben wir bereits gesprochen, nämlich das *episodische Gedächtnis*. Es enthält Ereignisse, bei denen bestimmte Charaktere in Raum und Zeit miteinander interagieren. Die Erinnerungen daran, wer beim Hochzeitseinzug Ihrer Freundin vorausging, wann der Priester mit seiner Predigt begann und um wie viel Uhr der Empfang losging, sind Beispiele für Domänen des episodischen Gedächtnisses.

Diese beiden Systeme geben uns Hinweise darauf, wie das Gehirn Erzählungen verarbeitet, zumindest aus der Gedächtnisperspektive. Allerdings sagen sie nicht viel darüber aus, wo sich die eigentliche Verarbeitung von Geschichten abspielt. Hierzu müssen wir auf die Erkenntnisse von Michael Gazzaniga zurückgreifen, der vor allem für die Erforschung kognitiver Funktionen, die in einer bestimmten Gehirnhälfte stattfinden, bekannt ist. Man spricht hierbei von *funktioneller Lateralisierung*. Zum Beispiel befindet sich unsere Fähigkeit, Sprache zu erzeugen und zu verstehen, in der linken Hälfte des Gehirns; die Fähigkeit, emotionale Sprachinhalte zu erfassen, dagegen in der rechten.

Gazzaniga ist der Ansicht, dass es im Gehirn eine „Fabrik" für Erzählungen gibt, einen „Geschichtengenerator", der ähnlich lateralisiert ist (hauptsächlich links). Er nennt ihn den „Interpreten". Dort werden kleinteilige Fakten mit größeren Zeiteinheiten kombiniert und zu Geschichten zusammengefügt.

Merkwürdigerweise gehört dazu auch die Geschichte, die uns zu der Person macht, die wir sind, unsere persönliche Geschichte. Auch wenn es sich irgendwie nach Bewusstsein anhört (was immer das sein mag), sind viele Merkmale aus der narrativen Verarbeitung tief in unserer Identität verwurzelt. Der Science-Fiction-Autor Ted Chiang hat diesen Gedanken sehr schön formuliert:

> *Menschen bestehen aus Geschichten. Unsere Erinnerungen sind keine unparteiische Ansammlung jeder Sekunde, die wir gelebt haben; sie sind die Erzählung, die wir uns aus ausgewählten Erinnerungen zusammengestellt haben.*[2]

Übrigens bringt uns niemand bei, diese Erzählungen zu konstruieren. Es sieht ganz danach aus, als würden wir uns von selbst, quasi automatisch, Geschichten zusammenbauen und uns auf sie verlassen, ohne uns dessen bewusst zu sein.

---

2 Aus Ted Chiang: Die große Stille. Erzählungen 1990 bis 2020. München: Golkonda Verlag in Europa Verlage GmbH, 2020, S. 207–256, hier S. 233. Mit freundlicher Genehmigung.

## Evolutionäre Überlegungen

Die Fähigkeit des Gehirns, automatisch Geschichten zusammenzubauen und sich auf sie zu verlassen, ist ein gefundenes Fressen für Evolutionstheoretiker. Es deutet darauf hin, dass bestimmte kognitive Fähigkeiten unter selektivem, nicht elektivem Druck stehen. Hier kommt die Preisfrage: Welchen potenziellen Überlebensvorteil konnte unser ungebildetes, animalisches Gehirn aus der Fähigkeit ziehen, imaginäre Szenen, Bilder und Charaktere zu erschaffen, wie man sie zum Beispiel in der „Herr der Ringe"-Trilogie findet?

Die Theoretiker haben Erklärungsansätze dafür. Einer davon ist das altbekannte Effizienzargument. Wir haben schon gesehen, dass unsere Gehirne gerne Energie sparen. Wenn sich das Gehirn Informationen aus Geschichten zweiundzwanzigmal leichter einprägen kann, wird der Abruf deutlich billiger im Vergleich zu Informationen, die zweiundzwanzigmal schlechter zu merken sind. *Ka-tsching* macht die bioenergetische Registrierkasse!

Das zweite Argument betrifft die nicht genetische Übertragung von Informationen zwischen den Generationen. Evolutionstheoretiker gehen davon aus, dass in uralten Geschichten (ähnlich wie in ihren modernen Gegenstücken) institutionelles Stammeswissen enthalten war. Dazu gehörten gesellschaftliche Bräuche wie beispielsweise Paarbindungsrituale oder Empfehlungen zur Nahrungssuche, zur Koordination der Jagd oder zur Abwehr von Feinden. All dieses Wissen konnte über eine einfache Geschichte am Lagerfeuer an die nächste Generation weitergegeben werden. Das ist insbesondere dann nützlich, wenn die Alternative darin besteht, Jahrmillionen darauf zu warten, dass die DNA das weitaus weniger präzise erledigt.

Der vielleicht überzeugendste Grund dafür, dass das Gehirn an der Erzählung als nützlichem Evolutionsmechanismus festhält, hat mit einer Sache zu tun, die wir im ersten Kapitel behandelt haben. Erinnern Sie sich an die Theory of Mind, die kognitive Vorrichtung, die uns ermöglicht, die Absichten und Motivationen anderer Menschen zu verstehen? Eine der faszinierendsten Eigenschaften der Theory of Mind ist ihre Fähigkeit, etwas wahrzunehmen, das unsere fünf Sinne nicht erfassen können. Absichten sind schließlich an keinem bestimmten Körperteil erkennbar – um sie wahrzunehmen, benötigen wir unsere Vorstellungskraft. Ebenso verhält es sich, wenn wir die Hauptfiguren einer Geschichte verstehen möchten: Wir versetzen uns in ihre Lage und lassen uns damit auf die emotionale Variante des narrativen Transports ein. Durch das Wirken eines versierten Autors ermöglicht uns diese Perspektive, die Auswirkungen der Vergangenheit einer bestimmten Figur zu spüren, ihr gegenwärtiges Verhalten nachzuvollziehen, uns ihre Zukunft vorzustellen und sogar vorherzusagen, wie wir uns unter ähnlichen Umständen verhalten würden.

Bei einem Radiointerview mit dem Autor Robert Swartwood habe ich einmal etwas über den Zusammenhang zwischen Erzählungen und Vorstellungskraft gelernt. Der Schriftsteller hatte andere dazu aufgerufen, einen kompletten Roman aus höchstens 25 Wörtern zu schreiben, und seine Favoriten dann als Anthologie unter dem Titel *Hint Fiction*[3] herausgegeben. Folgende Einsendung stammt aus der Rubrik „Leben und Tod":

> *„Goldene Jahre" (von Edith Pearlman)*
>
> *Sie: Makula. Er: Parkinson. Sie schiebt, er lenkt. Es geht die Rampe hinunter, über den Rasen, durch das Tor. Die Räder rollen flussaufwärts.*

Dieser Mini-Text funktioniert, weil das Gehirn dazu in der Lage ist, die negativen Räume zwischen den Wörtern auszufüllen. Sie sehen, in Kombination mit unserer Vorliebe für Erzählungen kann die Theory of Mind wirklich Großartiges leisten!

Nach Ansicht der Forschung diente diese Fähigkeit einem Zweck, der weit darüber hinausgeht, Literaturfans zu begeistern. Aus evolutionärer Sicht war es uns dadurch möglich, soziale Interaktionen zu *üben*, bevor wir tatsächlich sozial interagieren *mussten*. Wir konnten überlebensnotwendige Fertigkeiten wie unsere Beziehungs- und Kooperationsfähigkeit trainieren, ohne dass eventuelle Fehler in der realen Welt Konsequenzen nach sich zogen. Um es mit den Worten des Forschers Keith Oatley auszudrücken: Geschichten könnten als Flugsimulatoren für Beziehungen gedient und uns dadurch ermöglicht haben, eine entscheidende Fähigkeit auszubilden: den Umgang miteinander.

Wenn das stimmt, dann ist es nicht nur eine gute und vernünftige Idee, nach zehn Minuten geballter Vortragsinformationen eine Geschichte einzuschieben, sondern geradezu unabdingbar. Schließlich ist es schwierig, gegen eine Vorliebe anzukämpfen, die sich über Jahrmillionen herausgebildet hat.

## Die Theorie der dualen Kodierung

Ein weiteres Phänomen, das sich über Jahrmillionen entwickelt hat, betrifft ein Sinnesorgan, dessen Dienste bei Präsentationen ebenfalls gefragt sind: das Auge. Die Aufmerksamkeitsforschung befasst sich seit Langem damit, wo andere hinschauen, und fragt dann, warum sie das tun. Sogar die Säuglingsforschung geht so vor. Wie Sie aus dem Kapitel über Führung wissen, besteht eine Möglichkeit zur Gewinnung von Informationen über die Aufmerksamkeit von Babys darin, ihren Blick zu verfolgen und die Blickdauer zu messen. Je länger sie auf etwas starren, desto mehr interessieren sie sich vermutlich dafür.

---

3 Zu Deutsch etwa „Literarische Andeutungen", Anm. d. Übers.

Es gibt sogar ein Experiment mit Erwachsenen, das diesen Zusammenhang untersucht. In den späten 1960er-Jahren veröffentlichte Milgram eine Arbeit, in der er soziale Interaktionen und starre Blicke beschreibt. (Bis heute ist das die einzige Forschungsarbeit, bei deren Lektüre ich laut lachen musste.) Milgram engagierte dafür Schauspieler, die sich an eine belebte Straßenecke stellten und einfach nach oben schauten – den Blick starr auf das Fenster eines Gebäudes gerichtet. Er wollte wissen, ob dieses Verhalten fremde Menschen dazu bewegen würde, ihre Tätigkeit zu unterbrechen und auf dasselbe Fenster zu starren. Was er dabei herausfand, war urkomisch. Die Leute blieben tatsächlich stehen und schauten nach oben. Je mehr Schauspieler man an die Ecke stellte, desto wahrscheinlicher war es, dass andere Leute ihrem Beispiel folgten. Zwei Schauspieler brachten 50 Prozent der Passanten dazu, nach oben zu blicken, bei 15 waren es 80 Prozent. (Bei Wiederholungen dieses berühmten Experiments wurden ähnliche Ergebnisse erzielt; allerdings war das Nachahmungsverhalten viel geringer und die Effektstärke veränderte sich nicht so deutlich, wenn mehr Schauspieler dazukamen.)

Der entscheidende Aspekt ist, dass die Art und Weise, wo und wie wir unsere Augen einsetzen, etwas darüber aussagt, worauf wir achten, und zwar ganz unabhängig von unserem Alter.

Wir haben uns bereits damit beschäftigt, wie man durch Inhalt und Struktur Aufmerksamkeit auf sich ziehen und aufrechterhalten kann, und sind dabei hauptsächlich auf mündliche Informationen eingegangen. Über visuelle Eindrücke – was im beruflichen Kontext meist mit Folien gleichzusetzen ist – haben wir allerdings noch nicht gesprochen. Wie kommen die visuellen Verarbeitungszentren des Gehirns mit PowerPoint zurecht?

Zu erläutern, wie das Gehirn visuelle Informationen verarbeitet, die in leuchtenden Kästchen mit der Auflösung von 1280 x 720 Pixel dargeboten werden, würde den Rahmen dieses Buches eindeutig sprengen. Zum Glück besteht dafür auch keine Notwendigkeit, denn ein einflussreiches Konzept, die sogenannte *Theorie der dualen Kodierung*, scheint wie dafür geschaffen zu sein, PowerPoint-Präsentationen in unsere Überlegungen mit einzubeziehen. Die Theorie stammt von dem bereits verstorbenen Psychologen Allan Paivio, der zufällig auch Bodybuilder war.

Paivios kraftvolle Forschungsidee geht davon aus, dass es zwei große, unabhängige Systeme zur Verarbeitung und Speicherung von Informationen gibt: ein System, das für verbale Eindrücke (er nennt sie „Logogene“) zuständig ist, und ein anderes, das visuelle und andere nicht verbale Eindrücke (die sogenannten „Imagene“) speichert. Wenn während einer PowerPoint-Präsentation gleichzeitig eine Audio-Sequenz abgespielt wird, muss das Gehirn sofort entscheiden, welche der beiden Arten von Information es wahrnimmt. Das Organ schickt die Informationen dann an den entsprechenden Verarbeitungskanal. Hört man beispielsweise das Wort

Kalkulationstabelle, wird diese Information an das verbale Logogen-System weitergeleitet. Sieht man dagegen ein Bild von einer Kalkulationstabelle auf der Folie, wird es über das Imagen-System gelenkt.

### Der Bildüberlegenheitseffekt

Paivio ist der Ansicht, dass diese beiden Systeme – obwohl sie ziemlich unterschiedlich sind – so intensiv miteinander kommunizieren wie Teenager, die ständig miteinander Textnachrichten austauschen. Der dieser Kommunikation zugrunde liegende Mechanismus ist zellulären Ursprungs (sprich: Nerven statt Smartphones) und nutzt sogenannte *referenzielle Verbindungen*. Dabei triggern Informationen, die in einem der Signalwege gespeichert sind, ähnliche Informationen aus dem jeweils anderen Signalweg. Zum Beispiel könnten durch das Betrachten von Bildern mit Greifvögeln Wörter wie „Adler" und „Habicht" getriggert werden (oder „Hawks" und „Basketball", sofern Ihnen dieser Zusammenhang geläufig ist), da der Imagen-Speicher verbale Elemente aus dem Logogen-Vorrat abruft.

Es gibt Belege dafür, dass bildhafte Informationen viel besser dazu in der Lage sind, referenzielle Verbindungen herzustellen als ihr verbales Pendant – und das wirkt sich unmittelbar auf PowerPoint-Benutzer aus. Warum? Es erklärt den sogenannten *Bildüberlegenheitseffekt*.

Der zentrale Grundsatz dieses Effekts besagt, dass Bilder besser in Erinnerung bleiben als Worte, und zwar in nahezu jeder erdenklichen Art und Weise, wie man „besser in Erinnerung bleiben" definieren (und messen) kann. Dies wurde in Tests zur Item-Erkennung, in Tests zum Paar-Assoziations-Lernen sowie in Tests zur freien und zur seriellen Wiedergabe/Rekonstruktion nachgewiesen – die Liste der obskuren psychometrischen Testverfahren, die den Bildüberlegenheitseffekt belegen, scheint endlos. In Bildform gespeicherte Erinnerungen sind außerdem viel stabiler. Bei einem Experiment zum Bildüberlegenheitseffekt wurde gezeigt, dass ein Bild den Versuchspersonen noch Jahrzehnte nach der ersten Exposition gegenüber einem bestimmten Reiz präsent war. Außerdem werden Bilder schnell aufgenommen. Das Gehirn kann Bildinformationen sogar dann verarbeiten, wenn das Auge sie nur für 13 Millisekunden sieht.

Ein eindrucksvolles Beispiel für die Bedeutung des Bildüberlegenheitseffekts liefert der amerikanische Präsidentschaftskampf von 1964 zwischen dem Demokraten Lyndon Baines Johnson und dem Republikaner Barry Goldwater. Goldwater war ein „Falke" und bekannt dafür, die amerikanische Vorherrschaft in der Welt durch den Einsatz militärischer Gewalt sichern zu wollen. Johnsons Team verlegte sich darauf, dieses Image mit der Macht der Bilder in seiner Kampagne auszuschlachten, woraus einer der berühmtesten Wahlwerbespots der Geschichte entstand.

Er zeigt ein kleines Mädchen auf einer Blumenwiese, das die Blütenblätter eines Gänseblümchens einzeln abzupft und abzählt. Im Hintergrund ist Vogelgezwitscher zu hören. Als die Kleine bei „neun" ankommt, blickt sie plötzlich auf. Eine männliche Stimme sagt „zehn" und beginnt dann, einen Countdown herunterzuzählen. Als die Stimme bei „Null" ankommt, wird die Szenerie von einer schrecklichen Atomexplosion überblendet. Johnson kommentiert diese mit den Worten „Darum geht es – eine Welt zu schaffen, in der alle Kinder Gottes leben können, oder die Dunkelheit zu wählen. Wenn wir einander nicht lieben, müssen wir sterben." Dann erscheint die Tagline: „Wählen Sie Präsident Johnson am 3. November. Es geht um zu viel, als dass Sie zu Hause bleiben könnten."

In diesem Wahlwerbespot wurde den Zuschauern ein eindrucksvolles Bild präsentiert, bevor sie überhaupt wussten, worum es geht – ein klassisches Beispiel für „Bild vor Text", und damit ein klassisches Beispiel für den Bildüberlegenheitseffekt.

Wie können Sie die Erkenntnisse dieser Theorie auf Ihre Präsentationen übertragen? Verwenden Sie so oft wie möglich Bilder in Ihren Folien. Auch hier gilt: Ein Bild erzeugt bessere und nachhaltigere Erinnerungen als ein Text. Es ist ein effizienteres Mittel zur Übermittlung von Informationen und sagt tatsächlich mehr als tausend Worte.

Aber nicht jedes x-beliebige Bild ist dafür gleich gut geeignet. Wenn bestimmte Merkmale erfüllt sind, erzeugen die Bilder mehr Aufmerksamkeit und bleiben leichter im Gedächtnis. Hier zwei davon:

*1. Bringen Sie Bewegung in das Bild (oder Objekt).*

Bewegten Bildern und Objekten schenken wir viel mehr Aufmerksamkeit. Bei unerwarteter Richtungsänderung gibt es Bonuspunkte.

*2. Verändern Sie die Eigenschaften des Bildes.*

Objekten, die plötzlich ihre Farbe oder Helligkeit (die Intensität des Lichts, das von einem Objekt zurückgeworfenen wird, fachsprachlich: *Leuchtdichte*) verändern oder plötzlich in unserem Gesichtsfeld erscheinen, schenken wir eine enorme Menge an Aufmerksamkeit.

Warum liegen Bilder mit diesen veränderten Eigenschaften so hoch im Kurs? Wie üblich gibt es dafür eine evolutionäre Erklärung. Nehmen wir die Bewegung: Viele der Erfahrungen, die für uns in der Serengeti wichtig waren, hatten mit Bewegung zu tun. Raschelt da etwas im Gras? Das könnte ein Raubtier auf der Lauer sein. Hat es nicht eben geplatscht? Vielleicht war es ein leckerer Fisch. Unser Gehirn ist bestens darauf trainiert, Regungen und Veränderungen in zwei Bereichen zu registrieren, die uns sehr am Herzen liegen: Überleben und Nahrung.

Damit haben wir noch weitere Belege dafür, dass wir unsere evolutionären Anlagen bis ins 21. Jahrhundert mitgebracht haben. Direkt in unsere PowerPoints.

## Wie das Auge wandert

Das amerikanische Militär ist bekannt für seine hochkomplexen PowerPoint-Folien mit Hunderten von Linien, die – wie weit verzweigte Baumwurzeln – kreuz und quer Dutzende von Begriffen verbinden. Fast immer enthalten sie zu viel Text, zu viele visuelle Elemente und sind einfach allgemein völlig überfrachtet. Ein gutes Beispiel dafür ist eine legendäre Folie mit dem Titel – machen Sie sich schon mal auf eine gehörige Portion zu viel Text gefasst: „Integriertes Lebenszyklusmanagement für Beschaffung, Technologie und Logistik in der Verteidigung". Die Folie besteht aus Dutzenden von Kästchen, die bis über den Rand mit klein gedruckten Informationen vollgepackt sind, und zwar so klein, dass man sie kaum noch lesen, geschweige denn verstehen kann.

Die Komplexität ist derart absurd, dass sie fast schon wieder komisch ist. Als dem Kriegskommandanten General Stanley McChrystal eine ähnlich unübersichtliche Folie gezeigt wurde, auf der die Dynamik der Kämpfe in Afghanistan abgebildet war, witzelte er: „Wenn wir diese Folie verstehen, haben wir den Krieg gewonnen."

Das war im Jahr 2009. Zwölf Jahre später zogen sich die amerikanischen Streitkräfte von dort zurück.

Wenn Sie der Meinung sind, dass zu viel Text, der zu viele Informationen enthält, einfach zu viel für das menschliche Gehirn ist, sind Sie auf einer Linie mit der Expertenmeinung. Bei den meisten Experimenten zur Untersuchung des Bildüberlegenheitseffekts wurde der Abruf von Bildern mit dem Abruf eines ähnlichen Reizes in schriftlicher Form verglichen. Die geschriebenen Informationen haben dabei immer den Kürzeren gezogen.

Warum ist Text so schwer zu verstehen? Die Forschung hat dafür mindestens zwei allgemeine Gründe gefunden. Beim ersten können wir gleichzeitig mit einem Mythos aufräumen.

Viele Menschen glauben, dass man genauso liest, wie man tippt: Buchstabe für Buchstabe, ein Wort nach dem anderen, im Gleichschritt voran. Früher dachten auch die Wissenschaftler, dass das so sei, und gaben der linearen Vorstellung vom Lesen sogar einen eigenen Namen: *serielles Erkennungsmodell.*

Diese Vorstellung hielt sich jedoch nicht lange. Als zuverlässige Eye-Tracking-Technologien verfügbar wurden, stellten die Forscher fest, dass sich das Auge wie ein Soldat verhält – allerdings wie ein betrunkener. Es beginnt einen Satz beim ersten

Wort, taumelt dann plötzlich in die Mitte des Satzes und hält dort kurz inne, um Wörter zu lesen. Anschließend rutscht das Auge vielleicht wieder zurück zu den Wörtern weiter vorne und springt danach zum Satzende – sofern ihm danach ist. Verstehen Sie jetzt, was ich mit „betrunken" meine? Die Vorwärtssprünge werden als *Sakkaden*, die Rückwärtssprünge als *regressive Sakkaden* oder *Regressionen* und die Pausen als *Fixationspunkte* bezeichnet. Der einzige Grund, warum man überhaupt etwas lesen kann, ist, dass sich die *Netto*aktivität in die vom Verfasser des Textes vorgegebene Richtung bewegt.

Es erstaunt mich immer wieder, dass Ihr Auge genau das tut, während Sie meine Sätze lesen. Seltsamerweise kommt es dabei nur auf bestimmte Teile der Taumelbewegung an. Die Worterkennung erfolgt in erster Linie an den Fixationspunkten, wo das Auge zur Ruhe kommt, was bedeutet, dass Text nur dann wahrgenommen wird, wenn nicht gesprungen wird. Hieraus ergibt sich ein beunruhigender Schluss: Während Ihr Auge springt, sind Sie im Grunde genommen blind.

## Buchstabensalat

Man könnte meinen, dass dieses ganze Hin- und Hergespringe das Lesen ziemlich mühsam und anstrengend macht, und genau so ist es auch. Aber es kommt noch viel schlimmer, vor allem wegen einer kleinen Ungereimtheit, die noch nicht ganz geklärt ist, eine Streitfrage, die Sie dazu bewegen sollte, die Textmenge auf einer Folie immer möglichst gering zu halten. Sie hat etwas mit den Grenzen Ihres hoch anpassungsfähigen Gehirns zu tun.

Wir sehen jeden Tag viele Wörter mehrfach, und das jahrein, jahraus. Überlegen Sie sich nur mal, wie oft Sie allein heute das Wort „die" gelesen haben. Man sollte meinen, unser extrem anpassungsfähiges Gehirn würde dafür sorgen, dass wir bei geläufigen Wörtern nicht mehr auf die einzelnen Buchstaben achten müssen, sondern einfach erkennen, dass wir die Kombination schon einmal gesehen haben, und weiterlesen. Wir sollten nur innehalten müssen, wenn uns ein Wort nicht vertraut ist, um seine Bestandteile näher unter die Lupe zu nehmen.

Aber genau das geschieht *nicht*. Das Gehirn muss immer jeden Buchstaben in jedem Wort einzeln untersuchen, ganz unabhängig von seiner Geläufigkeit. Die Forscherin Deborah Moore meint dazu:

> *Man sollte meinen, dass jahrelanges Lesen von Büchern, Postern, Computerbildschirmen und Cornflakes-Packungen das menschliche Sehvermögen darauf trainieren würde, gängige Wörter zu erkennen, ohne in einem Zwischenschritt die Buchstaben identifizieren zu müssen ... Aber dem ist nicht so. Ein Wort ist nicht lesbar, wenn seine Buchstaben nicht einzeln identifizierbar sind, und unsere Leseeffizienz wird durch*

*den Engpass beschränkt, dass wir einfache Elemente konsequent unabhängig voneinander erkennen müssen.*

Das bedeutet jedoch nicht, dass die Geläufigkeit keine Rolle spielt, und da haben wir unsere kleine Ungereimtheit. Sie betrifft Ihre Fähigkeit, den folgenden Satz zu lesen, obwohl die Buchstaben darin durcheinandergewürfelt sind: Die Rienhnelfoge der enizlneen Bcuhtsbaen in eniem Wrot ist nchit so wcihitg.

Die Tatsache, dass dieser Satz verständlich ist, wird als Beweis dafür angesehen, dass Gehirne tatsächlich ganze Wörter und nicht nur einzelne Buchstaben erkennen. Steht dies im Widerspruch zu den Erkenntnissen von Moore?

Möglicherweise. Es ist jedoch wahrscheinlich, dass unser Gehirn während der Prüfung einzelner Buchstaben auch Vergleiche mit ähnlichen, bereits zuvor gesehenen Wörtern anstellt. Es kann den Satz mit den durcheinandergewürfelten Buchstaben relativ leicht lesen, allerdings nur dann, wenn der erste und der letzte Buchstabe eines Wortes richtig positioniert sind (Bonuspunkte bei starken Hinweisen aus dem Kontext!). Dies könnte darauf hindeuten, dass beim Lesen parallel eine Buchstabenprüfung, eine Vertrautheitsprüfung und eine Kontextanalyse stattfinden.

Unabhängig davon, wie diese an sich unbedeutende Streitfrage letztendlich geklärt wird, gibt es einen naheliegenden Schluss: Das Lesen von Textpassagen ist sehr anstrengend. Wenn wir Wörter lesen, müssen viele Prozesse gleichzeitig ablaufen. Und wir müssen versuchen, ihren Sinn zu erkennen, indem wir unsere Augen über sie hinwegtorkeln lassen wie betrunkene Matrosen.

## Was Sie mit Ihren Buchstaben anfangen sollten

Was bedeutet das nun konkret? Über die Gestaltung effektiver PowerPoint-Folien sind viele Bücher geschrieben worden. Manche Vorschläge sind ganz nützlich, auch wenn sie eher aus der Praxis als aus dem wissenschaftlichen Versuchslabor stammen. Hier fünf Dinge, die ich als erwähnenswert erachte. Auch wenn dieses Quintett zum Teil aus Erfahrungsberichten stammt, ist es keineswegs an den Haaren herbeigezogen. Die meisten meiner Vorschläge zielen darauf ab, die Textelemente leichter lesbar zu machen, weil Lesen ohnehin so viel von unserer wertvollen Energie verschlingt.

1. Verwenden Sie eine Schriftgröße von 24 Punkt.
2. Begrenzen Sie die Textmenge je Folie. Manche Experten raten zu maximal 30 Wörtern, verteilt auf höchstens sechs bis acht Zeilen.

3. Achten Sie auf die Zeilenlänge. Ein Textelement sollte ca. 78 Zeichen umfassen. Das ist die optimale Größe, um das Auge im sogenannten „Scan-Pattern" zu halten, einer Art kognitiven Spur, innerhalb der wir uns beim Lesen bewegen.
4. Verwenden Sie eine Mischung aus Groß- und Kleinbuchstaben, damit meine ich: Lassen Sie bei Fließtext die Feststelltaste ausgeschaltet. Texte mit Kleinbuchstaben werden schneller gelesen als Texte, die nur aus Großbuchstaben bestehen, und zwar in der Regel um fünf bis zehn Prozent schneller.
5. Verwenden Sie auf allen Folien serifenlose Schriften. Wie Sie vielleicht aus einem früheren Grafik-Seminar wissen, sind Serifen kleine strichförmige oder schnörkelartige Verzierungen an den Buchstaben mancher Schriftarten. Serifenschriften wie Times New Roman sind optisch fast immer komplexer; serifenlose Schriften wie Arial verzichten auf dieses schmückende Beiwerk. Experimente zur Analyse von Blickbewegungen, auch Eye-Tracking genannt, zeigen, dass serifenlose Schriften schneller und leichter zu lesen sind als ihre serifengeschmückten Cousinen. Außerdem treten bei serifenlosen Schriften weniger regressive Sakkaden auf – das Auge springt also seltener zurück. Interessanterweise gilt dieser Ratschlag zwar für kurze Textelemente, aber nicht für ganze Absätze. Lange Textblöcke werden in Serifenschriften besser verarbeitet als in Schriften ohne Serifen, zumindest auf dem Papier. Da aber ohnehin keine langen Textblöcke auf einer Folie zu sehen sein sollten und Folien in der Regel nicht auf Papier gezeigt werden, ist dies für unser Thema ohnehin nicht relevant. Ich erwähne es nur der Vollständigkeit halber.

Hierzu wird nach weiteren Forschungen sicherlich noch viel mehr zu sagen sein. Jetzt aber ist es erst einmal an der Zeit zusammenzufassen, was Sie am Montag tun sollten.

## Was Sie am Montag tun sollten

Nehmen wir einmal an, Sie müssen eine sechzigminütige Präsentation halten. Was empfehlen Ihnen Hirn- und Verhaltensforscher dazu?

Zunächst empfehlen sie Ihnen, den Begriff sechzigminütige Präsentation aus Ihrem Kopf zu verbannen. Stattdessen sollten Ihre Gedanken um ein halbes Dutzend zehnminütiger Präsentationen kreisen. Der erste Eindruck entsteht in Sekundenbruchteilen und bleibt haften, deshalb sollten Sie Ihre ersten Sätze auswendig lernen und Ihr Publikum gleich zu Beginn überzeugen. Vorzugsweise sollte es sich inhaltlich um etwas handeln, das Sie vorstellt und in Ihr Thema einführt.

Zweitens rät die Forschung, alle zehn Minuten einen Aufhänger einzubauen. Dieser sollte einen emotional kompetenten Reiz setzen, Relevanz für Ihr Thema haben und kurz sein. Bonuspunkte gibt es, wenn Sie ihn in Form einer Geschichte präsentieren.

Drittens sollten Sie auf die visuellen Elemente Ihrer Präsentation achten, was in den meisten Fällen wohl Folien sein werden. Auf jeder Folie sollte es deutlich mehr Bilder als Textelemente geben. Es gibt noch mehr Bonuspunkte, wenn Sie die Bilder animieren können.

Augenblick mal. Auf eine bestimmte Sache bin ich bis jetzt noch gar nicht eingegangen. Sie könnte einen Einfluss darauf haben, wie Präsentationen in Zukunft gehalten werden sollten. Fast alle in diesem Kapitel beschriebenen Experimente wurden vor der Pandemie durchgeführt, als man Vortragsinhalte noch nicht ausschließlich via Zoom & Co. an den Arbeitsplatz serviert bekam.

Viele von Ihnen mussten infolge der Pandemie Präsentationen in virtueller Form halten. Für einige war das ein vorübergehendes Phänomen, aber wenn Sie feststellen, dass Sie mittlerweile ausschließlich Präsentationen per Computer halten: Gibt es wissenschaftliche Empfehlungen, einen oder mehrere der oben genannten Vorschläge anzupassen?

Die Antwort lautet: Das weiß niemand. Selbst in Anbetracht der weitreichenden Auswirkungen von COVID-19 auf Remote-Interaktionen ist die Forschung zum Lernen auf Distanz immer noch ausgesprochen dürftig, vor allem im Vergleich mit der zu Präsentationen in Präsenzform. Wir können uns deshalb nur auf persönliche Beobachtungen stützen. Zum Abschluss dieses Kapitels möchte ich einige meiner eigenen mit Ihnen teilen.

Seit Frühjahr 2020 habe ich Dutzende von Vorlesungen und Präsentationen online gehalten und aufgrund dieser Erfahrungen ein paar Anpassungen vorgenommen. Ich habe festgestellt, dass man bei virtuellen Präsentationen besser bereits alle fünf bis sieben Minuten einen Aufhänger platzieren sollte. Außerdem verwende ich mehr Folien oder zumindest mehr animierte Elemente pro Folie. Dazu gehören immer Objekte, die sich bewegen, sodass sich das Bild etwa alle zehn Sekunden verändert.

Allerdings habe ich nicht alles verändert, denn manches ändert sich *nie*. Das Gehirn mag immer noch Bilder, sehnt sich immer noch nach Geschichten und denkt immer noch, dass Bewegung entweder auf Nahrung oder eine Bedrohung hinweist. Schließlich lassen sich Jahrmillionen der Evolution nicht durch eine einzige Pandemie aushebeln.

Wir sind mit einem Werbespot für ein Erfrischungsgetränk in dieses Kapitel gestartet. Es war kein Zufall, dass der Spot Ihre Aufmerksamkeit fesselte. Dazu ist er selbst nach all den Jahren noch in der Lage – auch wenn man dafür kitschige Discomusik aus den 70ern über sich ergehen lassen muss.

## PRÄSENTATIONEN

**Brain Rule:** Berühren Sie Ihr Publikum emotional, dann haben Sie seine Aufmerksamkeit – zumindest für zehn Minuten.

- Der erste Eindruck ist enorm wichtig. Lernen Sie die ersten Zeilen Ihrer Präsentation deshalb immer auswendig.
- Sie haben zehn Minuten, um Ihr Publikum zu fesseln. Wenn die Leute bis dahin nicht an Ihren Lippen hängen, wird es viel schwieriger, Ihre Aufmerksamkeit noch zu gewinnen. Wenn Sie es bis zur 13. Minute nicht geschafft haben, sie in Ihren Bann zu ziehen, wird es definitiv nichts mehr.
- Emotionen legen die Prioritäten für die Informationsverarbeitung im Gehirn fest. Durch emotionsauslösende Reize helfen Sie den Zuhörern, Ihrer Präsentation Aufmerksamkeit zu schenken und mehr Informationen im Gedächtnis zu behalten. Das gelingt am besten über Emotionen, die mit Bedrohung und Überleben, Sex (vorzugsweise in Form der Reproduktionsergebnisse, also Kinder) oder Humor zu tun haben.
- Lassen Sie etwa alle zehn Minuten emotional kompetente Reize oder Aufhänger in Ihre Präsentation einfließen. Die Aufhänger sollten die Emotionen Ihres Publikums berühren, kurz und relevant für Ihr Thema sein und eine narrative Struktur besitzen.
- Das Gehirn wird durch Bilder stärker stimuliert als durch Text oder akustische Signale. Fügen Sie, wenn möglich, Bilder oder kurze Videos in Ihre Präsentation ein.

# 8
# Konflikt/ Voreingenommenheit

**Brain Rule:**

Sie können Konflikte lösen, indem Sie Ihre Gedanken verändern. Ein Bleistift hilft dabei ungemein.

Im Frühjahr 1969 musste das öffentliche Fernsehen der Vereinigten Staaten um sein Überleben bangen. Senator John Pastore, der seinerzeit den Unterausschuss Kommunikation im US-Senat leitete, zweifelte am Nutzen der öffentlichen Fernsehanstalten und packte ihre Zukunft an der Budget-Gurgel, denn er hatte vor, die 20 Millionen Dollar schwere Subvention zu streichen.

Verständlicherweise brach daraufhin bei den damaligen Verantwortlichen in den Sendern Panik aus. Zum Glück hatten sie eine Geheimwaffe zur Hand: den freundlichen und bescheidenen Fred Rogers, der die Kindersendung *Mister Rogers' Neighborhood* moderierte. In der Hoffnung, dass die Worte des Mannes, der durch seine Sendung Amerikas beliebtester Nachbar werden sollte, das öffentliche Fernsehen retten würden, baten sie ihn um eine Stellungnahme vor dem Unterausschuss. Was dann folgte, ist eine eindrucksvolle Lehrstunde in Sachen Konfliktmanagement.

Als Erstes sprach Fred Rogers darüber, was in Kindern vorgeht und wie seine Sendung darauf Bezug nimmt. „Wir beschäftigen uns mit Dingen wie dem inneren Drama der Kindheit", erklärte er. In seiner Sendung bringe er den Kindern bei, konstruktiv mit starken Emotionen umzugehen, zum Beispiel wenn sie mit ihren Geschwistern streiten oder sich über ganz normale Familiensituationen ärgern. Er betonte, dass *Mister Rogers' Neighborhood* eine wertvolle Sendung sei, weil sie deutlich mache, dass Gefühle gleichermaßen „beschreibbar und handhabbar" sind. Sie zeige, wie Menschen ihre Gefühle zum Ausdruck bringen – und erziele dabei viel dramatischere Effekte als die üblichen Fernsehdarstellungen von Konflikten unter Erwachsenen, bei denen meist Fäuste oder Waffen zum Einsatz kommen.

Die Magie im Raum war plötzlich zum Greifen nahe. Die sanfte Güte und die emotionale Gelassenheit von Rogers übertrugen sich auf die Anwesenden, als wäre er ihr Pastor und der Senatssaal seine Kirche. Sein Vortrag war eine Einladung an die Senatsmitglieder, die Sendung über seine Beschreibung aus der Außenperspektive kennenzulernen. Als inhaltliche Kostprobe las er den Text eines selbst geschriebenen Liedes vor. Es trug den Titel „Was machst du mit der Wut, die du fühlst?". An diesem Tag unterwies Rogers den ganzen Saal über exekutive Funktionen, insbesondere die Impulskontrolle, und das ohne diese Begriffe auch nur einmal in den Mund zu nehmen.

Die Strategie war effektiver, als sich die Vertreter der Fernsehanstalten je hätten träumen lassen. Als Rogers mit dem Liedtext fertig war, schmolz Pastore dahin wie ein Schneemann in der Sonne. „Ich finde es wundervoll", erklärte der Senator, nachdem er sich mit Tränen in den Augen zu seiner Gänsehaut bekannt hatte. „Sieht ganz so aus, als hätten Sie sich gerade Ihre 20 Millionen Dollar gesichert." Daraufhin hörte man Gelächter im Saal, und dann Applaus.

Rogers Ausführungen greifen gleich auf mehrere verhaltenswissenschaftliche Prinzipien des Konfliktmanagements zurück, auch wenn ihm das vielleicht gar nicht bewusst war. In diesem Kapitel beleuchten wir einige dieser Prinzipien sowie die ihnen zugrunde liegenden neurologischen Mechanismen. Dabei blicken wir auch unter die Oberfläche zwischenmenschlicher Streitigkeiten. In der zweiten Hälfte widmen wir uns tiefer liegenden Vorurteilen und Voreingenommenheiten, auf die viele menschliche Konflikte zurückzuführen sind. Auch die Arbeitsbeziehungen in aller Welt sind davon geprägt. Diese Vorbehalte sind so gewaltig, dass sie, wenn man sich nicht mit ihnen auseinandersetzt, über Generationen bestehen bleiben und das Schicksal von Millionen von Menschen beeinflussen können.

Wir haben also ein hartes Stück Arbeit vor uns. Trotzdem beginnen wir ganz einfach, mit ein paar Definitionen.

## Definition von Konflikt

Wie lässt sich nachvollziehbar beschreiben, was ein *Konflikt* ist? Und von welcher Form von Konflikt sprechen wir überhaupt? Schriftsteller kennen sieben verschiedene Arten von Konflikt, Psychologen nur vier. Es gibt innere Konflikte (soll ich diese Pizza essen?) und äußere Konflikte (soll ich diesen Krieg anfangen?), Konflikte zwischen Lebenspartnern und Konflikte zwischen Personen, die sich gar nicht kennen. Für unsere Zwecke beschränken wir uns auf Konflikte, die sich bei der Arbeit abspielen. (Kulinarische Versuchungen, kriegerische Auseinandersetzungen, Streitigkeiten in der Ehe und Rangeleien in der Kneipe hebe ich mir für ein anderes Buch auf.)

Die Sozialpsychologie definiert Konflikt als „von den Parteien wahrgenommene Unvereinbarkeit ihrer jeweiligen Ansichten, Wünsche und Sehnsüchte“. Am Arbeitsplatz spielen sich solche Konflikte auf der zwischenmenschlichen Ebene ab. Häufig treten sie zwischen Personen auf, die (a) aufeinander angewiesen sind, um ein gemeinsames Projekt abzuschließen, und (b) damit ein ziemliches Problem haben.

Die Harvard Law School unterscheidet drei Arten von Feindseligkeiten zwischen Arbeitskollegen. In den Beschreibungen treffen wir jeweils auf Elemente der sozialpsychologischen Definition.

Zunächst ist da der sogenannte „Aufgabenkonflikt“. Zu dieser Art von Konflikt kommt es, wenn sich Kollegen nicht darüber verständigen können, wie eine Aufgabe erledigt werden soll (Methode), wer sie am effektivsten erledigen kann (Aufgabenverteilung) bzw. wie viele Mitarbeiter und welche Summen für die Aufgabe aufgewendet werden sollen (Einsatz von Ressourcen). Diese Konflikte sind relativ einfach zu lösen, da es sich in der Regel um konkrete und klar umrissene Streitfragen handelt. Natürlich ist *einfach* nicht gleichbedeutend mit *leicht*.

Die zweite Art von Konflikt bezeichnet die Harvard Law School als „Beziehungskonflikt“. Er tritt auf, wenn Kollegen aufgrund unterschiedlicher Denkweisen, Arbeitsstile, persönlicher Eigenheiten oder ästhetischer Vorstellungen aneinandergeraten. Da Mitarbeiter kaum Mitspracherecht bei der Auswahl ihrer Arbeitskollegen haben, können derartige Gegebenheiten zu einem Gefühl totaler Verzweiflung, der sogenannten erlernten Hilflosigkeit (dazu mehr im nächsten Kapitel), führen. Dass Arbeit und Einkommen untrennbar miteinander verbunden sind, macht alles nur noch schlimmer.

Als dritte Art wird der sogenannte „Wertekonflikt" angeführt. Dabei geht es um miteinander kollidierende Vorstellungen in Bezug auf Ethik, Moral oder tief empfundene Überzeugungen. Sogar der persönliche Lebensstil kann zum Gegenstand eines solchen Konflikts unter Kollegen werden. Werte sind für die meisten Menschen von großer Bedeutung und ein wesentlicher Bestandteil ihrer Identität. Häufig schlagen sie sich auch in religiösen Überzeugungen oder politischen Ansichten nieder. Daher kann es ziemlich heftig sein und zu offener Feindseligkeit führen, wenn hier verschiedene Anschauungen aufeinanderprallen. Die Differenzen nicht persönlich zu nehmen, ist meist keine Option; vielmehr können sie sogar destruktive Voreingenommenheit schüren. Mit diesem Thema werden wir uns ein paar Abschnitte weiter hinten beschäftigen.

## Was bei Gefühlskonflikten im Gehirn vor sich geht

Trotz ihrer inhaltlichen Unterschiede weisen Aufgaben-, Beziehungs- und Wertekonflikte gemeinsame neurologische Merkmale auf. Wenn das Gehirn erkennt, dass eine zwischenmenschliche Auseinandersetzung - egal welcher Art - unmittelbar bevorsteht, beordert es seine „Überlebensschaltkreise" an die Front. Über diese Schaltkreise werden Emotionen erzeugt, die so stark sind, dass sie unsere Produktivität beeinflussen. Der ehemalige Philips-Vorstandsvorsitzende Cor Boonstra beschreibt die Rolle von Emotionen bei Konflikten folgendermaßen:

> *Ein Unternehmen ist eine Ansammlung menschlicher Emotionen. Manchmal möchte man etwas erreichen und stellt fest, dass es nicht gelingen wird. Dann überschlagen sich die Gefühle und es wird unmöglich, Brücken zu bauen. Zu den meisten Konflikten in Organisationen kommt es, weil Emotionen außer Kontrolle geraten.*

Welche Emotionen geraten denn „außer Kontrolle"? Welche Hirnregionen sind am affektiven Erleben von Konflikten beteiligt? Boonstra spricht hier von negativen Gefühlen - einem Sammelsurium aus Unzufriedenheit, Misstrauen, Wut und Angst. Solche Gefühle entstehen als Nebenprodukte, wenn das Gehirn seine „Überlebensschaltkreise" aktiviert. Im Labor lassen sie sich relativ leicht darstellen, weil das Gehirn alle Mann an Bord ruft, wenn es tödliche Gefahr wittert. Eine Bedrohung für unser Überleben hat immer oberste Priorität und führt dazu, dass zwei Systeme gleichzeitig in höchste Alarmbereitschaft versetzt werden: der *schnelle Pfad* der Affektverarbeitung und der *langsame Pfad*.

Am schnellen Pfad ist die Amygdala beteiligt, ein kleiner, mandelförmiger (und daher auch Mandelkern genannter) Bereich tief im Inneren des Gehirns. Eine ihrer vielen Funktionen ist die sogenannte *Bewertung*. Dabei handelt es sich um einen Evaluierungsprozess, bei dem sie schnell entscheidet, ob es *wirklich* Grund zur Sorge gibt. Wenn das der Fall ist, gibt die Amygdala die Anweisung, sofort einen Gefahrenalarm im Gehirn auszulösen. Auf diese Weise werden die vorhin erwähnten Überlebensschaltkreise aktiviert, und zwar so blitzschnell, dass Sie sich Ihrer Reaktion gar nicht bewusst sind – daher der Begriff „schneller Pfad". Dadurch können Sie allerdings auch nicht kontrollieren, wie Sie auf die Bedrohung reagieren – zumindest nicht sofort.

Zum Glück bleibt das nicht so, und das liegt am gleichzeitig aktivierten langsamen Pfad. Seine Schaltkreise, die sich in den kortikalen Strukturen direkt hinter der Stirn befinden, haben die Oberaufsicht über die Amygdala und entscheiden nach ihrer Aktivierung, ob die Bedrohung eine stärkere Reaktion erfordert. Teilt der Kortex die Einschätzung, dass eine tödliche Bedrohung vorliegt, befiehlt er der Amygdala auf dem Posten zu bleiben und den Alarmzustand im gesamten Körper weiterhin aufrechtzuerhalten. Weil diese Analyse eine gewisse Zeit braucht – in den Regionen des Kortex herrscht nämlich ein gewaltiges Dickicht an neuronalem Gestrüpp –, bezeichnet man sie als „langsamer Pfad".

## Engelchen und Teufelchen im Gehirn

Ihr Gehirn reagiert bei Konflikten nicht nur über den schnellen und den langsamen Pfad. Wenn Sie sich gegen Bedrohungen wappnen, nehmen Sie auch eine soziale Bewertung Ihres Gegners vor. Und Ihr Gehirn reagiert darauf irgendwie ziemlich peinlich, nämlich wie in einer typischen Zeichentrick-Szene. Wahrscheinlich kennen Sie die Szene, die ich meine. Vor allem in alten „Looney Tunes"-Folgen kommt sie öfter vor: Eine der Figuren muss eine moralische Entscheidung treffen. Daraufhin erscheint ihr ein Engel auf der einen und ein Teufel auf der anderen Schulter. Der Engel versucht sie zu überzeugen, das Richtige zu tun, während der Teufel für die dunkle Seite wirbt.

Unser Gehirn greift in Konfliktsituationen auf seine eigenen Versionen dieser Zeichentrick-Geister zurück, sobald die ersten Alarmreaktionen ausgelöst sind. Angenommen, Sie befinden sich in einer Auseinandersetzung mit jemandem, den Sie als Feind betrachten. Sofort tritt das Teufelchen in Aktion und deaktiviert eine Hirnregion, die als *vordere Insula* bekannt ist. Das ist eine ziemlich große Sache und gleichzeitig ein bisschen seltsam. Normalerweise empfängt die Insula vom Körper

Informationen darüber, wo Sie sich in Relation zu Ihrer Welt befinden (wie ein inneres GPS-System) und wie sich das für Sie anfühlt (wie ein innerer Psychiater). Wenn man die Insula vom Netz nimmt, sind diese Funktionen natürlich gestört, aber warum das geschieht, wissen wir nicht genau.

Damit ist der Teufel aber noch nicht fertig mit seiner Arbeit. Während die Insula herunterzufahren beginnt, fahren zwei andere Hirnregionen hoch, und zwar der *Nucleus accumbens* und das *ventrale Striatum*. Der Nucleus accumbens ist an der Verstoffwechselung von Dopamin mitbeteiligt, einem Botenstoff, der seinerseits an der Vermittlung von Freude und Belohnung beteiligt ist. Das ventrale Striatum, das ebenfalls Dopamin nutzt, ist an Entscheidungsprozessen beteiligt. Einen Menschen leiden zu sehen, mit dem Sie im Konflikt stehen, löst in Ihnen nämlich keineswegs immer Entsetzen aus. Manchmal bewirkt es auch ein hämisches Grinsen.

Wie schon gesagt: der Teufel auf der Schulter.

Übrigens: Ist der Leidtragende ein Freund, ist alles ganz anders. In diesem Fall erscheint das Engelchen auf Ihrer Schulter. Statt die Insula herunterzufahren, wird sie sogar hochgefahren, sodass Sie genau wissen, wo Sie stehen und wie Sie sich dabei fühlen. So wie es aussieht, sind Konflikte für das menschliche Gehirn nicht unbedingt eine einfache Angelegenheit.

## Ballonfahren mit Empathie und Mitgefühl

Ich war viele Jahre als Berater für das Luftfahrtunternehmen Boeing tätig und hielt im Zuge dessen häufig Gastvorträge im *Boeing Leadership Center*. Es hat mir viel Spaß gemacht, Diskussionen an der Schnittstelle zwischen Konstruktionstechnik, Neurowissenschaften und dem Faktor Mensch zu führen.

Ein Konflikt, den ich bei Boeing häufig erlebte, waren die nahezu permanenten Spannungen zwischen den Ingenieuren aus Forschung und Entwicklung und ihren vorgesetzten Führungskräften – ein Phänomen, das man in produktorientierten Technologieunternehmen häufig beobachten kann. Beide Seiten machten oft darüber ihre Witze, und an einen erinnere ich mich noch ganz genau. Darin geht es um eine Person in einem Heißluftballon, die aus zehn Metern Höhe einem Ingenieur am Boden zuruft:

„Entschuldigen Sie, können Sie mir sagen, wo ich bin?“

„Ja“, antwortet der Ingenieur. „Sie befinden sich in einem Heißluftballon, etwa zehn Meter über dem Boden.“

Daraufhin der Ballonfahrer: „Sie sind bestimmt ein Ingenieur.“

„Ja, das bin ich“, bestätigt der Mann. „Woher wissen Sie das?“

„Alles, was Sie mir gesagt haben, ist fachlich korrekt, aber es nützt niemandem“, erklärt der Ballonfahrer höhnisch.

Entrüstet antwortet der Ingenieur: „Und Sie müssen ein Manager sein."

„Das bin ich in der Tat. Woher wissen Sie das?"

„Das ist ganz einfach", erwidert der Ingenieur. „Sie wissen weder, wo Sie sind, noch wohin Sie unterwegs sind, aber Sie erwarten, dass ich Ihnen helfen kann. Sie befinden sich in derselben Lage wie vor unserer Begegnung, aber jetzt bin ich daran schuld!"

Der Witz ist zwar lustig, aber solche Konflikte können schnell eskalieren und die Produktivität beeinträchtigen, sodass einem nicht mehr zum Lachen zumute ist. Was kann man tun, um die Spannungen zu reduzieren? Konkrete Maßnahmen wären natürlich gut, und im Buchhandel stapeln sich die Selbsthilfe-Ratgeber mit Tipps für das Berufsleben. Könnte eines dieser Bücher einen Boeing-Ingenieur überzeugen? Mit anderen Worten: Findet sich darin eine Vorgehensweise, die funktioniert?

Die Verhaltensforschung hat gezeigt, dass bestimmte Interventionen tatsächlich recht effektiv sein können – manche sogar sehr. Wir werden uns mit einigen von ihnen befassen, darunter Übungen zum Perspektivenwechsel sowie physische Aktivitäten (bei einer brauchen wir sogar Stift und Papier). Die Ansätze gehen auf zwei grundlegende Verhaltensweisen zurück, die wir wissenschaftlich definieren müssen: Empathie und Mitgefühl.

Bei Empathie und Mitgefühl scheint es sich um ähnliche Empfindungen zu handeln; vielleicht sind Sie auf den ersten Blick überrascht, dass Verhaltensforscher zwischen beiden unterscheiden. Empathie ist eine subjektive Empfindung, auf die wir bereits eingegangen sind. Mitgefühl beinhaltet den Wunsch zu helfen, was sich normalerweise in einer Handlung niederschlägt – und darüber haben wir bislang noch nicht gesprochen. Immer wenn es um praktische Lösungen geht, bewegen wir uns im Bereich des Mitgefühls.

Hier eine kleine Geschichte, damit Sie beide Emotionen besser auseinanderhalten können: Stellen Sie sich vor, Sie sind auf einer Geschäftsreise und haben den Schlüssel für Ihr Hotelzimmer verloren. Sie gehen an die Rezeption und schildern Ihr Problem. Würde der Empfangsmitarbeiter ausschließlich mit Empathie reagieren, würde er sagen: „Das tut mir sehr leid. Es ist schrecklich, wenn man in einer fremden Stadt ist und nicht in sein Zimmer kann", und sich dann einem anderen Gast zuwenden. Seine empathische Reaktion ist zwar ganz nett, aber wenn er Ihnen sonst nichts zu sagen hat, hilft sie Ihnen auch nicht aus der Klemme. Reagiert der Rezeptionist dagegen mit Mitgefühl, kann er zwar immer noch empathisch sein, verspürt aber gleichzeitig den Wunsch, Ihnen zu helfen, was sich normalerweise in einer Handlung niederschlägt. „Kein Problem", würde er in diesem Fall sagen, „ich mache Ihnen einen neuen Schlüssel", Ihnen dann eine neue Karte geben und Ihr Problem wäre gelöst.

Ein mitfühlender Mensch besitzt immer Anteile, die anderen helfen möchten. Daran können Sie den Unterschied erkennen. Empathie löst einen *Gefühls*impuls aus, wohingegen Mitgefühl einen *Handlungs*impuls triggert. Wir werden gleich auf praktische Ideen zur Konfliktbewältigung zu sprechen kommen. In der Forschung nennt man sie *Taten des Mitgefühls*, weil wir mit ihnen unser „Helfersyndrom" ausleben.

## Konflikte entschärfen

Wenden wir uns also drei evidenzbasierten Interventionsprotokollen zu, die unser Helfersyndrom bedienen. Alle drei beinhalten Maßnahmen zum Umgang mit Emotionen, denn Konflikte – wie auch der ehemalige Philips-Vorstandsvorsitzende Boonstra anmerkte – rufen in der Regel negative emotionale Reaktionen hervor. Oft ist trotzdem ein Silberstreif am Horizont erkennbar. Manchmal weisen diese Emotionen nämlich gleichzeitig den Weg zur Entspannung der Situation und lassen Mitgefühl aufkeimen. Das ist das Entscheidende. Wenn Sie sich nicht mit den Emotionen auseinandersetzen, werden Sie niemanden dazu bewegen, Frieden zu schließen. Ein Forscher betrachtet Emotionen als „entscheidende Bestandteile von Konflikten" und präzisiert: „Emotionen sind Mediatoren der Beziehung zwischen Konfliktwahrnehmung bzw. -bewertung und Konfliktlösungsstrategien."

Beim ersten evidenzbasierten Protokoll ist Ihr Vorstellungsvermögen gefragt, genauer gesagt Ihre Fähigkeit, die Emotionen anderer *vorherzusagen*. Das zweite nimmt Bezug auf Ihre Fähigkeit, die Emotionen anderer zu *erkennen*, um zu sehen, ob Ihre Vorhersagen richtig sind. Und beim dritten geht es um Ihre Fähigkeit Emotionen zu *kontrollieren* – nicht die Emotionen anderer, sondern Ihre eigenen –, sobald Sie das emotionale Terrain besser überblicken.

Beginnen wir mit der ersten Gruppe von Interventionsprotokollen. Wissenschaftler bezeichnen diese als „erfahrungsbasiert". Hier sind Sie aufgerufen, mithilfe Ihrer Vorstellungskraft Spekulationen über die Gefühlswelt Ihres Gegenspielers anzustellen und daraus Einsichten zu gewinnen. Diese können rein auf mentaler Übertragung basieren – der Vorstellung, wie Sie sich fühlen würden, wenn Sie an seiner Stelle wären. Doch auch aus früheren Erfahrungen mit Ihrem Gegenspieler, also aus Erinnerungen, können Sie sich eine Art „Karte" seines Innenlebens erschließen.

Bei der zweiten Gruppe handelt es sich um die sogenannten „ausdrucksbasierten" Protokolle. Dabei geht es um Ihre Fähigkeit, die zum jeweiligen Zeitpunkt tatsächlich vorhandenen Emotionen Ihres Gegners zu erkennen, statt nur zu versuchen sie sich theoretisch vorzustellen.

Bei einem beeindruckenden Vorher-nachher-Experiment sahen sich Assistenzärzte eine von Verhaltensforschern entwickelte Videoreihe zum Thema Empathie an. Diese Videos (a) vermittelten den Assistenzärzten, wie sie subtile Veränderungen in der Mimik ihrer Patienten erkennen können, (b) unterwiesen sie in neurobiologischen Grundlagen der Empathie und (c) zeigten ihnen erfahrenere Ärzte bei der

Interaktion mit Patienten. Als diese Aufnahmen gemacht wurden, waren sowohl die erfahrenen Ärzte als auch die Patienten an Geräte angeschlossen, die physiologische Reaktionen in Echtzeit messen. Die Messwerte wurden in einer Ecke des Bildschirms angezeigt, sodass die Assistenzärzte direkt sehen konnten, wie sich empathische und unempathische Reaktionen auf den Körper eines Patienten auswirken.

Die Ergebnisse waren verblüffend. Die Fähigkeit der Assistenzärzte, emotionale Signale zu erkennen, verbesserte sich erheblich. Dabei spielte es keine Rolle, wie subtil die Signale waren und ob es sich um sprachliche oder andere Signale handelte. Auch ihr Einfühlungsvermögen steigerte sich. Vor allem aber verbesserte sich die Betreuungszufriedenheit der Patienten der Assistenzärzte, die anhand eines sogenannten CARE-Tests erhoben wurde. (Diese Beurteilung funktioniert wie ein Zeugnis, wobei die Patienten sowohl empathische als auch beziehungsbezogene Fähigkeiten ihrer Ärzte bewerten.) Zwei Monate nach Abschluss dieses Trainings waren die Verbesserungen immer noch erkennbar.

Sowohl erfahrungsbasierte als auch ausdrucksbasierte Interventionsprotokolle rufen dazu auf, das eigene Innenleben eine gewisse Zeit lang zu ignorieren. Bei der dritten und letzten Gruppe von Interventionen ist genau das Gegenteil gefragt.

## Pennebakers Welt

Dieses in gewisser Weise nach innen gerichtete Konfliktlösungsprotokoll erfordert eine nach außen gerichtete Handlung Ihrerseits, und zwar eine, die durch Mitgefühl motiviert ist. Wie Sie wissen, ist Mitgefühl fest mit dem Wunsch zu helfen verknüpft. Es mündet in eine nach außen gerichtete Aktion. Welche mitgefühlsbasierten Handlungsschritte sind also nötig?

Wir konsultieren hierzu den Sozialpsychologen James W. Pennebaker, der Worte über alles liebt – genau wie seine erfolgreiche Familie. Seine Frau, Ruth Pennebaker, ist eine bekannte Kolumnistin und Autorin, und seine Tochter arbeitet im PR-Bereich in Washington, D.C. Obwohl Pennebaker ein international anerkannter Verhaltensforscher und Verfasser von über 300 von Experten begutachteten Artikeln ist, schreibt er immer noch Bücher zu Themen wie „Das geheime Leben der Pronomen“.

Wir können uns glücklich schätzen, dass seine Liebe zu den Worten anhält. Pennebaker gehört zu den wenigen Verhaltensforschern, die dazu in der Lage sind, Forschungsergebnisse aus dem Elfenbeinturm in praktische Therapien für jedermann zu verwandeln. Am besten bekannt ist er wahrscheinlich für das sogenannte *expressive Schreiben*, eine der wirksamsten Methoden zur Bewältigung zwischenmenschlicher Konflikte, die es gibt. Und natürlich hat er viele Worte zu diesem Thema verfasst.

Pennebaker hat als Erster herausgefunden, dass das Schreiben über belastende Erfahrungen dazu führt, dass sie uns nach einer Weile weniger belasten. Dazu muss man allerdings auf bestimmte Art und Weise und mit einer gewissen Regelmäßigkeit schreiben. Seine Arbeit bezog sich ursprünglich auf Menschen mit traumatischen Erfahrungen. Wie sich jedoch herausstellte, kann sie auch Menschen mit anderen emotionalen Belastungen helfen, einschließlich Menschen, die dringend einen Konflikt lösen müssen. Damit kommen wir zum dritten unserer Konfliktlösungsprotokolle.

Bei Pennebakers therapeutischer Schreibintervention geht es um das Schreiben aus wechselnden Perspektiven. Um das verstehen zu können, müssen wir kurz auf den Unterschied zwischen Selbstimmersion und Selbstdistanzierung eingehen.

Im Anschluss an einen Streit folgt häufig eine Phase des Grübelns. Üblicherweise findet diese in unserer Fantasie statt. Wir stellen uns den Konflikt noch einmal vor und schreiben das Erlebte dabei vielleicht mental um, um besser dazustehen (z. B. indem wir uns bissige Erwiderungen à la „Ich hätte das und das sagen sollen" ausdenken). Dieses Grübeln erfolgt ausnahmslos in der ersten Person, aus unserem eigenen Blickwinkel. Die Forschung nennt dies *selbstimmersive Perspektive* und hat nachgewiesen, dass solche Immersionen negative Gefühle verstärken und praktisch nichts besser machen.

Glücklicherweise haben Verhaltensforscher wie Ethan Kross herausgefunden, dass wir in der Phase des Grübelns auch eine andere Perspektive wählen können. Stellen Sie sich vor, es gab einen Konflikt und die für die Grübelei in Ihrem Kopf zuständigen Drehbuchredakteure beginnen, die Geschehnisse aus Ihrer Sicht umzuschreiben. Was wäre, wenn Sie die Verantwortlichen einfach feuern und durch Kameraleute ersetzen würden, die den Konflikt vor Ihrem inneren Auge aus der Perspektive eines neutralen Beobachters abspielen? Dieser Ansatz drängt Sie zwangsläufig hinaus aus der Rolle des unmittelbar Beteiligten und hinein in die des gleichgültigen Zuschauers. Nun sind Sie ein Mensch mit einer Kamera statt ein Mensch, der seine Wunden leckt. Dieser Perspektivenwechsel wird als *Selbstdistanzierung* bezeichnet.

Die Idee dahinter ist nicht neu. Selbstdistanzierung ist das Geheimrezept, auf das viele Paartherapeuten zurückgreifen, wenn sie ihren Klienten Konfliktbewältigungstipps geben. Sie empfehlen, Du-Botschaften zu vermeiden, denn Sätze wie „Du hast vergessen, die Tür abzusperren" haben einen vorwurfsvollen Unterton. Stattdessen halten sie die Paare dazu an, ihre Aussagen neutraler zu formulieren: „Die Tür war nicht abgesperrt und ich hatte Angst, dass etwas gestohlen werden könnte." Bei dieser Umschreibung, die auch als Reframing bezeichnet wird, spricht der Kameramann, nicht der Protagonist. Es ist erwiesen, dass diese Methode Konflikte reduziert. Sie gehört zu einem ganzen Bündel an Ideen, die auf Pennebakers Buch über Pronomen zurückgehen.

Selbstdistanzierung liegt den meisten Menschen eher fern, also tun sie es auch nicht. Die Erkenntnisse von Forschern wie Kross und Pennebaker sprechen dafür, es damit einmal zu versuchen. Wenn wir die Konzepte beider miteinander verbinden, können wir unsere Handlungsschritte ableiten.

## Schreiben ist Gold

Nehmen wir dazu einmal an, Sie hätten bei der Arbeit gerade eine heftige verbale Auseinandersetzung mit einer Kollegin gehabt und schäumen vor Wut. Ihnen ist bewusst, dass Sie die Sache klären müssen. Servieren wir hierzu den Cocktail aus Kross' und Pennebakers Ideen zum expressiven Schreiben, um zu sehen, ob Sie den Konflikt damit besser lösen können. Er besteht aus drei Zutaten:

*1. Zeitplanung*

Halten Sie sich die nächsten vier Tage lang jeweils 20 Minuten frei.

*2. Schreiben*

Nutzen Sie die 20 Minuten, um darüber zu schreiben, was passiert ist. Tun Sie dies aus Sicht einer dritten Person, die den Konflikt beobachtet – der Perspektive des Kameramanns. Schreiben Sie, was Ihre „Gegnerin" gesagt oder getan hat, und schreiben Sie, was Sie selbst gesagt oder getan haben. Beschreiben Sie dabei Ihre Absichten und Motivationen zum Zeitpunkt des Konflikts und gehen Sie auch auf die Ihrer Gegnerin ein. Vielleicht hilft es Ihnen, sich klarzumachen, dass jeder Mensch tut, was für ihn einen Sinn ergibt. Schreiben Sie darüber, was bei dem Konflikt für Ihre Gegnerin naheliegend war, und dann darüber, was für Sie Sinn ergab. Das kann – gerade am Anfang – durchaus schwierig sein.

*3. Wiederholung*

Wiederholen Sie dieselbe Schreibübung an den folgenden drei Tagen während der reservierten 20 Minuten.

Damit expressives Schreiben funktioniert, gibt es ein paar Regeln zu beachten. Erstens: Schreiben Sie, ohne den Stift abzusetzen, und folgen Sie inhaltlich dem Fluss Ihrer Gedanken. Kümmern Sie sich nicht um Rechtschreibung, Grammatik, Zeichensetzung oder ähnliche „Stolpersteine", die Ihnen den mentalen Weg blockieren. Lassen Sie Ihren Gedanken einfach freien Lauf.

Zweitens: Ihre Zielgruppe besteht aus einer einzigen Person: Ihnen selbst. Ihre Texte sollten weder einer taktischen Angriffsstrategie zur Vernichtung Ihrer Gegnerin dienen noch als Plädoyer an eine imaginäre Jury, warum Sie im Recht sind und Ihre Gegnerin im Unrecht. Denken Sie immer daran: Sie sind ein neutraler Kameramann und betrachten die Dinge aus der Ferne. Manche Menschen zerreißen ihre Texte danach, andere heben sie auf, um sie später noch einmal zu lesen. Egal, wie Sie sich entscheiden: Was Sie geschrieben haben, ist einzig und allein als Lektüre für diese eine Person gedacht, für die Sie es verfasst haben – Sie selbst und sonst niemand.

Diese Technik erlaubt Ihnen, sich von den Geschehnissen zu distanzieren, und bereitet Sie psychologisch auf den Zeitpunkt vor, wo Sie Ihrer Gegnerin direkt gegenübertreten müssen. Außerdem besitzt sie unzählige Vorteile. Das psychische Wohlbefinden, der allgemeine Gesundheitszustand und die physiologischen Funktionen werden dadurch erwiesenermaßen verbessert, insbesondere wenn Sie unter stressbedingten Beschwerden leiden. Selbst drei Monate nach Beendigung dieser Schreibintervention sind die positiven Auswirkungen noch nachweisbar. Sogenannte Meta-Analysen, in denen eine große Anzahl von Arbeiten untersucht wird, um die Frage „Ist das wirklich immer so?" zu beantworten, belegen diesen positiven Effekt auf eindrucksvolle Weise mit *r*-Werten im Bereich von 0,611 bis 0,681. (Wie Sie vielleicht aus einem früheren Statistik-Seminar wissen, misst der *r*-Wert den korrelativen Zusammenhang zwischen zwei Variablen, wobei gilt: je höher, umso besser – und 0,6 ist ein ziemlich solider Wert). Pennebakers Methode senkt das Fieber, das so viele Beziehungen krank macht.

Jetzt kennen Sie das Wundermittel. Denken Sie immer daran: Negative Gefühlsreaktionen sind meist das größte Hindernis bei der Konfliktlösung. Ergreifen Sie unbedingt Gegenmaßnahmen, wenn die emotionale Temperatur hochkocht, und sorgen Sie dafür, dass sie niedrig bleibt, wenn Ihnen an einer langfristigen Lösung gelegen ist.

## Konflikt und Voreingenommenheit (Bias)

Wie angekündigt, möchte ich nun genauer auf das Wesen von Konflikten eingehen und dazu auf Vorurteile, Stereotypen und Voreingenommenheiten zu sprechen kommen. Ein Blick in die Geschichte genügt, um zu sehen, dass dieses unheilvolle Trio die Menschheit zu wirklich abscheulichen Verhaltensweisen angestachelt hat. Beginnen möchte ich mit einem Zitat aus dem Shakespeare-Theaterstück *Der Kaufmann von Venedig*. Bei den nachfolgenden Worten handelt es sich für mich um den erschütterndsten und grausamsten Monolog aus der Feder des Dichters überhaupt. Er stammt von Shylock, einer seiner umstrittensten Figuren:

*Ich bin ein Jude. Hat nicht ein Jude Augen? Hat nicht ein Jude Hände, Gliedmaßen, Werkzeuge, Sinne, Neigungen, Leidenschaften? […] Wenn ihr uns kitzelt, lachen wir nicht? Wenn ihr uns vergiftet, sterben wir nicht? Und wenn ihr uns beleidigt, sollten wir uns nicht rächen?*

Warum ist es für mich Shakespeares erschütterndster und grausamster Monolog? Die Vorurteile, die Shylock beschreibt, sind schockierend ungerecht, und der Schmerz, von dem er spricht, immer noch entsetzlich relevant. Man braucht nur an den Holocaust zu denken, um zu verstehen, welch entsetzliche Macht Bigotterie über Menschen ausüben kann. Oder an den Völkermord im afrikanischen Ruanda oder, um die Vereinigten Staaten in den Blick zu nehmen, an über 400 Jahre Sklaverei, das rassistische Stereotyp des „Jim Crow“ (des tanzenden, singenden und geistig minderbemittelten schwarzen Mannes) und die Rassentrennung, die eine immer noch offene Wunde hinterlassen haben. Voreingenommenheit ist zählebig und destruktiv. Sie durchdringt alle Lebensbereiche, von der Religion bis zur ethnischen Zugehörigkeit, von der Politik bis zur Geschlechtsidentität, von unserer Einstellung gegenüber alten Menschen bis zu unserer Meinung über dicke Menschen. Wie Sie sehen werden, ist Voreingenommenheit frustrierenderweise extrem schwierig zu messen – und extrem schwierig wieder loszuwerden. Auch das werden Sie sehen.

## Definitionen

Woher kommen solche zählebigen Verhaltensweisen? Ich kenne niemanden, der sie mag oder haben will. Trotzdem hat sie jeder, den ich kenne. Forschungen haben gezeigt, dass das auch für all die Menschen gilt, die Sie kennen. Um der Antwort auf die Spur zu kommen, sollten wir erst ein paar Begriffe definieren.

Vorurteilsvolles Verhalten wird in der Sozialpsychologie der obskuren Kategorie *soziale Motivationen* zugeordnet. Dabei handelt es sich um die Kräfte, die uns dazu drängen, unsere Zugehörigkeit zu anderen zu organisieren (z. B. die Fähigkeit, „ich“ oder „wir“ von „denen“ oder „den anderen“ zu unterscheiden). Evolutionsbiologen zufolge könnte diese Notwendigkeit, sich zu organisieren, ursprünglich ein Selektionsmerkmal gewesen sein. Dadurch verstärkte sich unser Bedürfnis, soziale Gemeinschaften zu bilden und diese dann mit bestimmten Attributen zu versehen. Auf diese Weise entstanden Bündnisse, die dazu in der Lage waren, erst die Welt und dann sich gegenseitig zu erobern.

Gefährlich wird es dann, wenn Menschen die Gruppen, denen sie sich zugehörig fühlen, mit Werturteilen versehen. „Wir“ (die *Eigengruppe* oder *in-group*) wird gleichbedeutend mit „sicher“ und „großartig“, wohingegen „die anderen“ (die *Fremdgruppe* oder *out-group*) zunehmend als „unsicher“ und „weniger großartig“

angesehen werden. Teamloyalität birgt ebenfalls diese Gefahr, und damit wird Stammesdenken – das auf sozialer Verbundenheit beruht – so alltäglich wie Fußballmeisterschaften in Europa.

Nach dieser kurzen Vorbemerkung sind wir gewappnet für die wissenschaftlichen Definitionen von drei wichtigen Konzepten, die auch in der Alltagssprache vorkommen.

### *Stereotyp*

Mit Stereotypenbildung ist immer eine übermäßige Verallgemeinerung verbunden. Wer Stereotypen über eine Fremdgruppe prägt, sucht nach verhaltensbezogenen, körperlichen, wirtschaftlichen oder bestimmten anderen Merkmalen (die Liste ist endlos), die wiederholt in dieser Fremdgruppe auftreten, und schreibt sie jedem ihrer Mitglieder zu. In Witzen über ethnische Gruppen wird diese Strategie häufig verwendet, um Pointen zu machen.

### *Vorurteil*

Als Vorurteile bezeichnet man alle emotionalen Reaktionen – die sogenannten *affektiven Reaktionen* –, die Mitglieder einer Eigengruppe gegenüber Mitgliedern einer Fremdgruppe zeigen können. Diese Reaktionen können sowohl übertrieben wertschätzend („Alle blonden Menschen sind wundervoll.“) als auch entsetzlich negativ sein („Ich hasse alle Juden.“). Stereotypen entstehen im Kopf, Vorurteile dagegen im Herzen.

### *Voreingenommenheit (Bias)*

Voreingenommenheit unterscheidet sich von den anderen beiden Konzepten dadurch, dass sie immer mit einem Gefühl der Bedrohung einhergeht. Man unterscheidet eine explizite und eine implizite Variante. *Explizite Voreingenommenheit* wird üblicherweise so definiert:

> *... die Einstellungen und Überzeugungen, die wir auf bewusster Ebene gegenüber einer Person oder Gruppe haben. Häufig sind diese Voreingenommenheiten und ihr Ausdruck das direkte Ergebnis einer empfundenen Bedrohung.*

Bei der *impliziten Voreingenommenheit* handelt es sich um ein Urteil knapp unterhalb des Bewusstseinsradars, auf dessen „Bedrohungen" die Betroffenen aber nichtsdestotrotz reagieren. Implizite Voreingenommenheit, auch *unbewusste Voreingenommenheit* genannt, wird definiert als „... die automatische Assoziation von Stereotypen oder Einstellungen über bestimmte Gruppen durch das Gehirn, häufig ohne dass wir uns dessen bewusst sind".

Viele betrachten das Vorhandensein impliziter Voreingenommenheiten als unsichtbaren und peinlichen Schandfleck, als ein Merkmal, das im Widerspruch zum eigenen Wertesystem steht. Und trotzdem sind sie da. Sie lauern unterhalb der Bewusstseinsschwelle in einer mentalen Sphäre, die man früher als „Unterbewusstsein" bezeichnete.

## Der IAT

Wenn implizite Vorannahmen hauptsächlich außerhalb unseres Bewusstseins existieren, woher wissen wir dann überhaupt, dass sie existieren? Sind sie wie ein Geruch, den niemand riechen kann? Verhaltenswissenschaftler haben Methoden entwickelt, um implizite Voreingenommenheit zu messen, so subtil sie auch sein mag. Ein berühmtes – und umstrittenes – psychometrisches Instrument dafür ist der implizite Assoziationstest, kurz IAT.

Rundheraus gesagt, sind manche Menschen über diesen Test wütend, vor allem, nachdem sie ihn gemacht haben. Sie fühlen sich zu Unrecht an den Pranger gestellt, zutiefst gedemütigt – oder irgendetwas dazwischen. Wenn der Test etwas Negatives aussagt, das man selbst nicht erkennen kann, liegt es nahe, anderer Meinung zu sein, den Test zu kritisieren und schließlich für falsch zu erklären.

Sehen wir uns das Ganze einmal genauer an.

Der IAT ist ein mehrteiliger Test, der die Stärke der Assoziation zwischen zwei Variablen misst. Die erste Variable wird als Zielkonzept (z. B. junge Menschen, alte Menschen oder Menschen mittleren Alters), die zweite als Attribut (z. B. gut, schlecht oder neutral) bezeichnet. Beim computergestützten IAT werden bestimmte Wortpaare eingeblendet und dann die Zeit gemessen, die Sie brauchen, um einer bestimmten Assoziation zuzustimmen. Da unsere Reaktionszeit kürzer ist, wenn wir das Gefühl haben, dass die Begriffe zueinander passen, verrät die Messung dieser Zeit theoretisch etwas über unsere Denkweise.

Zur Veranschaulichung hier eine vereinfachte Darstellung des Tests am Beispiel von Altersdiskriminierung: Nehmen wir an, Sie haben gegenüber jungen Menschen eine positive implizite Voreingenommenheit und gegenüber alten Menschen eine negative. In diesem Fall würden Sie schneller auf die Wortkombinationen *jung + gut* oder *alt + schlecht* auf dem Bildschirm reagieren als auf die Wortkombinationen *jung*

+ *schlecht* oder *alt* + *gut*. Auch wenn Sie bewusst das Gefühl haben, dass alle Menschen gleich sind, zeigt der Test eine implizite Bevorzugung jüngerer Personen an – eine implizite *Voreingenommenheit*.

Abgesehen von Altersdiskriminierung kann der IAT selbstverständlich noch viele andere Dinge messen, darunter – um nur ein paar Beispiele zu nennen – Einstellungen bezüglich Rasse, Sexualität, Geschlechtsidentität oder Religion.

Sie sollten wissen, dass es von wissenschaftlicher Seite Einwände gegen den IAT gibt. Forscher haben Bedenken hinsichtlich seiner Test-Retest-Reliabilität geäußert, also der Fähigkeit, bei Wiederholung des Tests ein ähnliches Ergebnis wie beim ersten Mal zu erzielen. Es wurde auch kritisiert, dass bestimmte soziale Kontexte einen unangemessenen Einfluss auf die Ergebnisse des IAT ausüben. Und wie üblich gibt es potenzielle Schwachstellen durch Manipulation. In der Regel versuchen die Testteilnehmer dabei, die Aufgaben nach den mutmaßlichen Präferenzen der Forscher zu lösen (oder nach dem, was sie von sich selbst glauben möchten), und nicht so, wie es eigentlich den Gegebenheiten entspricht.

Auf die meisten dieser Einwände wurde in der einen oder anderen Form eingegangen, und aktuell ist die Fachwelt sich einig, dass man das Kind nicht mit dem Bade ausschütten sollte. Der IAT eignet sich zum Beispiel ausgesprochen gut für Wahlprognosen. Dass seine Unterstützung in wissenschaftlichen Kreisen eher verhalten ist, lässt sich prägnant mit dem Titel einer kürzlich erschienenen Untersuchung zu den Stärken und Schwächen des Tests zusammenfassen: „Der IAT ist tot, lang lebe der IAT."

Ich bin voll und ganz dieser Meinung und greife gerne weiterhin auf Forschungsergebnisse zurück, die mittels IAT gewonnen wurden, solange dabei die oben genannten Aspekte berücksichtigt werden.

Eine wichtige Erkenntnis, die der IAT zutage förderte, war, dass es sehr schwer ist, ein Bias zu verändern, sobald es sich einmal in unserer Psyche festgesetzt hat. Muhammad Ali hat diese Persistenz sehr anschaulich beschrieben, als er von dem BBC-Reporter Michael Parkinson live vor Zuschauern interviewt wurde. Der große Boxer sprach über seine Kindheit und die damals einsetzende Erkenntnis, dass es rassistische Vorurteile gibt:

> *Ich habe immer meine Mutter gefragt: „Mama, wieso ist alles weiß?" ... Ich war immer neugierig, wollte immer wissen warum, verstehen Sie? Tarzan ist der König des afrikanischen Dschungels. Und er war weiß!*

Aus dem Publikum war vereinzelt nervöses Lachen zu hören.

> *Alles war weiß. Die weiße Torte war der Engelskuchen, die Schokoladentorte der Teufelskuchen ... alles Schlechte war schwarz. Die schwarze Ente war das hässliche*

*kleine Entlein. Und die schwarze Katze stand für Unglück. Und wenn ich jemanden erpresse, nennt man das auf Englisch „blackmail". Ich fragte: „Mama, warum heißt es nicht ‚whitemail'?" Die Weißen lügen doch auch. Ich war immer neugierig. Und da wusste ich, dass etwas nicht stimmt.*

In der Tat. Dieses Interview liegt über ein halbes Jahrhundert zurück, und wir haben immer noch mit diesen Problemen zu kämpfen. Voreingenommenheiten haben die lästige Angewohnheit, sich in unsere Gedanken zu schleichen und sich dort wie Parasiten festzusetzen.

## Die Rolle des Bewusstseins

Zum Glück erkennen heute viele Menschen, dass es da ein Problem gibt. Und es wird gezielt versucht, Abhilfe zu schaffen. Rund um das Thema hat sich ein eigener Wirtschaftszweig etabliert. Neu konzipierte „Diversity Trainings" und ähnliche Personalentwicklungsangebote stoßen bei Unternehmen in aller Welt auf großes Interesse.

Manche dieser Schulungen werben damit, implizite Voreingenommenheit zu reduzieren oder gar vollständig zu eliminieren. Gegenüber solchen Versprechen sollten Sie auf jeden Fall skeptisch sein. Begibt man sich auf die Suche nach Beweisdaten, finden sich nur wenige Prä-Post-Studien, die belastbare Veränderungen aufzeigen. Dieselben Studien zeigen außerdem, dass diese Veränderungen von lächerlich kurzer Dauer sind: weniger als eine Stunde, manchmal sogar weniger als eine halbe. Die meisten Trainingsprogramme kamen nicht einmal in den Genuss, getestet zu werden. Der Erfinder des IAT, Anthony Greenwald, wies darauf kürzlich in einem Interview hin:

*Ich bin momentan sehr skeptisch gegenüber den meisten Angeboten für ein sogenanntes Implicit Bias Training, weil die darin verwendeten Methoden nicht wissenschaftlich auf ihre Effektivität getestet wurden.*

Das ist erschütternd. Viele Diversity-Trainingsprogramme werden von gutherzigen und wohlmeinenden Menschen entwickelt, die „soziale Wunden" heilen möchten.

Doch glücklicherweise gibt es Grund zur Hoffnung.

Im Folgenden betrachten wir eine Reihe von Ansätzen, die in gewisser Weise vielversprechend sind. Alle kamen in den Genuss einer Peer-Review. Zunächst bemühen wir uns um einen Weg, um unsere Voreingenommenheit zu ignorieren, die ganze Misere einfach in den Tiefen unseres Unterbewusstseins zurückzulassen, und ohne sie weiterzumachen. Eine bemerkenswerte Studie, die inzwischen über

20 Jahre alt ist, hat genau das getan. Sie befasste sich mit nichts Geringerem als Sexismus in amerikanischen Symphonieorchestern.

## Lektionen der Symphoniker

Wenn es in Symphonieorchestern Vakanzen zu besetzen gab, war es früher üblich, dass der Musikdirektor – traditionsgemäß handelte es sich dabei um einen Mann – eine Vorauswahl traf und sodann die Einladungen zum Vorspiel verschickt wurden. Natürlich entschieden sich die Musikdirektoren überwiegend für männliche Musiker, und so kam es, dass der Anteil der Musikerinnen in den höchstrangigen Symphonieorchestern Ende der 1960er-Jahre nur bei sechs Prozent lag.

Im Laufe der Jahre änderte sich das. In einigen Orchestern fand das Probespiel nun hinter einem Vorhang oder Wandschirm statt, sodass das Geschlecht des Vorspielenden für die Auswahlkommission verblindet war – genau wie ihre eigenen Voreingenommenheiten. Der Effekt war enorm. Bis 1993 stieg die Anzahl der Musikerinnen in den Symphonieorchestern auf 21 Prozent.

Solche Studien werden häufig als Erfolge im Kampf gegen geschlechtsbezogene Diskriminierung gefeiert, aber dabei gibt es ein Problem: Durch Strategien wie das Vorspielen hinter dem Vorhang werden zwar Verzerrungseffekte neutralisiert, doch die vorurteilsbehafte Einstellung verändert sich nicht. Das Unkraut wird abgeschnitten, aber seine Wurzel bleibt intakt.

Ist es möglich, mit einem kognitiven Unkrautstecher in unser Denken einzudringen und damit die Voreingenommenheit an der Wurzel zu packen? Ja, glücklicherweise gibt es Belege für diese Option. Ein anschauliches Beispiel habe ich in einer mehrteiligen BBC-Radiosendung mit dem Titel *Two Minutes Past Nine* entdeckt, die den schrecklichen Bombenanschlag in Oklahoma City im April 1995 behandelt – ein trauriges Kapitel der amerikanischen Geschichte. In der letzten Folge dieser Serie geht es um die Versöhnungsarbeit von Imad Enchassi, dem Imam einer Moschee in Oklahoma City. Seine Moschee, die eigentlich ein Komplex aus verschiedenen Einrichtungen ist (darunter eine Klinik mit kostenlosen medizinischen Behandlungen), war regelmäßig Ziel von Protesten anti-islamischer Milizen.

Bei einem dieser Proteste nahm der Imam all seinen Mut zusammen und ging zu einem der Milizanhänger, einem stämmigen Mann, der mit einer M16 bewaffnet war. Als der Geistliche fragte, warum der Mann protestiere, rechnete er damit, dass ihm gleich das Äquivalent eines wütenden Tweets in Großbuchstaben um die Ohren fliegen würde. Doch nichts dergleichen geschah. Der Mann antwortete lediglich, dass er „gegen den Islam“ demonstriere. Daraufhin entwickelte sich ein längeres Gespräch.

Dem Imam fiel rasch auf, dass der Milizanhänger ein verdächtig aussehendes Muttermal im Gesicht hatte. Er legte ihm nahe, es untersuchen zu lassen, woraufhin dieser erwiderte, dass er kein Geld habe. Die Miene des Imam hellte sich auf. „Wir haben hier eine kostenlose Klinik!"

Sodann führte er den Mann, der immer noch seine M16 in der Hand hielt, in das Gebäude. Das Muttermal war tatsächlich krebsartig und musste behandelt werden. Diese Behandlung bewirkte eine bleibende Veränderung. Um es kurz zu machen, der Imam sagte: „Er bekommt bis heute Hilfe in unserer kostenlosen Klinik und arbeitet jetzt als Wachmann für uns."

Kann man Menschen beibringen, ihr Verhalten so radikal zu verändern wie dieser Milizanhänger? Durch welchen Kunstgriff könnten wir die Güte, die Enchassi dem Demonstranten entgegenbrachte, in größerem Maßstab reproduzieren? Ist es möglich, Heilung in die Blutbahnen zu injizieren, die unsere tief verwurzelten Vorurteile nähren? Eine Reihe von Forschungsarbeiten beschäftigt sich mit genau diesen Fragen.

## Untersuchte Ansätze

Drei evidenzbasierte Ansätze haben sich als erfolgreich erwiesen und werden weiterhin erprobt. Hier sind sie:

### *1. Der Go-slow-Ansatz*

Bei diesem Ansatz werden Menschen darauf trainiert innezuhalten, bevor sie Entscheidungen treffen, die potenziell durch Voreingenommenheiten beeinflusst werden könnten. Wissenschaftler fanden heraus, dass Menschen, die auf eine bestimmte Situation schnell reagierten, in der Regel aus ihren inneren Überzeugungen heraus handelten; wenn man ihnen jedoch die Möglichkeit gab, ihre Entscheidung im Vorfeld gründlich zu überdenken, ließen sie sich in ihrem Handeln weniger durch unbewusste Vorannahmen leiten.

### *2. Umfeldbedingte Ansätze*

Diese Ansätze basieren auf der Erkenntnis, dass unsere Voreingenommenheiten nicht ständig präsent sind, sondern durch bestimmte Reize aus dem Umfeld ausgelöst werden. Wenn es gelingt, diese Auslöser zu identifizieren, kommen die Vorbehalte ans Tageslicht. Diese *Selbsterkenntnis* ist der entscheidende erste Schritt zu ihrer Auflösung.

*3. Aufklärung*

Hierbei geht es einerseits darum zu erklären, wie Voreingenommenheit funktioniert, und andererseits darum, Beispiele für erfolgreiche Menschen zu liefern, die einem bestimmten Stereotyp nicht entsprechen. So stellten zwei Forschungsgruppen bei einem gemeinsamen Projekt gegen Sexismus etwa fest, dass sich Mentoring-Beziehungen zwischen Männern und Frauen verbessern, wenn man sie über geschlechtsspezifische Verhaltensunterschiede aufklärt. In der *Harvard Business Review* berichten sie darüber:

> *Männer sind sich in Mentoringprogrammen mit Frauen ihrer selbst bewusster und effizienter, wenn sie ... neurowissenschaftliche Erkenntnisse zu Geschlecht und Gender und die gleichermaßen einflussreiche Wirkung geschlechtsspezifischer Sozialisation verstehen und akzeptieren.*

Leider wissen wir nicht, ob Aufklärung die richtige Strategie ist, um erfolgreich gegen jede erdenkliche Voreingenommenheit anzugehen. Auch die langfristigen Effekte des Go-slow-Ansatzes und der Auseinandersetzung mit Auslösern im Umfeld sind uns nicht bekannt. Dass es kein Patentrezept für alle x-beliebigen Arten von Voreingenommenheit gibt, ist kaum überraschend. Wir haben zwar bemerkenswerte Fortschritte bei der Regelung ehemals brisanter Rechtsfragen wie der Homo-Ehe erzielt, aber in anderen Bereichen, wo schlimme Ressentiments unsere Gesellschaft spalten, lässt ein ähnlicher Durchbruch noch auf sich warten. (Ich denke da an die Beziehungen zwischen den Rassen.)

Doch es besteht Grund zur Hoffnung. Bei den meisten Strategien geht es darum, in das Gedankenleben einer Person einzugreifen und es zu verändern. Hierbei können die kognitiven Neurowissenschaften behilflich sein. Wir wissen nämlich, wie Menschen langfristig alternative Gedanken und Gefühle entwickeln können. Dafür gibt es zwar kein Trainingsprogramm, aber Therapeuten.

## Verändern Sie Ihre Denkweise

Gelegentlich trifft man auf einen Titanen der Wissenschaft, dem man seine geistige Größe nicht anmerkt – weder optisch noch durch sein Verhalten. Zu dieser Kategorie gehört der legendäre Entwickler der kognitiven Verhaltenstherapie (KVT), der Psychiater Aaron Beck. Er pflegt ein selbstironisches Auftreten, hat weißes Haar und trägt eine Fliege, wie man sie aus Comics der 1950er-Jahre kennt. Seine Stimme ist dünn wie ein Faden, sein Verstand scharf wie ein Skalpell und sein Herz warm wie ein Kaminfeuer.

Die kognitive Therapie nach Beck hat wahrscheinlich mehr psychisches Leid gelindert als jede andere Technik in der Geschichte der Psychotherapie. Sie basiert auf einer einfachen Erkenntnis: Um eine langfristige Verhaltensänderung herbeizuführen, muss man das negative Verhalten dort bekämpfen, wo es entsteht: in den Gedanken der jeweiligen Person. Basierend auf dieser scheinbar offensichtlichen Idee führt die KVT zu quantifizierbaren Verhaltensveränderungen, die manchmal über Jahre messbar sind. Insofern überrascht es nicht, dass die KVT von Ärzten auf der ganzen Welt praktiziert wird.

Ich möchte zunächst auf die Grundlagen des Beck'schen Protokolls eingehen und dann auf unsere Diskussion über Voreingenommenheit zurückkommen. Beginnen wir mit einem Thema, für das sich die KVT als besonders geeignet erwiesen hat: Ängste.

Nehmen wir an, Sie leiden unter dem Hochstapler-Syndrom, einer Angsterkrankung, von der viele erfolgreiche Geschäftsleute betroffen sind. Dabei haben Sie das Gefühl, dass Sie (a) in Ihrem Job vollkommen inkompetent sind, (b) es nur durch reines Glück so weit gebracht haben und (c) Ihnen jeden Moment jemand auf die Schliche kommen wird. Die KVT leitet Sie dazu an, sich über Ihre Gedanken bewusst zu werden, gegenzusteuern und auf diese Weise das Hochstapler-Syndrom wieder loszuwerden.

Dazu empfiehlt Ihnen die KVT Folgendes:

### *1. Identifizieren Sie die negativen automatische Gedanken*

Ihr erstes Ziel besteht darin, die Quelle der Angst zu isolieren und zu identifizieren. Im Falle des Hochstapler-Syndroms handelt es sich um das Gefühl, als Betrüger entlarvt zu werden.

### *2. Bewerten Sie die negativen automatischen Gedanken*

Anhand folgender Fragen fordert Sie die KVT dazu auf, zu bewerten, ob Ihre negativen automatischen Gedanken gerechtfertigt sind: „Was lässt Sie glauben, dass diese Gedanken wahr sind? Haben Sie Beweise dafür? Gibt es vielleicht realistischere Alternativen?“ Im Falle des Hochstapler-Syndroms könnte eine Alternative lauten: „Moment mal – ich bin nicht immer ein Betrüger. Ein paar Dinge kann ich tatsächlich gut.“ Interessanterweise verlangt die KVT nie von Ihnen, dass Sie tatsächlich an die Alternative glauben; es geht nur darum, sich eine Alternative ins Gedächtnis zu rufen. Der Glaube ist bei der ganzen Sache auch nicht das Problem, sondern unsere Gewohnheiten (siehe 3.).

*3. Belohnen Sie die Alternative*

Die KVT fordert sie dann dazu auf, zwei Dinge zu tun. Erstens: Machen Sie eine Koppelungsübung. Erinnern Sie sich jedes Mal, wenn Sie von destruktiven automatischen Gedanken heimgesucht werden, an die weniger selbstzerstörerische Alternative. Für unser konkretes Beispiel bedeutet das: Jedes Mal, wenn Sie denken, dass Sie ein Betrüger sind, führen Sie sich vor Augen, dass Sie kein Betrüger sind. Zweitens: Geben Sie sich jedes Mal, wenn Sie beide Gedanken miteinander verknüpfen, eine kleine Belohnung. Das kann alles Mögliche sein. (Eine Kollegin von mir hat sich bei jeder erfolgreichen Gedankenverknüpfung ein Gummibärchen in den Mund geschoben.) Die Belohnung muss allerdings wirklich angenehm sein und konsequent erfolgen.

Die Forschung zeigt, dass negative automatische Gedanken bei zuverlässiger Anwendung der KVT von selbst verschwinden und nur die positive Alternative bestehen bleibt (im Falle meiner Kollegin waren es außerdem auch ein paar Kalorien mehr). Bei einer Vielzahl von psychischen Erkrankungen, von Depressionen über Zwangsstörungen bis hin zu Schizophrenie, hat sich die KVT als sehr wirksam erwiesen.

## Eine vielversprechende Richtung

Wie unsere KVT-Diskussion nahelegt, gibt es evidenzbasierte Techniken, die stark genug sind, um die eigenen Gedanken zu verändern. Könnte man die Macht der KVT nutzen, um implizite rassistische Voreingenommenheit abzubauen?

Eine Forschergruppe der University of Wisconsin-Madison unter der Leitung von Patricia Devine hat genau das versucht. Sie entwickelte eine Intervention aus fünf verhaltensbezogenen Teilkomponenten. Darunter waren auch KVT-ähnliche Übungen.

Ein Beispiel für eine solche von Beck inspirierte Übung war die sogenannte *Stereotypenersetzung*. Dabei identifizierten die Probanden zunächst den negativen automatischen Gedanken, den sie ersetzen wollten. In diesem Fall war es die Reaktion auf ein selbst erzeugtes Rassenstereotyp. Dann wurden sie aufgefordert, sich eine unvoreingenommene Reaktion zu überlegen, gefolgt von Anweisungen, wie sie ihren schmutzigen negativen Gedanken gegen ein saubereres, weniger voreingenommenes Muster austauschen können. Im Training lernten sie außerdem, stereotypenbasierte Reaktionen zukünftig zu vermeiden.

Nachdem der Interventionsplan erstellt worden war, konnte das Experiment beginnen. Als die IAT-Werte aller Studienteilnehmer ermittelt waren, wurden die Probanden nach dem Zufallsprinzip der Kontroll- oder Versuchsgruppe zugewiesen.

Die Versuchsgruppe nahm an den Trainingseinheiten teil, bei denen die fünfteilige Intervention der Forscher zur Anwendung kam.

Nachdem das Training begonnen hatte, testete Devine die IAT-Werte aller Probanden zu unterschiedlichen Zeitpunkten erneut, unter anderem in der vierten und in der achten Woche. Interessanterweise stellte sie bereits in der vierten Woche erste Reaktionen in der Versuchsgruppe fest. Obwohl das gesamte Projekt auf zwölf Wochen angelegt war, hatte sie bereits in Woche acht die Antwort gefunden. Hier die prägnante Zusammenfassung aus der Studie:

> *... Personen, die an der Intervention teilnahmen, zeigten eine drastische Verringerung impliziter rassistischer Voreingenommenheit. Die Personen in der Kontrollgruppe zeigten keinen der oben genannten Effekte. Unsere Ergebnisse geben Anlass zu der Hoffnung, dass hartnäckige und unbeabsichtigte Formen der Diskriminierung, die durch implizite Voreingenommenheit entstehen, reduziert werden können.*

Dieser Befund ist durchaus veröffentlichenswert – und außerdem nachdenkenswert. Voreingenommenheit mag sich wie schnell trocknender, langlebiger Zement verhalten, aber man kann trotzdem tiefe Risse darin erzeugen. Und sie lässt sich sogar langfristig beseitigen, zumindest mithilfe von Devines Presslufthammer, wobei die positiven Auswirkungen noch Monate und Jahre (und nicht nur Minuten und Stunden) nach Beendigung des Trainings messbar sind. Die robustesten Ergebnisse erzielten die Studienteilnehmer, die sich bereits im Vorfeld Gedanken über rassistische Vorurteile gemacht hatten. Die allgemeine Sensibilität für das Thema nahm jedoch bei allen Mitgliedern der Versuchsgruppe zu. Gleichzeitig wurden sie sich auch verstärkt ihrer eigenen stereotypen Denkmuster bewusst.

Seit der Originalpublikation von Devines Arbeit (2012) haben Wiederholungsstudien die ersten Erfolge erfreulicherweise bestätigt. Zwei Jahre nach der Intervention zeigten die Versuchsteilnehmer immer noch ein messbar stärkeres Gespür für solche Verzerrungseffekte als die Kontrollgruppe. Dazu gehörte auch die Bereitschaft, sich mit Voreingenommenheiten in sozialen Medien auseinanderzusetzen. Die Intervention hatte außerdem eine ausgleichende Wirkung auf das Geschlechterverhältnis bei der Neubesetzung von Stellen an der Universität. In Fakultäten, die an dem Training teilgenommen hatten, waren 47 Prozent der neu eingestellten Mitarbeiter Frauen. In den Kontrollgruppen ohne dieses Training stagnierte diese Zahl dagegen bei 33 Prozent.

Das Programm war so effektiv, dass daraus ein Workshop entwickelt wurde, dessen Name vermutlich nicht von der Marketingabteilung der University of Wisconsin-Madison abgesegnet wurde. Er nennt sich „Prejudice Habit-Breaking Intervention“, also *Intervention zum Abbau von Vorurteilsgewohnheiten*[4]. Und das bringt uns zu meiner wichtigsten To-do-Empfehlung für nächsten Montag. Studieren Sie dieses Programm. Lernen Sie die verhaltenstherapeutischen Grundlagen seines evidenzbasierten Designs kennen und werden Sie ein Experte für KVT-basierte Interventionen. Dieses Kapitel enthält einige Tipps, wo Sie ansetzen können. Eine detaillierte Beschreibung dieses Workshops finden Sie unter breaktheprejudicehabit.com.

Der Grund dafür ist einfach. Devines Arbeit setzt an der Wurzel des Voreingenommenheitsproblems an: dem Gedankenleben der Menschen. Natürlich haben wir noch ein gutes Stück Arbeit vor uns, aber die Verhaltenswissenschaften sind ziemlich gut darin, Probleme an der Wurzel zu packen. Damit besteht wirklich Anlass zur Hoffnung. Eines Tages könnten Verfahren wie das von Devine dazu führen, dass Shylocks Klage zu einem Museumsstück wird, das zeigt, wie wir früher gedacht haben, statt zu illustrieren, dass noch ein weiter Weg vor uns liegt.

4 Anm. d. Übers. und d. Verlags: Nach unserer Recherche gibt es bei Redaktionsschluss keine deutschsprachige Version des Workshops und der Website.

## KONFLIKT/VOREINGENOMMENHEIT

**Brain Rule:** Sie können Konflikte lösen, indem Sie Ihre Gedanken verändern. Ein Bleistift hilft dabei ungemein.

- Der erste Schritt zur Beilegung von Konflikten jeglicher Art am Arbeitsplatz besteht darin, die Emotionen Ihres Gegners zu erkennen und Ihre eigenen Emotionen zu kontrollieren, vor allem Unzufriedenheit, Misstrauen, Wut und Angst.
- Wenn Sie in einen Konflikt verwickelt werden, nehmen Sie sich in den Tagen danach jeweils 20 Minuten Zeit, um aufzuschreiben, was passiert ist – allerdings aus der Perspektive eines neutralen Beobachters. Dadurch können Sie sich besser aus der belastenden Situation lösen.
- Denken Sie daran, dass bestimmte Konflikte auf Voreingenommenheit hinsichtlich unterschiedlicher Moralvorstellungen, tief verwurzelter Überzeugungen oder dem Lebensstil zweier Parteien zurückzuführen sein können.
- Seien Sie skeptisch gegenüber allen Personalentwicklungsprogrammen, von denen behauptet wird, sie würden Voreingenommenheit beseitigen. Evolutionspsychologen gehen davon aus, dass vorurteilsvolles Verhalten ein Selektionsmerkmal war, das den Menschen dabei half, soziale Gemeinschaften zu bilden und dadurch ihr Überleben zu sichern. Folglich ist es fast unmöglich, Voreingenommenheit zu beseitigen, sowohl bei Einzelpersonen als auch bei Gruppen.
- Der Implizite Assoziationstest (IAT) ist zwar nicht perfekt, aber er ist nützlich, um implizite Voreingenommenheit offenzulegen und bestimmte Verhaltensweisen vorherzusagen, beispielsweise das Wahlverhalten.
- Das Interventionsprogramm zum Abbau von Vorurteilsgewohnheiten der University of Wisconsin-Madison hat sich als vielversprechend erwiesen. Es nutzt Komponenten der kognitiven Verhaltenstherapie, um Denkgewohnheiten zu verändern.

# 9
# Work-Life-Balance

**Brain Rule:**

Ihr „Arbeitsgehirn“ und Ihr „Heimgehirn“ sind ein und dasselbe. Sie haben nur ein Gehirn, aber es funktioniert an beiden Orten.

„Lasst uns auf den Anfang trinken!“, erklärt Dolly Parton verheißungsvoll und sprüht dabei förmlich vor Begeisterung.

Diese erwartungsfrohen Worte fallen am Ende des Kultfilms *Warum eigentlich bringen wir den Chef nicht um?* (1980). Die von Parton gespielte Figur, Doralee Rhodes, hat allen Grund zur Freude. Sie und zwei ihrer Kolleginnen haben dem Alphamännchen im Büro die Kontrolle entzogen und das Ruder übernommen, oder, besser gesagt, so weitreichende Veränderungen vorgenommen, dass man sie heute noch als radikal bezeichnen kann: Betriebskindergarten, flexible Arbeitszeiten, Jobsharing, ein Reha-Programm für Alkoholabhängige – und sie haben den Kampf um gleiches Gehalt für alle aufgenommen. All dies führte im Film zu einer Verringerung der Fehlzeiten und einer Steigerung der Produktivität um 20 Prozent. Als der Aufsichtsratsvorsitzende von diesen Erfolgen erfuhr, kam er vorbei, um sich persönlich davon zu überzeugen.

Der Film, dessen Originaltitel *9 to 5* lautete, war ein Hit und wurde zusätzlich durch den gleichnamigen und ebenso berühmten Song von Dolly Parton gepusht. Aus dem Film wurde auch eine Fernsehserie, die fünf Staffeln lang lief und einen gesellschaftlichen Nerv traf, der bis heute nicht an Relevanz verloren zu haben scheint.

Dieser Nerv ist das zentrale Thema dieses Kapitels: die Balance zwischen Arbeitsleben und Privatleben. Allerdings ist Balance vielleicht nicht das beste Wort dafür. In den Vereinigten Staaten geht es dabei weniger darum, ein Gleichgewicht zwischen zwei konkurrierenden Prioritäten herzustellen, sondern vielmehr um den Versuch, einen Waffenstillstand zwischen zwei Kriegsparteien auszuhandeln. Die Pandemie von 2020 hat die Parameter von Beruf und Privatleben verändert, aber die Fronten sind nach wie vor vorhanden und die Verhandlungen auch nach all den Jahren noch im Gange. Leider haben sich die Ansätze aus dem Jahr 1980 immer noch nicht durchgesetzt.

Aber es besteht Hoffnung. In diesem Kapitel untersuchen wir, wer die Konfliktparteien sind und wie der Friedensvertrag aus Sicht der Hirnforschung aussehen sollte. Wir befassen uns mit dem schwierigen Teil der Verhandlungen: dem Umgang mit Stress, wobei es aber eigentlich um Kontrolle geht. Anschließend sprechen wir darüber, wie das Privatleben – von der Pflege der Partnerschaft bis zur Pflege der Kinder – dem Arbeitsleben ein guter Freund sein kann. Und zum Schluss überlegen wir, was nötig ist, damit Rhodes' inbrünstiger Toast auf die Zukunft kein Traum des ausgehenden 20. Jahrhunderts bleibt, sondern im frühen 21. Jahrhundert Wirklichkeit werden kann.

Wir haben uns also einiges vorgenommen.

## Zuhause/Arbeit

Was verstehen wir unter Work-Life-Balance, und warum ist es so schwierig, Berufliches und Privates miteinander in Ausgleich zu bringen?

Wie schon erwähnt, handelt es sich im Grunde genommen um einen Kampf zwischen Prioritäten, bei dem es vor allem darum geht, die Zeit im Griff zu behalten. Auf der einen Seite stehen die beruflichen Anforderungen, auf der anderen die privaten, und für beide tickt dieselbe Uhr. Wenn sich Berufliches und Privates nicht ins Gehege kommen, kann das Leben beherrschbar sein.

In der Realität ist das Leben jedoch nur selten beherrschbar, zumindest in Nordamerika. Dienstliche und private Angelegenheiten konkurrieren um die Aufmerksamkeit und Energie der Arbeitnehmer, bisweilen sogar heftig, vor allem wenn in der Kategorie „private Angelegenheiten" die eigene Familie als neue Priorität hinzukommt. Viele Menschen taumeln zwischen den konkurrierenden Prioritäten hin und her, als hätten sie mit den Folgen einer durchzechten Nacht zu kämpfen. Für unausgeschlafene Arbeitnehmer mit einem Neugeborenen gibt es am nächsten Tag aber leider nicht die Möglichkeit, das Problem per Flüssigkeitsausgleich zu lösen.

In der Regel bleibt bei den Versuchen, Arbeits- und Privatleben miteinander in Balance zu bringen, die psychische Gesundheit des Arbeitnehmers auf der Strecke. Das ist einer der Gründe, warum kognitive Neurowissenschaftler manchmal von ihren Kollegen aus den Wirtschaftswissenschaften um Rat gefragt werden. Am Anfang steht für beide Gruppen von Wissenschaftlern die Frage nach einer Definition dessen, worüber sie sprechen möchten.

Wirtschaftswissenschaftler verwenden zum Beispiel Begriffe wie „Work-to-Family-Interferenz" und meinen damit etwas, das bei der Arbeit passiert und die Familie beeinflusst: Ihr Chef schreit Sie bei einer Besprechung an, daraufhin gehen Sie nach Hause und verpassen dem Hund einen Tritt. Oder Sie werden befördert und führen Ihre Familie zum Essen aus. Der Begriff „Family-to-Work-Interferenz" beschreibt das Gegenteil: Ihre Tochter hat ins Bett gespuckt, sodass Sie zu spät zur Arbeit kommen. Oder Ihre Partnerin hat Ihnen einen Liebesbrief geschrieben, woraufhin Sie Ihre Präsentation mit Bravour meistern.

Aber Achtung: Diese Definition setzt voraus, dass sich alle darüber einig sind, was genau die Begriffe „Familie" und „Arbeit" bedeuten. Das ist keine gute Idee. Die Zeiten sind längst vorbei, wo Familien immer dem traditionellen Modell entsprochen haben. Die Hälfte aller Babys wird von unverheirateten Paaren geboren. Viele Kinder wachsen heute in Haushalten mit nur einem Elternteil auf. Zu den nicht traditionellen Familien gehören gleichgeschlechtliche Paare und Paare mit nicht binärer Geschlechtsidentität. Die Liste ist lang und wird immer länger, was begrüßenswert, aber für manche auch unpraktisch ist.

Am Arbeitsplatz vollzieht sich ein ähnlicher Definitionswandel. Diese Veränderungen begannen bereits vor der Pandemie und haben sich seitdem stark beschleunigt. COVID-19 machte dem Konzept vom Arbeitsplatz in einem weit von zu Hause entfernten Gebäude den Garaus. Wahrscheinlich wird das Zuhause für viele weiterhin Teil ihrer „Büro-Erfahrung" bleiben.

Die Tatsache, dass diese Veränderungen noch so neu sind, impliziert, dass es nur wenige Studien darüber gibt, wie nicht traditionelle Haushalte und nicht traditionelle Arbeitsplätze in der Gesellschaft funktionieren. Das wenige, was wir haben, zeigt allerdings eine bemerkenswerte Übereinstimmung mit älteren Untersuchungen über „traditionelle" Familien- und Arbeitsstrukturen. Bis mehr Zeit ins Land gegangen ist, müssen wir für diesen Absatz die Lieblingsfußnote der Wissenschaft bemühen: Hierzu ist weitere Forschung nötig.

Was man jedoch sagen *kann*, ist, dass aktuell Veränderungen der Work-Life-Balance im Gange sind. Wie die meisten gesellschaftlichen Umwälzungen führen auch diese Veränderungen zu Spannungen. Wenn Hirnforscher sich mit Wirtschaftsforschern zu Fragen der psychischen Gesundheit austauschen, ist eines der ersten Themen, das sie miteinander diskutieren, wie das Gehirn auf Stress reagiert. Sie kommen dabei allerdings nicht besonders weit, bis sie definieren, was genau sie darunter verstehen.

Auf einer Ebene ist Stress für beide Disziplinen leicht zu verstehen. Wenn er ins Spiel kommt, bemerken Menschen, die versucht haben „alles zu geben", dass sie nicht einmal mehr „ein bisschen geben" können.

## Stress und seine Auswirkungen

Sprechen wir also über Stress.

Wie Sie wahrscheinlich intuitiv wissen (und die Forschung quantitativ belegt), kann Stress die kognitiven Funktionen stark beeinträchtigen. Anhaltender Stress in schwerster Ausprägung kann sogar Gehirnschäden verursachen. Aber vielleicht überrascht Sie, dass die Forscher anfangs Probleme hatten, den dafür verantwortlichen Übeltäter zu benennen. Dazu mussten sie sich erst durch ein Dickicht von Störfaktoren kämpfen.

Ein wesentlicher Störfaktor war die Tatsache, dass nicht jede Art von Stress schlecht für das Gehirn ist. Leichter Stress kann sich unter gewissen Umständen sogar leistungssteigernd auswirken. Verhaltensforscher bezeichnen dieses Phänomen als *Eustress*. Außerdem ist Stresserleben etwas ausgesprochen Subjektives. Manche Menschen lieben Bungee-Jumping, genießen den Nervenkitzel und erleben dabei beflügelnden Eustress. Für andere ist Bungee-Jumping dagegen der absolute Albtraum und sie verkrampfen sich beim bloßen Gedanken daran.

Sogar unsere Biologie springt auf den Zug der Doppeldeutigkeit mit auf. Angenommen, Sie legen mir die Auswertung der physiologischen Daten von zwei Personen vor. Die eine Person empfindet extremes Vergnügen, die andere steht unter extremem Stress. Wenn Sie mich darum bitten würden, die Auswertungen der richtigen Person zuzuordnen, wären Sie wahrscheinlich frustriert über meine Antwort, denn ich könnte keinen Unterschied feststellen. Weder ich, noch sonst jemand. Die Reaktionen ähneln sich einfach zu sehr.

Zwischenzeitlich wissen wir, dass viele Forscher auf der falschen Fährte waren. Die negative Belastung ist in erster Linie nicht darauf zurückzuführen, dass ein bestimmter aversiver Reiz *vorhanden ist*. Vielmehr stresst uns die Unfähigkeit, den aversiven Reiz zu *kontrollieren*. Wenn man die Kontrolle über eine lästige Sache hat, empfindet man sie möglicherweise nicht einmal als stressig. Je mehr man jedoch das Gefühl hat, die Kontrolle über einen aversiven Reiz zu verlieren, desto wahrscheinlicher entsteht *gesundheitsschädlicher* Stress.

Dieser Kontrollmangel betrifft zwei Dimensionen: Einerseits können Sie nicht kontrollieren, wie häufig der Stressor auftritt, und andererseits sind Sie nicht dazu in der Lage, seine Intensität zu kontrollieren, wenn er einmal da ist. Es ist irgendwie so, als müssten Sie eine wichtige Aufgabe lösen, ohne das dazu erforderliche Budget oder Personal zu bekommen.

Inzwischen wissen wir, dass unkontrollierter Stress die kognitiven Fähigkeiten in praktisch jeder messbaren Form beeinträchtigen kann. Das Arbeitsgedächtnis (Kurzzeitgedächtnis) und die Stimmungskontrolle werden gehemmt. Die Gedächtnisbildung im Langzeitgedächtnis wird behindert. Stress beeinträchtigt die fluide Intelligenz sowie unsere Fähigkeiten zur Problemlösung und zum Musterabgleich. Die schwerste Form dieser unbändigen Anspannung – bei der offensichtlich *nichts*, was Sie tun, verhindern kann, dass weiterhin schlimme Dinge passieren – wird als *erlernte Hilflosigkeit* bezeichnet. Mit ihren starken Armen hat sie schon so manchen in den Abgrund einer klinischen Depression gestoßen.

Hier ein Beispiel von einer Frau, die an der Schwelle zur erlernten Hilflosigkeit steht. Ihr Bekenntnis stammt von einer Website für frischgebackene Eltern, die es inzwischen nicht mehr gibt. Bei ihr lief es ganz und gar nicht gut:

*Ich vermisse es, Freunde zu haben. Mein Mann arbeitet nachts und ich vermisse es, mit jemandem reden zu können. Ich hasse meinen Nine-to-Five-Job, aber ich vermisse auch die Freundschaften dort. Ich hasse es, dass ich manchmal nicht mit meiner Tochter spiele, sondern einfach versuche, mal etwas Zeit für mich zu haben, und sie vom Fernseher unterhalten lasse. Ich brauche mehr Zeit für MICH, mehr Zeit mit meinem Mann und ich MUSS mehr mit meiner Tochter spielen. Ich mache mir schwere Vorwürfe, weil ich so eine schlechte Mutter bin, und ich hasse es.*

## Arbeit und Stress

Bereits vor der Pandemie konnten die amerikanischen Arbeitnehmer die kognitiven Schäden des Kontrollverlusts spüren. Eine Umfrage im Februar 2020 brachte ans Licht, wie es mit der Stressbelastung im Beruf aussieht: Der Großteil der Arbeitnehmer gab an, durch die Arbeit übermäßig gestresst zu sein. Und das ist sogar untertrieben. Sage und schreibe 61 Prozent der Amerikaner fühlten sich ausgebrannt – ein verhängnisvolles Gefühl, das sich einstellt, wenn man zu viel zu tun und keine Zeit für gar nichts hat. Nach dem Ausbruch des Virus stieg diese Zahl auf 73 Prozent.

Zu den Gründen für diese negativen Gefühle gehörten Arbeitsplatzunsicherheit und übermäßige Arbeitsbelastung. Der größte Stressfaktor für die amerikanischen Arbeitnehmer bestand jedoch darin, die Grenzen zwischen Berufs- und Privatleben immer mehr verschwimmen zu sehen.

Das hat vor allem mit den praktischen Auswirkungen der sich auflösenden Grenzen zu tun: Verlust des Arbeitsgedächtnisses – fast schon eine Garantie dafür, dass Sie bei der Arbeit mehr Fehler machen. Verlust der Stimmungskontrolle – bedeutet, dass Sie mehr Konflikte mit Ihren Kollegen, Ihren Kindern, einfach allen haben. Mit der Zeit ist Ihre psychische Gesundheit gefährdet und Sie werden anfälliger dafür, eine sogenannte *affektive Störung* zu entwickeln. Die prominentesten Vertreter aus dieser Kategorie sind Depressionen und Ängste.

Stress stellt auch eine große Gefahr für Ihre körperliche Gesundheit dar, wobei die Auswirkungen auf das Herz-Kreislauf-System vermutlich die bekanntesten sind. Weniger bekannt ist dagegen, dass Stress auch die Anfälligkeit für Infektionskrankheiten – verursacht durch Viren, Pilze oder Bakterien – erhöht. Wir wissen sogar, warum: Ein Übermaß an Stresshormonen (z.B. Cortisol) richtet sich gegen bestimmte Zellen des menschlichen Immunsystems, darunter die sogenannten T-Helferzellen. Wenn diese Zellen absterben, verlieren Sie die Fähigkeit, mikrobielle Bösewichte abzuwehren, die sie unter weniger stressigen Bedingungen ohne Weiteres platt machen könnten. Um sich eine Vorstellung davon zu machen, wie ein Leben ohne T-Zellen aussehen würde, genügt ein Blick auf HIV. Das Aids-Virus richtet sich speziell auf eben diese T-Zellen, wodurch die verbleibende Immunantwort beeinträchtigt wird. Ehe es wirksame Behandlungsmethoden gab, war eine HIV-Infektion ein sicheres Todesurteil.

Ein Ungleichgewicht zwischen Arbeit und Privatleben kann also Ihr Immunsystem im wahrsten Sinne des Wortes lahmlegen, sodass es nicht einmal mehr eine ganz normale Erkältung abwehren kann.

## Stars in Sicht

Die Prozentangaben aus dem vorherigen Abschnitt gelten allerdings nicht pauschal. Verschiedene Berufsgruppen sind unterschiedlich stark von Burnout betroffen. Am stärksten leiden die Beschäftigten der Technologiebranche – dazu zählen Unternehmen wie Cisco – und der sogenannten Gig Economy (wo kleine Aufträge kurzfristig über Onlineplattformen an unabhängige Dienstleister vergeben werden) unter ihren stressigen Jobs. Aber man trifft ihn überall. Burnout sorgt häufig dafür, dass man an nichts mehr Freude hat und auf den Überlebensmodus schaltet.

In verschiedenen Abschnitten ihres Lebens empfinden Menschen den Druck, der durch ein Ungleichgewicht zwischen Arbeit und Privatleben entsteht, auf ganz unterschiedliche Weise. Arbeitnehmer im Fortpflanzungsalter haben andere Sorgen als Beschäftigte, die sich auf den Ruhestand vorbereiten. Und bei jungen Menschen, die am Anfang ihrer Karriere stehen, sieht es noch einmal komplett anders aus.

Unabhängig von Beruf oder Lebensphase geht es aber immer um Kontrolle. Diese These wurde direkt überprüft, und zwar anhand des bereits erwähnten Work-to-Family-Interferenzpfads. Die Forschung hat nachgewiesen, dass es sich direkt auf die Gesundheit der Familie auswirkt, wenn Arbeitnehmer mehr Kontrolle über ihr Arbeitsleben bekommen. Eine Kontrollzunahme bringt messbare kurzfristige Vorteile mit sich.

Wir wissen das aus folgendem Experiment: Eine Gruppe von Forschern wollte herausfinden, wie es sich auf Arbeitnehmer auswirkt, wenn sie einen bestimmten Aspekt ihrer Arbeit kontrollieren können, und zwar ihre Arbeitszeit. Bei den Testpersonen handelte es sich überwiegend um heterosexuelle Personen in einer langfristigen festen Beziehung.

Bei dem Experiment kam ein Programm namens STAR (Support, Transform, Achieve, Results) zum Einsatz. Es handelt sich dabei um ein von einem interdisziplinären amerikanischen Forscherkonsortium entwickeltes, verhaltensorientiertes Interventionsprotokoll. Durch STAR erhielten die Mitarbeiter mehr Kontrolle über ihre Zeit, um Arbeit und Privatleben besser miteinander vereinbaren zu können. Im Rahmen des Programms wurden außerdem die Vorgesetzten dazu angewiesen, die von den Mitarbeitern initiierten Veränderungen zu unterstützen, statt sie zu blockieren. Das Experiment dauerte zwölf Monate.

Am Ende des Berichtszeitraums zeigte sich, dass die Intervention voll eingeschlagen hatte. Die am STAR-Experiment beteiligten Mitarbeiter waren weniger gestresst, hatten geringere Burnout-Werte, kamen besser mit ihren Vorgesetzten klar, vermeldeten eine höhere Arbeitszufriedenheit und – das ist das Tüpfelchen auf dem i – weniger Family-to-work-Konflikte. Über solche Ergebnisse gibt man gerne eine Pressemitteilung heraus – nicht nur einen wissenschaftlichen Aufsatz.

Besonders effektiv war das Programm für die Mitarbeiterinnen in der Testgruppe (was einerseits traurig ist, andererseits aber einen gewissen Sinn ergibt, auf den wir gleich noch eingehen werden). Und es gab einen unerwarteten Nebeneffekt: Kontrolle über die eigene Arbeitszeit wirkte sich auch in Familien mit Teenagern günstig aus. Die Jugendlichen schliefen besser, berichteten über ein gesteigertes Wohlbefinden und waren allgemein positiver gestimmt. Ich kann mir keinen besseren Indikator für eine Veränderung der emotionalen Dynamik in einer Familie vorstellen als diesen außergewöhnlichen Befund!

### Partnerschaften zu Hause

Diese Daten sind nach wie vor aufschlussreich, aber sie beziehen sich hauptsächlich auf eine Einbahnstraße, und zwar die Work-to-Family-Interferenzen. Wie sieht es in der Gegenrichtung aus, also bei den Family-to-Work-Interferenzen? Wirkt sich das, was zu Hause geschieht, auch auf die Arbeit aus?

Die Antwort lautet ja, und sie lässt sich intuitiv mit einer einfachen Frage veranschaulichen: „Haben Sie letzte Nacht gut geschlafen?" Ihre Antwort verrät mir – und jedem anderen Hirnforscher im Raum –, wie produktiv Sie heute bei der Arbeit vermutlich sein werden. Wenn Sie zu Hause schlecht schlafen und dann zur Arbeit gehen, ziehen Sie Ihre Müdigkeit wie einen unkooperativen Hund hinter sich her. Und das ist nur ein Beispiel für den *gewaltigen* Zusammenhang zwischen dem, was zu Hause mit Ihrem Gehirn passiert, und der Verfassung, in der es sich zu Beginn Ihres Arbeitstages befindet. Forscher haben diesen Zusammenhang bei Paaren mit und ohne Kinder untersucht, wobei sie sich wiederum hauptsächlich auf heterosexuelle Menschen in langfristigen, festen Beziehungen (überwiegend Ehen) konzentrierten.

Werfen wir als Erstes einen Blick auf die Paarbeziehung, genauer gesagt die Ehequalität. Es gibt sowohl eine gute als auch eine schlechte Nachricht zu verkünden. Die gute Nachricht ist, dass die Produktivität am Arbeitsplatz steigt, wenn ein Ehepartner mit positiver Grundhaltung Verständnis und Stabilität bietet.

Eine Studie, in der die Persönlichkeitsmerkmale von über 5000 Personen untersucht wurden, trägt den schönen Titel „Der lange Arm des Ehepartners: Wie die Persönlichkeit des Partners beruflichen Erfolg beeinflusst". Die Forscher fanden heraus, dass die Ehepartner (egal welchen Geschlechts) sehr gewissenhafter Personen beruflich sehr erfolgreich waren. Die glücklichen Partner gingen lieber zur Arbeit, wurden häufiger befördert und verdienten – Sie ahnen es schon – mehr Geld. Ein Zitat von Facebook-COO Sheryl Sandberg bringt diese Erkenntnisse auf den Punkt:

> *Die wichtigste berufliche Entscheidung einer Frau ist die, ob sie einen Lebenspartner haben wird und wer dieser Partner ist.*

Betrachten Sie auch dieses Beispiel, das wieder von der inzwischen eingestellten Internetplattform für frischgebackene Eltern stammt:

> *Ich bin 37 Wochen und 2 Tage mit eineiigen Zwillingsmädchen schwanger – morgen werde ich zur Entbindung ins Krankenhaus eingeliefert. Gestern hat mein geliebter Mann meine beste Freundin und mich ins Spa geschickt. Ich hatte das volle Programm: neuer Haarschnitt, Strähnchen, Massage, Gesichtsbehandlung, Mani- und Pediküre. Als ich nach Hause kam, hatte er jedes einzelne Essen, auf das ich [während] dieser Schwangerschaft Heißhunger hatte, zum Abendessen gekocht. Heute Abend ... hat er mich ins Bett geschickt, damit ich mich ausruhe, während er das Haus für die Babys vorbereitet. Oh Gott, ich liebe diesen Mann!*

Der zweite Befund aus den Untersuchungen zur Paarbeziehung hat mit Scheidung und Produktivität am Arbeitsplatz zu tun. Wie Sie sich denken können, sind die Aussichten hier nicht gerade erfreulich.

Bei den meisten Arbeitnehmern wirkt sich eine Scheidung erheblich auf die Produktivität aus. Besonders kritisch sind offensichtlich die sechs Monate vor der endgültigen Trennung. In dieser Zeit leiden die Betroffenen oftmals unter Konzentrationsschwierigkeiten. Sie haben häufig Probleme, sich an bestimmte Dinge zu erinnern, vergessen Termine oder übersehen fällige Berichte. Oft schwänzen sie für einen Anwalts- oder Gerichtstermin die Arbeit, sodass sich einiges an Fehlzeiten ansammeln kann. Alles zusammengenommen, sind Arbeitnehmer, die eine Scheidung durchmachen, 40 Prozent weniger produktiv als Beschäftigte in stabilen Beziehungen. Amerikanischen Unternehmen entstehen dadurch jedes Jahr Kosten in Höhe von über 300 Milliarden Dollar. Die schlechte Nachricht ist somit, dass das Arbeitsleben und das Privatleben wie zwei Gefangene einer Sträflingskolonne fest aneinander gekettet sind.

## Familienangelegenheiten: die schlechte Nachricht

Was zu Hause passiert, bleibt also nicht zu Hause.

Dieser Effekt verstärkt sich, wenn Kinder ins Spiel kommen. In der Vergangenheit haben manche Firmen davor zurückgeschreckt, Mitarbeiter mit Familie einzustellen, vor allem junge Leute mit kleinen Kindern. Ein Unternehmer gestand mir, niemals Frauen im gebärfähigen Alter einzustellen. „Wenn sie schwanger werden, gehen sie immer", lautete seine Begründung.

Das mag erschreckend frauenfeindlich klingen (ist es auch) und außerdem illegal (die Diskriminierung einer schwangeren Person verstößt gegen das Gesetz). Gleichzeitig ist es aber auch unglaublich kurzsichtig. Ohne Familien mit lärmenden

Babys im Schlepptau würde die Wirtschaft, von der das langfristige Überleben der Unternehmen abhängt, komplett zusammenbrechen. Diese Tatsache ist sogar quantifizierbar – dazu kommen wir gleich. Unternehmen, die bei ihren Personalentscheidungen Mitarbeiter mit Familie eher als kurzfristige Verbindlichkeiten denn als langfristige Vermögenswerte betrachten, fehlt der Blick aufs große Ganze. Sie beurteilen lediglich das Wetter, blenden dabei aber das Klima komplett aus.

Man kann leicht nachvollziehen, warum Unternehmen Mitarbeiter mit junger Familie manchmal als Belastung betrachten. Die Prioritäten der Arbeit stehen plötzlich in aktiver Konkurrenz zu dem, was daheim los ist. Ein winziges Baby bringt unweigerlich einen enormen Stressfaktor in das Leben der frischgebackenen Eltern. Damit meine ich, dass das, was zu Hause vor sich geht, ziemlich kräftezehrend sein kann: Man bekommt zu wenig Schlaf, die zeitliche Routine gerät aus den Fugen, die Ausgaben steigen, die tagtäglichen Erwartungen verändern sich drastisch und immer gibt es mehr zu tun als gedacht. In den ersten Monaten der Elternschaft erwachen die unberechenbaren Gefühle des Kontrollverlusts, die die Burnout-Maschinerie anheizen, dröhnend zum Leben. Und der Lärmpegel verändert sich über Jahre nicht nennenswert. Auch wenn es nicht zwangsläufig so sein muss, wird die Produktivität im Büro meistens doch in Mitleidenschaft gezogen.

Zu diesem Stress gibt es konkrete Zahlen. Betrachten wir den bereits erwähnten Schlafmangel. In den ersten sechs Lebensmonaten eines Babys schlafen Eltern im Durchschnitt nur etwa zwei Stunden pro Nacht ohne Unterbrechung. Etwa 30 Prozent der frischgebackenen Eltern schlafen bei der Arbeit ein (ca. 21 Prozent schlafen im Auto ein!). Und dieser Schlafentzug hält lange an. Mütter kehren im Durchschnitt erst zu ihrer Schlafroutine von vor der Geburt zurück, wenn ihr Kind sechs Jahre alt ist.

Wie zu erwarten, ist dies eine teure Angelegenheit. Schlafdefizite aller Art kosten die amerikanische Wirtschaft 411 Milliarden Doller pro Jahr. Kindererziehung, der schwierigste Amateursport der Welt, ist für fast alle Menschen ein hartes Stück Arbeit. Sie stellt unsere Haltung zum Thema Gleichberechtigung auf eine harte Probe, und sowohl bei der Arbeit als auch zu Hause gehen deshalb Beziehungen in die Brüche. Manche Berufstätige würden sich – zumindest kurzfristig – lieber nicht damit belasten.

Einer der unsichtbaren Stressfaktoren für junge Eltern hat nicht direkt mit dem Neugeborenen zu tun, sondern vielmehr mit ihrer Partnerschaft. Untersuchungen zeigen, dass Ehekonflikte um kolossale 40 Prozent zunehmen, wenn das erste Kind da ist. Zwei Drittel der verheirateten Paare berichten drei Jahre nach der Geburt, dass ihre Beziehungsqualität schlechter geworden sei.

Die beruflichen Auswirkungen der Elternschaft treffen berufstätige Frauen besonders hart. Google fand heraus, dass die Zahl der Frauen, die ihren Job nach der Geburt eines Kindes aufgaben, doppelt so hoch war wie die durchschnittliche Fluktuationsrate des Unternehmens – und das war vor der Pandemie!

In der Corona-Krise traf es Branchen, in denen hauptsächlich Frauen arbeiten (Bildung, Gastronomie, Einzelhandel), besonders hart: Frauen gaben im Geschlechtervergleich so übermäßig häufig den Beruf auf und verließen ihr Unternehmen, dass dafür der Begriff „She-Cession“[5] geprägt wurde. Der häufigste Grund war, dass viele Familien sich keine Kinderbetreuung leisten konnten. Darum musste jemand zu Hause bleiben, und dieser jemand war die Mama. Im Dezember 2020, als die Pandemie in vollem Gange war, verloren die amerikanischen Frauen 156000 Arbeitsplätze. Bei den Männern gab es in den USA dagegen sogar *Neueinstellungen*, und zwar kamen 16000 neu in Lohn und Brot.

Diese Diskrepanz – und der daraus resultierende Stress – war während des Lockdowns sogar in Haushalten mit zwei Berufstätigen ersichtlich. Das University College of London untersuchte die Aufgabenverteilung bei Hausarbeit und Kinderbetreuung in heterosexuellen Ehen während der Quarantäne. Obwohl beide Partner zu Hause waren und damit die Aufgaben gerechter hätten verteilt werden können, übernahmen die Frauen *trotzdem* doppelt so viel Hausarbeit und Kinderbetreuung wie die Männer.

Das birgt ziemliches Stresspotenzial. Man kann leicht nachvollziehen, dass Unternehmen der Kombination aus Arbeit und Familie kurzfristig betrachtet nur wenig abgewinnen können.

## Familienangelegenheiten: die gute Nachricht

Ich möchte nichts Schlechtes über Familien sagen, vor allem nicht für diejenigen unter Ihnen, die in Betracht ziehen, Eltern zu werden. Nachdem ich zwei inzwischen erwachsene Söhne großgezogen habe, kann ich Ihnen rückblickend versichern, dass die Elternschaft die herzerwärmendste, herzzereißendste und herzbeglückendste Erfahrung meines Lebens war – und manchmal auch einfach nur lustig. Zwei letzte Geschichten auf der bereits zuvor zitierten, nicht mehr existenten Website, auf der Eltern ihr Herz ausschütten konnten, veranschaulichen diese Ambivalenz sehr schön.

Diese hier stammt von einer jungen Familie:

*Ich lach mich gerade schlapp. Mein lieber Mann spielt „Teeparty“ mit unserer vierjährigen Tochter. Ihre Regeln für die Party lauten: Papa muss die hübsche Boa und die Ohrclips tragen. Außerdem hält sie ihm einen Vortrag über die richtige Haltung des kleinen Fingers (– nach außen abspreizen!). LOL – das muss ich einfach fotografieren!!*

5 Von engl. „she“ (sie) und „recession“ (Rücktritt, Rezession), Anm. d. Übers.

Und diese von einer schon etwas älteren Mutter:

> *Meine Tochter ist jetzt Psychologieprofessorin! Gestern war ich bei einer ihrer Vorlesungen und saß ganz hinten. Ich habe jetzt einen ganz neuen Respekt vor ihr als Frau. Sie ist für mich jetzt viel mehr als „nur" meine Tochter. Sie ist eine gebildete Frau mit einer Leidenschaft, und ich kann so viel von ihr lernen. Es ist unglaublich, dass sie meine Tochter ist!*

Man kann gar nicht genug betonen, wie wichtig es ist, dass Menschen solche Erfahrungen machen können. Unternehmen, die sich dafür entscheiden, Mitarbeiter mit Familie als Aktivposten und nicht als Belastung zu sehen, erzielen nachhaltigere Vorteile – auch wenn das anfangs nicht gleich zu erkennen ist. Die Forschung zeigt jedoch, dass sich Veränderungen zu Hause langfristig auch am Arbeitsplatz auszahlen, insbesondere wenn es um Familien geht. Das Problem besteht darin, die Unternehmensleitung zu überzeugen, sich auf einen Marathon einzulassen, statt immer den Sprint zu wählen. Der Königsweg für das Rennen? Nehmen Sie eine Elternzeitregelung in Ihr Leistungspaket für Mitarbeiter auf.

Die Ergebnisse sind frappierend. Ein Mutterschaftsurlaub hält wertvolle weibliche Führungskräfte davon ab, das Unternehmen zu verlassen, was zu Einsparungen im niedrigen sechsstelligen Bereich führt. (Ein Spitzentalent zu ersetzen, kann im Durchschnitt bis zu 213000 Dollar kosten.) Google ist ein Paradebeispiel für diese Erkenntnis. Wie ich bereits erwähnte, stellte das Unternehmen fest, dass die Fluktuationsrate bei Frauen, die nach der Geburt eines Kindes aus dem Unternehmen ausscheiden, doppelt so hoch war wie der normale Durchschnitt. Daraufhin startete Google ein Programm für bezahlten Mutterschaftsurlaub, und der zweifache Unterschied löste sich in Luft auf. Die Einrichtung einer Elternzeit für Verheiratete senkt gleichzeitig die durchschnittliche Scheidungsrate, wodurch potenziell 300 Milliarden Dollar eingespart werden können.

Es gibt auch Untersuchungen zum Thema Vaterschaftsurlaub. Hier wurden ähnlich positive Auswirkungen festgestellt, darunter eine Verringerung der bereits erwähnten Scheidungsraten und eine Verbesserung der Gesundheit der frisch gebackenen Mutter – möglicherweise, weil es jetzt jemanden vor Ort gibt, der die Belastung mit ihr teilt. Zudem geht die Unterstützung für die Mutter über die erste Zeit hinaus: Väter, die einen Vaterschaftsurlaub in Anspruch nehmen, beteiligen sich stärker an der Erziehung ihrer Kinder. Dieser Effekt ist auch Jahre später noch messbar.

Das Bemerkenswerte an diesen Daten sind die Nettokosten des bezahlten Urlaubs für die Unternehmen. *Sie liegen praktisch bei null.* Es mag teuer klingen, jedem Mitarbeiter zusätzliche Urlaubsansprüche für die Kindererziehung einzuräumen. Anfangs ist es das auch. Die Kosten für die Bereitstellung dieser Programme gleichen sich jedoch auf lange Sicht aus. Unabhängig davon, ob die Leistung oder die Rentabilität gemessen wird, entspricht der Preis für solche Programme in etwa den Kosten der schwangerschafts- oder kinderbetreuungsbedingten Mitarbeiterfluktuation. Kaum zu glauben? Solche Untersuchungen wurden in mehreren Unternehmen durchgeführt, speziell in Kalifornien. Und wieder einmal ist Google ein prominentes Beispiel.

Hier ein Zitat von Laszlo Bock, dem ehemaligen Senior Vice President der Personalabteilung („People Operations") über das Elternzeitprogramm, das Müttern nach der Geburt zwei Monate bezahlten Urlaub bietet:

> *Als wir uns schließlich die Zahlen ansahen, stellte sich heraus, dass dieses Programm nichts kostete. Die Kosten für die Abwesenheit einer Mutter für ein paar weitere Monate wurden durch den Umstand, dass uns ihr Fachwissen erhalten blieb und wir keine Kosten für die Suche und Ausbildung einer neuen Arbeitskraft aufwenden mussten, mehr als ausgeglichen.*

## Baby-Benefits

Diese Erkenntnisse sollten für Unternehmen überzeugend genug sein, um sich auf den Marathon einzulassen und ein tragfähiges Elternzeitprogramm einzuführen – schließlich werden sie langfristig davon profitieren. Aber über die eigenen Interessen hinausgehend gibt es noch einen weiteren, gewichtigeren Grund, warum sich Unternehmen für solche Angebote einsetzen sollten. Er hat mit einer Sache zu tun, die *jedes* Unternehmen braucht, um auch in Jahrzehnten noch überleben zu können. Ich spreche vom gesellschaftlichen Umfeld, in dem Kinder zu Erwachsenen und schließlich zu Mitarbeitern werden.

Ein ganzer Zweig der entwicklungsbezogenen Hirnforschung befasst sich mit dem Einfluss sozialer Stabilität auf die langfristige Gehirngesundheit von Kindern. Dabei tritt ein bemerkenswertes Muster zutage, das in den Neurowissenschaften nur selten anzutreffen ist. Es handelt sich um eine so große Sache, dass wir näher auf die Entwicklung des Gehirns in den ersten Lebensjahren eingehen müssen.

Die ersten tausend Tage im Leben eines Babys sind so wichtig, weil sie sein späteres Verhalten entscheidend prägen. Viele der sozialen Kompetenzen, die es für den Rest seines Lebens nutzen wird, beginnen sich in dieser Zeit auszubilden. Beispielsweise lernt es, mit anderen Menschen zu sprechen und Bindungen zu ihnen aufzubauen. Wie gut all das funktioniert, kann sich sogar auf seine zukünftigen Arbeitnehmerqualitäten auswirken.

Die vielfältigen Daten, die diese Argumente stützen, stammen aus verhaltenswissenschaftlichen, neurobiologischen und sogar wirtschaftswissenschaftlichen Quellen. Ein interessantes Beispiel liefert uns das Labor des Forschers Ed Tronick.

Vor vielen Jahren zeigte er die Bedeutung eines Verhaltens auf, das er „Interaktionssynchronie" nennt. Dabei handelt es sich um eine umsichtige Form der Eltern-Kind-Kommunikation, bei der die Eltern lernen einzuschätzen, ob ihr Nachwuchs sich mehr oder weniger Interaktion wünscht. Anhand der Signale des Babys leiten sie ab, ob sie (a) das Kind überstimulieren – in diesem Fall ziehen sie sich kurz zurück – oder (b) das Kind zu wenig stimulieren – in diesem Fall schenken sie ihm mehr Aufmerksamkeit. Einmal gelernt, kann dieses schöne Ping-Pong-Spiel den lieben langen Tag wiederholt werden.

Bei dieser synchronen Choreografie handelt es sich um nichts wirklich Bahnbrechendes; Eltern praktizieren das schon seit Jahrhunderten. Es ist auch nicht sonderlich zeitaufwendig, aber es erfordert, dass ein Elternteil den ganzen Tag mit dem Kind zusammen ist. Das Neue an Tronicks Arbeit war, dass er entdeckte, wie wichtig diese Synchronizität für den Entwicklungsprozess des Kindes ist. Er erklärt dazu:

> *Die emotionalen Äußerungen des Säuglings und der Betreuungsperson dienen dazu, ihre Interaktionen wechselseitig zu regulieren. Es scheint in der Tat so zu sein, dass eine wesentliche Determinante der kindlichen Entwicklung mit der Verwendung dieses Kommunikationssystems zusammenhängt.*

Neurobiologische Daten belegen, warum Tronick – und so viele andere Wissenschaftler – den frühen Lebensjahren so große Bedeutung beimessen. Vorhandene Gehirnzellen (Neuronen) beginnen in diesen Jahren in atemberaubender Geschwindigkeit, synaptische Verbindungen mit anderen Neuronen zu bilden. Allein in den ersten zwölf Monaten steigt die Anzahl der Synapsen um mehr als das Zehnfache. Im Alter von drei Jahren verfügt ein einziges Neuron über durchschnittlich 15 000 Verbindungen.

Es ist jedoch ein ungleichmäßiges Wachstum, bei dem die Regionen hinter der Stirn (der sogenannte präfrontale Kortex) den Löwenanteil der frühkindlichen Gehirnvernetzung übernehmen. In den ersten Jahren gibt es auch eine Phase, in der zu viele Synapsen gebildet werden, und einige dieser Verbindungen werden wieder gekappt. Wie genau dieser außergewöhnliche Schub – und der Rückbau – mit den verhaltensbezogenen Meilensteinen zusammenhängt, ist noch nicht ganz geklärt; es ist aber unbestritten, dass er eine ganz entscheidende Rolle spielt.

Das ganze Lächeln, Glucksen, Gurren und neuronale Umstrukturieren hat messbare wirtschaftliche Auswirkungen – eine Erkenntnis, die in meinem Fachgebiet ziemlich selten ist. Kindern in den ersten Lebensjahren besondere Aufmerksamkeit zu schenken, bewirkt in jedem Land, wo dies praktiziert wird, einen erstaunlichen finanziellen Effekt. Der Grund dafür? Es fördert vor allem die Entwicklung unserer alten Freunde, der exekutiven Funktionen (sowohl der kognitiven als auch der emotionsregulierenden Fraktion dieser Truppe). Zwei umfangreiche Längsschnittstudien aus den frühen 1970er-Jahren, die oft als ABC/CARE-Studien bezeichnet werden, haben den Nutzen für die exekutiven Funktionen empirisch nachgewiesen.

Die Leiter der ursprünglich in North Carolina in Auftrag gegebenen Studien untersuchten eine faszinierende Frage: Wie entwickeln sich Kinder aus sozial benachteiligten Familien, wenn man sie in den frühen Jahren ihrer Entwicklung besonders fördert, und wo stehen diese Kinder dreißig Jahre später? Die Kinder der Versuchsgruppe erhielten ein qualitativ hochwertiges Vorschulbildungsprogramm. Die Intervention begann, als die Kinder acht Wochen alt waren, und dauerte bis zum Alter von fünf Jahren. Forscherteams – eigentlich handelte es sich um ganze *Generationen* von Forschern – verfolgten die Auswirkungen des Programms über drei Jahrzehnte.

Die Resultate waren erstaunlich. Die Kinder, deren Gehirne das Programm absolviert hatten, wurden seltener straffällig, seltener als Teenager schwanger und seltener Opfer von Drogenmissbrauch. Es war wahrscheinlicher, dass sie die High School und das College abschlossen und mit einer soliden beruflichen Qualifikation ins Erwachsenenleben starteten, sodass sie mehr Geld verdienten, öfter ein Eigenheim besaßen und sich als Erwachsene eher gesellschaftlich engagierten. Kurz gesagt, sie erreichten alles, was man von einem gut angepassten Bürger erwartet. Um die Kontrollgruppe war es, freundlich ausgedrückt, nicht so gut bestellt.

Die Ergebnisse wurden mehrfach analysiert, unter anderem durch den mit dem Nobelpreis ausgezeichneten Wirtschaftswissenschaftler James Heckman. Heckman fand heraus, dass die Rendite der Investition im Verhältnis zu den Kosten des Programms bei 10 bis 13 Prozent pro Jahr und Kind lag. Nach seiner Berechnung erbrachte eine Investition in Höhe von 8000 Dollar bei der Geburt (in Zinseszinsdollar von 2010) im Laufe des Lebens eine Rendite, die hundertmal so hoch war wie der ursprünglich investierte Betrag (789 395 Dollar). Heckman ging noch weiter und bestätigte die entwicklungspsychologischen Befunde:

> *Die Daten sprechen für sich ... Investitionen in frühkindliche Bildung von der Geburt bis zum Alter von fünf Jahren zahlen sich nicht nur für jedes einzelne Kind aus, sondern stärken auch die Arbeitskräfte unseres Landes und bereiten zukünftige Generationen darauf vor, in der globalen Wirtschaft von morgen wettbewerbsfähig zu sein.*

## Warum Geburtenraten wichtig sind

Es gibt noch einen weiteren bedeutenden Grund, warum Unternehmen Wert darauf legen sollten, dass ihre Mitarbeiter Familien gründen. Bei rückläufigen Bevölkerungszahlen schlagen die Wirtschaftswissenschaftler und Industriebosse im Land Alarm. Übrigens trifft dies derzeit auf fast alle Länder der Welt zu. In den Vereinigten Staaten werden beispielsweise jedes Jahr 300 000 Kinder weniger geboren, als zum Erhalt der Bevölkerung nötig wären. Dies entspricht einem jährlichen Rückgang von acht Prozent.

Warum sind Geburtenraten auf lange Sicht so wichtig und warum ist ihr Rückgang so besorgniserregend? Es ist eine Geschichte, bei der viele Elemente ineinandergreifen, und bevor wir zu den Details kommen, sollte ich wohl etwas klarstellen: Ich bin kein Wirtschaftswissenschaftler. Mein Fachgebiet ist die Genetik psychiatrischer Störungen. Ich bin mit wirtschaftlichen Fragestellungen in Berührung gekommen, als ich mich mit den Zusammenhängen von wirtschaftlichen Traumata (wie Finanzkrisen) und der Gehirnfunktion (wie klinischen Depressionen) beschäftigt habe. Die Erforschung dieser Beziehung hat es mir ermöglicht, von Zeit zu Zeit mit Wirtschaftswissenschaftlern zusammenzuarbeiten. Hier eine Kurzzusammenfassung davon, wie sie mir ihre Besorgnis über die Geburtenrate erklärt haben.

1. *Weniger Geburten bedeuten weniger Arbeitskräfte, die den Wirtschaftsmotor eines Landes ankurbeln. Dies führt zu einem Arbeitskräftemangel, der zumindest ein langsameres Wachstum zur Folge hat. Es gibt dann einfach nicht genug Menschen, um die ganze Arbeit zu erledigen.*

2. *Weniger Menschen im erwerbsfähigen Alter bedeutet, dass weniger Menschen etwas kaufen. Langsameres Wachstum und weniger Konsum haben viele negative wirtschaftliche Auswirkungen. Eine der wichtigsten besteht darin, dass der Staat weniger Steuereinnahmen erzielt.*

3. *Dies ist vor allem deshalb besorgniserregend, weil ältere Menschen heutzutage länger leben als je zuvor. Im Jahr 1900 starb ein durchschnittlicher Amerikaner im Alter von 49 Jahren. Bis zum Jahr 2015 hatte die moderne Medizin dafür gesorgt, dass die Lebenserwartung auf 78 steigt. Auch wenn ich diese Veränderung als positiv betrachte, ist sie angesichts von Punkt 4. nicht uneingeschränkt als Glücksfall anzusehen.*

4. *Die ältere Bevölkerung erzielt aktiv kein Einkommen. Dennoch verursacht sie aktiv Kosten, von denen ein großer Teil vom Staat getragen wird (man denke an die Kranken- und die Pflegeversicherung). Wir stehen vor einem echten Dilemma: Die Belastung des öffentlichen Haushalts steigt, während die Möglichkeiten zur Finanzierung gleichzeitig schrumpfen.*

Ich kann die Besorgnis meiner Forscherkollegen aus den Wirtschaftswissenschaften verstehen. Es ist schwer, von diesen Trends zu hören, und für Leute wie mich ist es noch schwerer, darüber zu schreiben. Während ich dieses Kapitel verfasse, bin ich bereits 65 Jahre alt. Meine Forscherkollegen erinnern mich gerne daran, dass ich damit zur am schnellsten wachsenden Altersgruppe unseres Landes zähle.

## Lebendige Botschaften

Ich verschicke und erhalte immer noch gerne Grußkarten – und zwar richtige, solche, für die tatsächlich Bäume sterben. Ganz besonders mag ich die Karten zur Geburt des ersten Kindes. Manche davon sind urkomisch: „Nur damit du es weißt, mein Freund: Kinder zu haben ist wie in einem Verbindungshaus zu leben. Niemand schläft, alles ist kaputt und es wird viel gekotzt." Andere sind eher praktisch orientiert, aber trotzdem lustig: „Bevor ich Kinder hatte, wusste ich nicht, dass man das Leben von jemandem ruinieren kann, indem man ihn darum bittet, eine Hose anzuziehen."

Meine Lieblingskarten sind aber nicht die lustigen, sondern die tiefgründigen, die Freud und Leid der Erziehung gleichermaßen anklingen lassen: „Ein Baby macht die Liebe stärker, die Tage kürzer, die Nächte länger, das Bankkonto kleiner, das Zuhause glücklicher, die Kleidung schlabbriger, die Vergangenheit vergessen und die Zukunft lebenswert."

Besonders ist mir eine Karte im Gedächtnis geblieben, die ich selbst erhalten habe, als unser ältester Sohn Josh geboren wurde. Auf der Vorderseite standen die üblichen Glückwünsche, und auf die Rückseite hatte die Absenderin selbst ein Zitat von John F. Kennedy geschrieben: „Kinder sind lebendige Botschaften, die wir in eine Zeit schicken, die wir nicht mehr erleben werden."

Trotz all der Daten, die wir in diesem Kapitel untersucht haben, kann ich mir kein besseres Argument als dieses Zitat denken, um der Erziehung unserer Kinder höchste Priorität einzuräumen. Die Schaffung von Arbeitsbedingungen, in denen Familien gedeihen können, ist vielleicht einer der wichtigsten langfristigen Beiträge für die Gesellschaft, die ein Unternehmen leisten kann. Dies liegt nicht nur im Eigeninteresse des Unternehmens, sondern auch im Interesse aller Menschen. Unternehmen brauchen solide Geburtenraten. Sie brauchen eine zukünftige Generation. Und dazu bedarf es Menschen mit der nötigen Zeit und den erforderlichen kognitiven und emotionalen Fähigkeiten, um diese zukünftige Generation großzuziehen und in ihrer Entwicklung zu fördern. Unternehmen müssen Familien als langfristige Investition betrachten.

## Fortschritt

Der gleich folgende Appell ist ein Eingeständnis meiner Scham. Obwohl ein Großteil der hier vorgestellten Gehirn- und Verhaltensforschung aus amerikanischen Forschungslabors stammt, sind die Vereinigten Staaten immer noch die einzige entwickelte Industrienation ohne staatlich subventionierte (und bezahlte) Elternzeit für alle Arbeitnehmer. Kein Mutterschaftsurlaub, kein Vaterschaftsurlaub. Nichts. Die Tatsache, dass eine Freistellung für Eltern so ein polarisierendes politisches Thema ist, kann fast als Garantie dafür herhalten, dass wir dieses Ziel nicht so schnell erreichen werden. Für mich und viele meiner Kollegen ist das immer wieder überraschend. Die Bedeutung der ersten Lebensjahre ist nämlich keine politische Frage, sondern einfach eine biologische Tatsache.

Erfreulicherweise unternimmt die Bundesregierung immer wieder einen Vorstoß an dieser Front. Im Oktober 2020 wurde der *Federal Employee Paid Leave Act* (FEPLA) verabschiedet. Dieses Gesetz sieht unter bestimmten Bedingungen zwölf Wochen bezahlte Elternzeit für bestimmte Kategorien ziviler Bundesbediensteter vor. Das ist ein netter Versuch, aber davon profitieren nicht alle Menschen im Lande. Nicht einmal alle Bundesbediensteten.

In der Privatwirtschaft wurden von Arbeitgeberseite ähnliche Initiativen gestartet, wobei COVID-19 das Tempo erhöht hat, und auf den ersten Blick scheint es wirklich Fortschritte zu geben. Schon vor der Pandemie hatten geschätzt 70 Prozent der „Wissensunternehmen" ein ähnliches Programm wie Google eingeführt (darunter Microsoft, IBM, Reddit und Amazon). Diese vielversprechende Nachricht wird jedoch durch eine ernüchternde Tatsache getrübt: Sie bilden tatsächlich die Ausnahme. Eine Untersuchung schätzte die Gesamtzahl der US-Unternehmen, die eine bezahlte Freistellung für Eltern anbieten, auf sechs Prozent. Eine neuere Umfrage widerlegte diese Zahl jedoch und korrigierte das Ergebnis auf 16 Prozent. (Und eine *weitere* Umfrage gab an, es handle sich eher um 55 Prozent.) Die statistischen Turbulenzen verdeutlichen, dass bei diesem Thema aktuell alles im Fluss ist, und im Zuge der wirtschaftlichen Erholung nach der Pandemie wird die Lage sicher noch unübersichtlicher.

Ungeachtet der tatsächlichen Zahl wird das Thema in weiten Teilen der Wirtschaftswelt nach wie vor völlig ignoriert. Darüber hinaus gibt es bei den Unternehmen, die sich für ein Elternzeit-Modell entschieden haben, große Unterschiede in Bezug auf den zeitlichen Umfang der Freistellung und die Höhe des gewährten finanziellen Ausgleichs.

Ich bin zwar kein Experte für Politik auf Bundesebene, aber ich bin Hirnforscher. Wenn die Vereinigten Staaten in einer Welt wettbewerbsfähig bleiben möchten, in der geistiges Kapital die *eigentliche* Leitwährung darstellt, müssen sie sich um die geistige Entwicklung seiner Gehirne bemühen. Dies beginnt in den Köpfen unserer jüngsten Bürger, unter der liebevollen Obhut von Menschen, die ihren Kindern, wahrscheinlich genau wie Sie und ich, die Chance geben möchten, ihr volles Potenzial auszuschöpfen – ohne sich dabei ständig mit ihren Ehepartnern und Vorgesetzten herumschlagen zu müssen.

## Was Sie am Montag tun sollten

Ich schlage vor, dass Sie sich zunächst den eingangs erwähnten Film *Warum eigentlich bringen wir den Chef nicht um?* ansehen. Parton und ihre fiktiven Kolleginnen führten tatsächlich einige der hier erwähnten revolutionären Angebote für Mitarbeiter ein, wie zum Beispiel gleitende Arbeitszeit und Kinderbetreuung. Ihre Vorgesetzten stellten fest, dass diese Veränderungen einen großen Produktivitätsschub bewirkten, was die nicht fiktive Forschungsliteratur Jahre später belegen sollte. (Der Film prophezeite sogar, dass sich die Forderungen nach gleichem Gehalt für alle nicht erfüllen würden – eine Prognose, die sich leider ebenfalls bewahrheiten sollte.)

Als Zweites gebe ich Ihnen den Rat, das STAR-Programm aufmerksam zu studieren (den Link zu den Referenzen finden Sie auf Seite 260) und in Erwägung zu ziehen, seine Grundsätze auf Ihre eigene Arbeit zu übertragen. Natürlich sind flexible Arbeitszeiten keine revolutionäre neue Idee – schließlich wurde das Konzept bereits in dem Film von 1980 aufgegriffen – und STAR genießt das Privileg, von ziemlich soliden verhaltenswissenschaftlichen Grundlagen untermauert zu sein. Ein gewisses Gefühl von Kontrolle ist der Schlüssel zur Bewältigung von Stress jeglicher Art, einschließlich dessen, der mit Ihrer Zeitplanung zu tun hat. STAR besitzt außerdem den Vorteil, dass analysiert wurde, ob es funktioniert – und wie wir gesehen haben, tut es das ziemlich gut.

Schlussendlich empfehle ich Ihnen noch, sich näher mit dem Heckman-Bericht zu beschäftigen, der Analyse der dreißigjährigen Längsschnittuntersuchung, aus der wir wissen, wie bedeutsam die ersten Lebensjahre für die menschliche Entwicklung sind. Im Anschluss daran sollten Sie sich anhand der in diesem Kapitel zitierten Quellen mit den entwicklungsbezogenen Neurowissenschaften auseinandersetzen.

Wenn Sie besonders ambitioniert sind, schreiben Sie doch an Ihre gewählten Volksvertreter oder rufen Sie sie an und fordern Sie sie dazu auf, Gesetze zu unterstützen, die auf eine Verbesserung der Elternzeitregelung abzielen. Machen Sie in Ihrem Schreiben klar, dass es sich hierbei nicht um eine politische, sondern eine ganz praktische Frage handelt, und berufen Sie sich auf Belege aus diesem Kapitel, um Ihre Forderung zu untermauern.

Die von Dolly Parton gespielte Protagonistin stieß in der Schlussszene des Films mit ihren Kolleginnen an, weil sie der Ansicht war, dass ihre innovativen Veränderungen am Arbeitsplatz der Beginn von etwas Neuem seien. Es wäre traurig, ihr letztendlich sagen zu müssen, dass es nach wie vor so ist.

## WORK-LIFE-BALANCE

**Brain Rule:** Ihr „Arbeitsgehirn“ und Ihr „Heimgehirn“ sind ein und dasselbe. Sie haben nur ein Gehirn, aber es funktioniert an beiden Orten.

- Stress ist nicht das Vorhandensein aversiver Reize, sondern die Erfahrung, aversive Reize nicht kontrollieren zu können.
- Wenn Sie ein Gefühl der Kontrolle über Ihre Arbeit haben (z.B. in Bezug auf Ihre Arbeitszeit), steigen Ihre Chancen auf ein gesünderes Familienleben. Ebenso kann ein gesundes Familienleben (z.B. ein Ehepartner, der Sie unterstützt) auch Ihre Produktivität bei der Arbeit verbessern.
- Von Scheidung betroffene Arbeitnehmer sind 40 Prozent weniger produktiv als Beschäftigte in stabilen Beziehungen.
- Wenn sich eine Familie für Kinder entscheidet, wirkt sich dies überproportional auf die Berufstätigkeit der Frau aus: Frauen geben häufiger die Arbeit auf. Während der Pandemie übernahmen sie doppelt so viel Hausarbeit und Kinderbetreuung wie Männer, sogar wenn beide Partner zu Hause waren.
- Um die Scheidungsrate aller Beschäftigten und die Fluktuation der weiblichen Beschäftigten zu senken, täten Unternehmen gut daran, ein tragfähiges Elternzeitprogramm anzubieten. Die langfristigen Nettokosten für die Bereitstellung eines solchen Programms sind gleich Null.
- Unternehmen könnten die künftige Erwerbsbevölkerung und ihr wirtschaftliches Umfeld stärken, indem sie Zeit und Ressourcen für die Förderung von Kindern zur Verfügung stellen, insbesondere im Zeitraum von der Geburt bis zum fünften Lebensjahr.

# 10
# Veränderung

**Brain Rule:**

Für Veränderungen braucht es mehr als Entschlossenheit und Geduld.

Es gibt keine „Dampfbagger“ mehr – nein, Bagger, die von einer Dampfmaschine angetrieben werden, gehören längst zum alten Eisen. Schon in den Jahren vor dem Zweiten Weltkrieg waren sie ein Auslaufmodell. Diese Entwicklung bewegte die Autorin und Künstlerin Virginia Lee Burton so sehr, dass sie ein kleines Kinderbuch darüber schrieb. Sie nannte ihre fiktive Geschichte *Mike Mulligan und sein Dampfbagger*. Eigentlich geht es darin um den Wandel – um Veränderungen, genau wie in diesem Kapitel.

Das Buch handelt von einem Mann namens Mike und seinem Dampfbagger, den er liebevoll auf den Namen „Mary Anne“ getauft hat. Viele Jahre lang verbindet die beiden eine glückliche und lukrative Partnerschaft. In ihren besten Zeiten heben Mike und Mary Anne Kanäle, Autobahnen und Keller für große Bürogebäude aus, aber die Zeiten ändern sich. Mary Anne kommt in die Jahre und wird durch modernere Modelle wie Gas- und Elektrobagger ersetzt. Bald gibt es für Mike und seine dampfbetriebene Partnerin keine bezahlten Aufträge mehr.

Mike und Mary Anne sind deshalb sehr traurig, bis sie eines Tages erfahren, dass in der nahegelegenen Stadt Popperville ein neues Rathaus gebaut werden soll. Mit Feuereifer versichert Mike einem Stadtbeamten, dass er und seine fleißige Helferin den Keller für das Rathaus an einem einzigen Tag ausheben können. Und unter den begeisterten Zurufen der Stadtbewohner tun sie das dann auch.

Man sollte meinen, dass dies schon das glückliche Ende ist. Natürlich hat die Geschichte ein Happy End, aber nicht bevor Mike und sein Dampfbagger mit einem letzten Problem konfrontiert werden. In seiner Eile vergisst Mike, eine Rampe zu bauen, damit der Bagger die Grube nach getaner Arbeit wieder verlassen kann. Und somit steckt Mary Anne fest. Burton zeichnete das Bild von einer tristen, überkommenen Technologie, die ausweglos in dem Loch feststeckt, das sie selbst gegraben hat.

Dieses Bild veranschaulicht eindrucksvoll, was geschieht, wenn man nicht mit der Zeit geht.

Das Buch erschien gegen Ende der Weltwirtschaftskrise, also zu einer Zeit, in der die wirtschaftlichen Turbulenzen wie ein Wirbelsturm über die amerikanische Erwerbsbevölkerung hinwegfegten. Mikes erzwungene Anpassung war zu jener Zeit nichts Ungewöhnliches. Auch heutzutage ist das nicht ungewöhnlich, zumal wir auch jetzt mit den Stürmen einer wirtschaftlichen Krise zu kämpfen haben. Dieses Mal ist sie allerdings viralen Ursprungs. In diesem, unserem letzten Kapitel, werden wir uns mit der wichtigsten Lektion aus der Geschichte von Mike Mulligan und seinem Dampfbagger befassen – einer Lektion, die in den vergangenen achtzig Jahren wahrscheinlich die zuverlässigste Konstante war: Veränderungen sind hart, notwendig, unvermeidlich und für diejenigen, die nicht dazu bereit sind sich anzupassen, eine selbst gestellte Falle.

In diesem Kapitel erfahren wir, dass (a) unser Gehirn es wirklich hasst sich zu verändern und (b) dass es Möglichkeiten gibt, damit sich dieses arme Bündel aus Nervensträngen mit Veränderungen leichter tut. Wir befassen uns mit Forschungen zur Anpassung, die sich interessanterweise hauptsächlich aus Forschungen zur Gewohnheitsbildung speisen. Außerdem sehen wir uns an, wie (und warum) wir Gewohnheiten entwickeln, sowohl schlechte als auch gute, und was nötig ist, um erstere in letztere zu verwandeln.

Vorweg möchte ich Ihnen die freudige Mitteilung machen, dass die Forschung zum Thema Wandel eine große Menge an Optimismus bereithält. Sie beinhaltet aber auch eine leise Warnung. Wie Helen Keller, eine Zeitgenossin von Burton, einmal bemerkte:

> *Eine Kurve in der Straße ist nicht das Ende der Straße ... es sei denn, man schafft es nicht, sie zu nehmen.*

## Veränderungen sind hart

Veränderungen fallen den Menschen unglaublich schwer, selbst wenn sie positive Auswirkungen haben. Dazu möchte ich Ihnen erzählen, wie es den Pendlern ergangen ist, als die Beschäftigten der Londoner U-Bahn im Jahr 2014 streikten und mehrere Haltestellen dichtmachten.

Der Streik führte zu erheblichen Beeinträchtigungen im Berufsverkehr. Viele Fahrgäste waren gezwungen, sich alternative Routen herauszusuchen. Überraschenderweise sparten die Pendler mit den neuen Routen häufig Zeit, und zwar durchschnittlich sieben Minuten ihrer regulären Fahrtzeit von 30 Minuten. Trotz dieser erstaunlichen Bilanz änderten nur fünf Prozent der U-Bahn-Fahrgäste nach Beendigung des Streiks dauerhaft ihre gewohnten Fahrstrecken. Sage und schreibe 95 Prozent kehrten zu ihren alten, zeitaufwendigeren Gewohnheiten zurück.

Widerstand gegen Veränderungen kann sich auch auf Therapieerfolge in der Medizin auswirken. Unglaubliche 91 Prozent der Menschen, die sich einer notfallmäßigen Bypass-Operation unterziehen müssen, kehren trotz ausdrücklicher Warnungen seitens ihrer Ärzte, dass sie sterben werden, wenn sie so weitermachen, zu ihrem ungesunden Lebensstil von vor der Operation zurück. Weltweit nimmt mehr als die Hälfte der Menschen in den Industrieländern, bei denen eine schwere Krankheit diagnostiziert wurde, die verordneten Medikamente nicht ein, die ihnen im wahrsten Sinne des Wortes das Leben retten würden.

Der Widerstand gegen Veränderungen scheint allgegenwärtig.

Auch im beruflichen Kontext sind Veränderungen schwierig, obwohl es nicht ganz einfach ist, dies zu quantifizieren. In manchen Studien wird behauptet, dass

70 Prozent aller Veränderungsinitiativen in Unternehmen trotz anfänglicher Begeisterung scheitern würden und diese deprimierende Zahl seit Jahrzehnten konstant sei. Andere Studien bezeichnen das dagegen als statistischen Unfug und vertreten die Ansicht, dass die tatsächliche Rate bei ca. 10 Prozent und die gemischten Erfolge bei etwa 60 Prozent lägen.

Wie kommt es zu dieser Diskrepanz? Ein Teil des Problems liegt darin, genau zu definieren, was unter Veränderung und was unter Widerstand zu verstehen ist, und dann alle dazu zu bringen, sich jeweils auf eine allgemeingültige Definition zu einigen.

Viel Glück dabei!

Die besten Definitionen von Veränderung stellen wohl einen Bezug zur gelebten Erfahrung her und sind immer mit der Vorstellung eines Kontinuums verbunden. Veränderung kann auf jeden Fall als Bruch des Kontinuums definiert werden. Auf der einen Seite dieser Definition stehen kleine, schrittweise evolutionäre Anpassungen, die das Bezugssystem des Status quo intakt lassen. Sie können zwar lästig wie Mückenstiche sein, sind aber nicht unbedingt lebensverändernd. Auf der anderen Seite stehen die wirklich revolutionären Veränderungen, gigantische Umbrüche, die das Bezugssystem des Status quo infrage stellen. Sie sind so besorgniserregend wie ein Herzinfarkt und absolut lebensverändernd.

Widerstand ist ein ebenso wichtiger Faktor jenseits der statistischen Turbulenzen. Allgemein kann man als „Widerstand gegen Veränderungen" alles definieren, was danach strebt, den Status quo in seiner Grundstruktur beizubehalten. Außerdem gibt es viele Arten von Widerstand. Manche Widerstände sind groß und offenkundig rebellisch, was gelegentlich zu Gerichtsverfahren, Beziehungsabbrüchen oder – wenn es um die Weltpolitik geht – zu bewaffneten Konflikten führt. Andere Widerstände sind aktiv, aber klein und bauen sich nur langsam auf, sodass sie kaum als merkliche Hindernisse wahrgenommen werden. Und wieder andere sind passiv und funktionieren im Wesentlichen durch Trägheit, die als Waffe eingesetzt wird.

Der gemeinsame Nenner allen Widerstands ist, dass Veränderungen schwierig sind, unabhängig davon, wie man *Veränderung* definiert – und unabhängig davon, wie man *schwierig* definiert.

## Warum Veränderungen schwierig sind

Wie auch immer man Widerstand gegen Veränderungen beschreibt, Störungen gewohnter Abläufe werden von allen gehasst, die älter als, sagen wir mal drei Tage sind. Und wir glauben zu wissen, warum das so ist.

Menschen sind Kontrollfreaks. Dieses Phänomen ist so wichtig, dass es sich in unserer Definition von *Stress* breitgemacht hat – erinnern Sie sich? Ein Kapitel weiter vorne haben wir davon gesprochen, dass uns Stress an sich nicht so sehr stört wie unsere Unfähigkeit, ihn zu kontrollieren.

Menschen können beim Gedanken an die Zukunft große Angst entwickeln. Diese Angst wird durch eine kognitive Vorrichtung ausgelöst, die man *mentale Zeitreise* nennt. Es handelt sich dabei um eine bereits vor Jahrhunderten entwickelte Verarbeitungsfunktion, und zwar die Fähigkeit, sich die Folgen zukünftiger Entscheidungen vorzustellen, die auf den gegenwärtigen Handlungen basieren. Auch sie gehört zu der Gruppe komplexer Verhaltensweisen, auf die wir wieder und wieder zu sprechen kommen: die exekutiven Funktionen.

Wie hängen mentale Zeitreisen mit dem Widerstand gegen Veränderungen zusammen? Wenn Menschen aufgefordert werden, sich zu verändern, laufen sie Gefahr, die Kontrolle über ihre Zukunft einzubüßen. Vielleicht stellen sie sich vor, wie das Leben mit dieser Veränderung sein wird, malen sich die Vor- und Nachteile aus und versuchen, mithilfe einer solchen Zeitreise vorherzusagen – und damit zu kontrollieren –, was als Nächstes passieren wird. Diese Vorstellungen bereiten vielen Menschen Unbehagen. Neue Dinge auszuprobieren, ist schließlich riskant. Veränderungen können schmerzvoll sein. Sich daran anzupassen, kann alles noch schlimmer machen. Da alles Neue mit Schmerz verbunden sein könnte, befürchten wir, dass es vielleicht auf etwas Schlechtes hinausläuft. Ich kenne niemanden, der schmerzhafte Veränderungen mag.

Allerdings mobilisieren wir als Reaktion auf Veränderungen auch noch andere Kräfte als die mentale Zeitreise. Im selben Moment, wo wir an das „Neue" denken, stellen wir kontinuierlich Vergleiche mit dem „Jetzt" an. Im Land der Gegenwart ist Kontrolle kein großes Thema. Alles ist vertraut, offensichtlich, und im Vergleich mit der ungewissen Zukunft hat das vielleicht sogar etwas Tröstliches. Nach unserer Logik bedeutet keine Veränderung „weniger Schmerz" und damit gleichzeitig „mehr Gutes".

Der Widerstand des menschlichen Gehirns gegen Veränderungen beruht auf der asymmetrischen Bewertung dieser beiden Wahrnehmungen – der nicht greifbaren Zukunft und der vorhersehbaren Gegenwart.

Wenn man seinen Lebensunterhalt mit Wissenschaft verdient, gewöhnt man sich an ein gewisses Maß an Veränderung. Meine ersten Erfahrungen mit dem Wandel machte ich jedoch lange bevor ich den Laborkittel überstreifte. Ich bin alt genug, um für meine Schulaufsätze dieselbe Technologie verwendet zu haben wie die Mönche im 15. Jahrhundert: Tinte auf Papier, aber ich erinnere mich noch gut an den Tag, an dem die mächtige Textverarbeitung Einzug hielt. Sie klopfte an die Mauern meines mittelalterlichen Status quo und verkündete, dass es an der Zeit sei, in die Neuzeit aufzubrechen. Als ich auf dem College war, überwältigte mich eine sehr frühe Version von Microsoft Word mit der Angriffslust einer fremden Besatzungsmacht.

Erst sträubte ich mich gegen die Veränderung, und zwar mit Händen und Füßen. Himmel noch mal, ich konnte nicht einmal mit zehn Fingern schreiben! An diesem Textverarbeitungsprogramm gab es nichts, das mir vertraut oder in irgendeiner Weise angenehm war. Das weiße Papier hatte sich in einen irritierenden tiefblauen Bildschirm verwandelt. Die Buchstaben auf einer „Seite" bestanden nicht mehr aus dunkler Tinte, sondern aus winzigen Lichtpunkten. Der Text formte sich aus stakkatoartigen Anschlägen, deren Klang mich an ein Maschinengewehr erinnerte – und nicht mehr im flüssigen, trägen Rhythmus der Handschrift.

Es dauerte wahrscheinlich ein halbes Jahr, bis ich mich umgestellt hatte. Und ich habe jede Minute gehasst. Ständig geriet ich in Effizienzkonflikte. Arbeiten waren fällig. Anträge mussten geschrieben werden. Für Worte, die ich in Sekundenbruchteilen mit der Hand hätte schreiben können, vergingen nun qualvolle Minuten beim Versuch sie zu tippen, wobei meine Finger wie pickende Hühner über die Tastatur irrten.

Warum hasste ich das? Diese neumodische Art, die Dinge zu erledigen, war mit Anlaufkosten verbunden. Die Belohnung dafür, so es denn eine gab, lag in der fernen Zukunft. Trotz unserer abgefahrenen Fähigkeit zur mentalen Zeitreise sind wir immer noch nicht besonders gut darin, die langfristigen Konsequenzen unserer kurzfristigen Verhaltensweisen zu verstehen.

## Das X- und das C-System

Forscher haben versucht herauszufinden, welche Netzwerke im Gehirn hinter diesen Wahrnehmungen stehen. Matt Lieberman et al. glauben, zwei davon gefunden zu haben. Das erste bezeichnen sie als „X-System" (abgeleitet von *refleXiv*). Seine Neuronen reagieren schnell und effizient auf bestimmte, in Echtzeit wahrgenommene Reize und beschäftigen sich mit zwei Dingen: (a) Sie verarbeiten unmittelbare Ziele nahezu jeglicher Art und (b) ziehen Vergleiche mit früheren Erfahrungen, vor allem mit bereits gebildeten Überzeugungen und Gewohnheiten.

Das zweite System ist das „C-System" (abgeleitet von *reflektiv*, engl. *refleCtive*). Es verhält sich wie der weisere große Bruder von X: Ständig berät, korrigiert und widerlegt es die Schlussfolgerungen seines neuronalen Geschwisters. Das C-System arbeitet nicht automatisch. Es reagiert langsamer auf Reize und verbraucht dabei Unmengen an Energie für seine Überwachungsaufgaben. Wenn Sie sich auf die Notwendigkeit von Veränderungen einlassen und durchhalten – auch wenn anfangs hohe Kosten damit verbunden sind (ja, dich meine ich, Microsoft Word!) – ist dies wahrscheinlich Ihrem C-System geschuldet.

Natürlich stimmen nicht alle Wissenschaftler dieser neuronalen Taxonomie unumschränkt zu, aber sie besitzt den Vorteil, überprüfbar zu sein. Beispielsweise hat die Forschung konkrete Fortschritte bei der Zuordnung dieser Verhaltensweisen zu bestimmten Hirnregionen erzielt. Wir wissen jetzt besser als je zuvor darüber Bescheid, wie das Gehirn auf Veränderungen reagiert – und sie manchmal auch akzeptiert, auch wenn es das Allerletzte ist, was es eigentlich tun möchte.

## Neuroanatomie

Zu den wichtigsten am X-System beteiligten Strukturen gehören die sogenannten *Basalganglien*. Dabei handelt es sich um eine ziemlich große Region aus vielen unbeweglichen Teilen. Die Basalganglien sehen aus wie ein Komma mit großem Kopf, das sich in der Mitte des Gehirns zusammengerollt hat.

Früher dachte man, dieses neurologische Satzzeichen sei in erster Linie für motorische Funktionen zuständig. Inzwischen wissen wir aber, dass die Basalganglien außerdem noch einige Nebenjobs haben. Zu diesen gehört sowohl die Gewohnheitsbildung als auch die Vermittlung von Reflexen. An beidem sind häufig motorische Fähigkeiten beteiligt, aber die verschiedenen Regionen der Basalganglien werden bei jeder vertrauten, wiederholten und letztlich automatischen Handlung aktiviert. Sind Sie schon einmal von der Arbeit nach Hause gefahren und haben gar nicht gemerkt, wie sie dort hingekommen sind? Das waren Ihre Basalganglien!

Das C-System greift auch auf eine Vielzahl neuronaler Substrate zurück. Die größten davon sind die energiehungrigen Regionen direkt hinter Ihrer Stirn, die für die exekutiven Funktionen zuständig sind. Das ist durchaus plausibel. Denken Sie daran, dass die exekutiven Funktionen mit der Impulskontrolle zu tun haben. Und genau die ist gefragt, wenn Sie mit Veränderungen konfrontiert werden. Ihr natürlicher Impuls könnte darin bestehen, sich vor der neuen Aufgabe zu drücken (wie ich bei meiner Angstgegnerin, der Textverarbeitung). Die exekutiven Funktionen erinnern Sie daran, auf Kurs zu bleiben, egal wie Sie sich dabei fühlen. Es wäre untertrieben zu behaupten, dass dieses Verhalten eine enorme Menge an Energie kostet; unser Gehirn reagiert darauf nahezu allergisch. Kein Wunder, dass wir uns gegen Veränderungen wehren: Für unser Gehirn sind sie eine sinnlose Energieverschwendung.

Das X- und das C-System sind nicht die einzigen neuronalen Netzwerke, mit denen das Gehirn auf Veränderungen reagiert. Zu den interessantesten gehört das sogenannte *Fehlererkennungssystem*. Dieses System beschäftigt sich intensiv mit dem Management von Erwartungen.

Was genau verstehe ich unter Erwartungsmanagement? Stellen Sie sich einmal vor, ich würde Ihnen ein Fläschchen Chanel No. 5 geben und Sie bitten, daran zu riechen. Sie wissen jedoch nicht, dass der Flakon zuvor mit Buttersäure versetzt wurde, einer chemischen Substanz, die wie Erbrochenes riecht. Als Sie an dem vermeintlichen Parfüm schnuppern, jagt Ihnen das Aroma dieses *Eau de Kotze* einen ziemlichen Schrecken ein. Was ist der Grund für Ihre Reaktion? Ihr Fehlererkennungssystem hat dem Rest das Gehirns sofort unmissverständlich mitgeteilt, dass Erwartung und Wirklichkeit nicht übereinstimmen. Als es die Buttersäure registrierte, schaltete Ihr komplettes Mustererkennungssystem auf Alarmstufe Rot. Dieser Zustand ist ziemlich unangenehm für uns und vielleicht einer der Gründe, warum Veränderungen so schwierig sind. Als Überlebensstrategie in der freien Wildbahn ist dieser Alarm unverzichtbar. Als Reaktion auf ein sich schnell veränderndes Arbeitsumfeld allerdings vielleicht nicht unbedingt.

### Wie lange dauert es?

Wieder einmal stellen wir fest, dass Energiesparen bei allem, was wir tun, eine entscheidende Rolle spielt. Wir sparen gerne und viel. Schätzungen zufolge schalten wir bei 43 Prozent unserer täglichen Aktivitäten auf Autopilot. Wenn wir etwas in unserem Leben verändern möchten, stellen wir uns insofern natürlich die Frage: Wie lange dauert es, bis sich eine neue Gewohnheit herausbildet, wenn unser Gehirn beschlossen hat, dass sie zu unserem Besten ist?

Leider wissen wir das nicht.

Über viele Jahre dachte man, die magische Zahl läge bei 21 Tagen. Die Angabe stammt ursprünglich von Max Maltz, einem Schönheitschirurgen aus den 1950ern. Er wollte wissen, wie lange es dauern würde, bis sich seine Patienten nach einer Operation an ihren neuen, chirurgisch optimierten Körper gewöhnen. Nach Maltz' Beobachtungen dauerte es 21 Tage. Darüber schrieb er ein Buch mit dem unerklärlichen Titel *Psychokybernetik*, das sich 30 Millionen Mal verkaufte. Schon bald wurden 21 Tage zum universellen Richtwert dafür, wie lange es dauert, um aus einer Nicht-Gewohnheit eine Gewohnheit zu machen.

Allerdings war nicht jeder in der Welt der Wissenschaft davon überzeugt, dass Menschen eingefahrene Gewohnheiten innerhalb von drei kurzen Wochen verändern können. Jahre später untersuchten europäische Forscher diese Frage noch einmal, und zwar anhand von neuen persönlichen Alltagsroutinen, die nichts mit Facelifting zu tun hatten. Nach dem Zufallsprinzip ausgewählte Versuchspersonen entwickelten eine neue Gewohnheit und dokumentierten, wie lange es dauerte, bis diese zur Selbstverständlichkeit wurde. Die Zahlen schwankten so stark wie der Aktienmarkt in Zeiten der Rezession. Manche Menschen brauchten 18 Tage, um die neue Gewohnheit zu verinnerlichen, andere dagegen 254.

Die Antwort auf die Frage, wie lange es dauert, sich eine neue Gewohnheit anzutrainieren, ist frustrierend einfach: Auch wenn es immer darauf anzukommen scheint, gelten zwei bis drei Monate heutzutage als Richtwert. Aber auch dies kann man nicht verallgemeinern.

Untersucht man, wie lange Veränderungen im Verhalten von Gruppen dauern, stößt man auf dieselbe Vielfalt an Ergebnissen. Sehen wir uns zwei Beispiele hierzu an. Maßnahmen im Kampf gegen das Rauchen werden als sozialer Erfolg gefeiert, zumindest in den Vereinigten Staaten. Die amerikanische Gesundheitsbehörde CDC stellte fest, dass eine staatlich finanzierte Nichtraucherkampagne über zwei Millionen Menschen dazu bewog, mit dem Rauchen aufzuhören.

Aber solche Kampagnen für bestimmte Zielgruppen sind nicht immer von Erfolg gekrönt. Die Forscherin Wendy Wood verweist in diesem Zusammenhang auf den Misserfolg des berühmten Aktionsprogramms „5 A Day for Better Health", mit dem die Bewohner Kaliforniens dazu gebracht werden sollten, mehr Obst und Gemüse zu essen, und zwar fünf Portionen pro Tag. Als die Gesundheitskampagne startete, praktizierten dies nur elf Prozent der Kalifornier. Fünf Jahre und viele Millionen Dollar später lag die Zahl der Menschen, die diese Empfehlung umsetzten, bei – Achtung, Frust! – elf Prozent.

Interessanterweise scheiterte die Kampagne nicht an mangelnder Bewusstheit. Als sie begann, wussten gerade einmal acht Prozent der Bevölkerung, dass „fünf pro Tag" eine gute Idee ist. Fünf Jahre später waren es bereits 30 Prozent. Die Kenntnis darüber änderte jedoch nichts am Verhalten der Menschen, sondern schien sich lediglich in Form von Schuldgefühlen über ihre schlechten Ernährungsgewohnheiten auszudrücken.

## Zwei Missverständnisse über das Scheitern von Veränderungen

Warum scheitern manche Kampagnen, während andere erfolgreich etwas verändern? Und warum scheitern manche *Menschen*, während andere erfolgreich etwas verändern? Es gibt viele Gründe für diese Diskrepanz, und die Erklärungen dafür sind so vielfältig wie die Kampagnen – und die Menschen – selbst. Fast immer, wenn Forscher versuchen, das Scheitern einer Kampagne zu erklären, kommt es zu zwei Missverständnissen. Beide haben mit den Erwartungen der Teilnehmer zu tun.

*1. Die Veränderung tritt ein, wenn ich fest dazu entschlossen bin, sie herbeizuführen.*

Die erste Erwartung betrifft eine ziemlich heikle und intensiv untersuchte Angelegenheit: Willenskraft. In einer berühmten Studie wurden Menschen dabei gefilmt, wie sie sich große Mühe geben, einer Versuchung zu widerstehen. Sich diese Videos anzusehen, ist einerseits eine entsetzliche Qual, andererseits aber auch urkomisch. Fast immer handelt es sich bei den Testpersonen um Kinder im Vorschulalter.

In der klassischen Versuchsanordnung sitzt ein Kind allein an einem Tisch, auf dem ein Marshmallow liegt. Ein Erwachsener, der für ein paar Minuten weg muss, bietet dem Kind einen Deal an: Entweder es isst den Marshmallow sofort oder es wartet, bis der Erwachsene zurückkommt, und erhält dafür als Belohnung noch einen zweiten. Dann verlässt der Erwachsene den Raum und die Kamera läuft weiter.

Die Qual beginnt.

Manche Kinder starren einfach nur sehnsuchtsvoll auf diese kleine, weiße, leckere und jetzt unbeaufsichtigte Versuchung. Andere Kinder schauen weg. Ein Kind wandte dem Marshmallow den Rücken zu und blickte konzentriert auf die nackte weiße Wand hinter sich. Ein anderes setzte sich auf seine Hände. Wieder ein anderes versuchte es mit „Augen zu“ und rezitierte etwas, das irgendwie nach Matheunterricht klang.

Leider waren diese Strategien größtenteils nutzlos. Die meisten Kinder nahmen den Marshmallow letztendlich in die Hand, probierten ein Stückchen, legten ihn wieder hin und steckten ihn sich dann in den Mund. Sie schafften es nicht, der Versuchung zu widerstehen.

Das inzwischen umstrittene Marshmallow-Experiment wurde ursprünglich von dem Psychologen Walter Mischel entwickelt. Obwohl andere Forscher Probleme hatten, seine Ergebnisse zu replizieren, bedürfen die Videos selbst keiner großen Erklärung. Die Kinder kämpfen mit einem Aspekt von Impulskontrolle. Einem Aspekt der *Willenskraft*. Manche Menschen glauben, dass Kampagnen wie das „5 A Day“-Projekt scheitern, weil die Teilnehmer sich wie diese Kinder verhalten. Sie haben einfach nicht genügend Disziplin, um die Chipstüte wegzupacken und stattdessen zu Karottensticks zu greifen.

Spätere Untersuchungen haben gezeigt, dass dies nicht annähernd der Wahrheit entspricht. Ich gehe darauf später noch ausführlicher ein, aber vorher müssen wir den zweiten Irrglauben der Menschen über Veränderungen abhandeln.

### *2. Die Veränderung tritt ein, wenn ich geduldig genug bin.*

Wovon ich hier spreche, weiß jeder, der gegen die Versuchung ankämpft, seinen Computer aus dem Fenster zu werfen, wenn eine Website nicht schnell genug lädt. Das scheint auf die meisten von uns zuzutreffen. (Über die Hälfte aller Internetnutzer verlässt eine Website wieder, wenn es über drei Sekunden dauert.) Geduld überbrückt die nervenaufreibende Distanz zwischen dem Wunsch nach sofortiger Belohnung und der Erkenntnis, dass es länger als ein paar Sekunden dauern könnte, bis ein Ergebnis vorliegt. Das ist wichtig, denn wenn über einen längeren Zeitraum mehreres kumuliert, drängt es uns zu vielen kritischen Veränderungen im Leben, sowohl großen als auch kleinen.

Ich habe die positive Variante dieser Lektion gelernt, je mehr Stunden ich mit dem Textverarbeitungsprogramm zubrachte. Als ich mich daran gewöhnt hatte, ganze Textblöcke auszuschneiden und an anderer Stelle wieder einzufügen, wurde mir klar, dass ich kein Tipp-Ex mehr benötigen würde. Und zwar *für den Rest meines Lebens*. Das hat mich wirklich glücklich gemacht. Irgendwann entdeckte ich auch, wie praktisch es ist, mehrere Entwürfe eines Textes zu speichern und direkt miteinander zu vergleichen, um zu sehen, welche Version die beste ist. Das hat mich noch glücklicher gemacht. So lernte ich langsam, den Wechsel von Füller und Schreibblock zu Tastatur und Pixel zu schätzen. Um das zu erkennen, brauchte es aber sechs Monate mit kleinen Aha-Erlebnissen. Hätte ich von mir selbst verlangt, das Textverarbeitungsprogramm schon toll finden zu müssen, bevor ich es überhaupt verwendet hätte, wäre ich nie umgestiegen.

Angesichts der Macht des kumulativen Effekts sollte man meinen, dass die Sache ganz leicht ist: Jeder braucht einfach Zeit, damit Veränderungen ihre magische Wirkung entfalten können. Deshalb sollte man es langsam angehen lassen und Geduld für diesen Prozess aufbringen.

Das ist sicher ein guter Rat, aber er geht nicht weit genug. Was ist mit den frustrierenden Unterschieden bei der Umsetzungszeit? Die „5 A Day“-Kampagne lief über *Jahre*, und trotzdem hat sich der „Verhaltenstacho“ keinen Millimeter bewegt. Außerdem führt nicht alles, was sich kumuliert, zu positiven Ergebnissen – die Zeit spielt uns nicht immer in die Karten. Scheidungen sind ein schmerzvolles Beispiel dafür. Ehen sterben selten durch einen plötzlichen beziehungstechnischen Herzinfarkt. Stattdessen verbluten sie fast immer, in der Regel aufgrund vieler kleiner Stiche aus langen Jahren emotionaler Verletzung.

Auch der Ausstieg aus dem Beruf aufgrund von Burnout funktioniert auf diese Weise. Wenn Menschen „plötzlich“ kündigen, liegt das häufig an einer Häufung dessen, was Robert Sapolsky als „Mikro-Stressoren“ bezeichnet. Für sich betrachtet, mögen Mikro-Stressoren keine große Sache sein – sie tragen ja nicht umsonst die Vorsilbe *Mikro-* –, aber zusammengenommen verursachen sie über einen längeren Zeitraum hinweg eine Belastung, die Menschen dazu bringt, „plötzlich“ zu kündigen. Es handelt sich um kleine, unerfreuliche Ereignisse, die sich im Zeitverlauf wie auf einer Streckbank in die Länge ziehen.

Wir brauchen also ganz klar mehr als nur *Zeit*, um positive Veränderungen herbeizuführen. Was ist die fehlende Zutat? Wenn es nicht nur eine Frage der Geduld oder der Willenskraft ist (warum das so ist, erkläre ich Ihnen später in diesem Kapitel – versprochen!), was führt dann dazu, dass ein positiver Wandel langfristig greift?

Ob Sie es glauben oder nicht: Wir denken, wir kennen die Antwort. Es ist ein bisschen peinlich. Was wir brauchen, ist Bequemlichkeit.

## Reibung

Seit vielen Jahren höre ich gerne die Radiosendung – und jetzt auch den Podcast – *Hidden Brain* des preisgekrönten Journalisten Shankar Vedantam. In einer Folge ging es um ein Thema, mit dem wir uns auch in diesem Kapitel beschäftigen: Gewohnheitsbildung.

Die Podcast-Folge begann in einem Gebäude, das mir wohlbekannt ist. Das Bullitt Center ist ein sechsstöckiges Bürogebäude in Seattle. Es befindet sich auf einer Anhöhe, sodass man von den oberen Etagen einen herrlichen Blick auf das Zentrum und die weiter entfernt liegende Meeresbucht Puget Sound hat. Das Bullitt Center liefert reichlich Inspiration für gute Ideen und wird als „grünstes Geschäftsgebäude der Welt" bezeichnet.

Dass Vedantam für den Einstieg das Bullitt Center wählte, liegt an dem überwältigenden Gefühl, das einen überfällt, sobald man den Empfangsbereich betritt. Man trifft direkt auf eine gewaltige Treppe aus warmem Douglasienholz mit breiten Treppenabsätzen, die bis in die obersten Stockwerke des Gebäudes reicht. Wenn Sie die Stufen hochgehen, eröffnet sich Ihnen eine spektakuläre Aussicht auf die Stadt und das Meer. Bei diesem Anblick verschwenden Sie keinen Gedanken mehr an den Aufzug, der Sie schnurstracks an Ihr Ziel brächte, sondern möchten nur noch die Treppe hinaufgehen.

Und genau das tun die Menschen. Zwei Drittel derjenigen, die einen Termin im obersten Stockwerk haben, nehmen die Treppe. Man nennt sie zu Recht die „unwiderstehliche Treppe".

Das Design ist kein Zufall. Die Architekten, die das Gebäude entworfen haben, gestalteten sein Inneres ganz bewusst so, dass es zu aktiver Bewegung einlädt. Vielleicht hatten sie gelesen, dass mit sitzender Bürotätigkeit gesundheitliche Risiken verbunden sind. Oder sie wandern einfach gerne in der freien Natur und wollten diese Erfahrung ein Stück weit in das Gebäude integrieren. Natürlich gibt es dort gut ausgeschilderte Aufzüge für Menschen, die die Treppe nicht nehmen können oder wollen. Aber die Aufzüge sind nicht das Erste, was einem ins Auge sticht, wenn man das Gebäude betritt, selbst wenn man gewohnt ist, in mehrstöckigen Gebäuden zuerst nach ihnen Ausschau zu halten. Stattdessen fällt der Blick auf Menschen, die sich sportlich betätigen.

Vedantam startete mit dem Bullitt Center, um das Konzept der *Reibung* zu veranschaulichen, mit dem sich unter anderem die Wissenschaftlerin Wendy Wood beschäftigt (die in der Sendung zu Gast war). Es besagt, dass Umgebungsfaktoren Gewohnheiten beeinflussen können. Umgebungen, die sich hinderlich auf die Bildung neuer Gewohnheiten auswirken, werden als Räume mit „hoher Reibung" bezeichnet: *Ich fahre nicht mit dem Aufzug, weil es zu viel Energie kostet, ihn zu finden.* Umgebungen, die die Bildung neuer Gewohnheiten ermöglichen und vielleicht sogar fördern, werden als Räume mit „geringer Reibung" bezeichnet. *Ich nehme die Treppe, denn sie befindet sich direkt vor mir und sieht wirklich verlockend aus; außerdem machen das auch alle meine Freunde.* In den meisten Situationen lässt sich *geringe Reibung* durch *Bequemlichkeit* ersetzen – im besten Fall sogar durch *Bequemlichkeit und Vergnügen.*

Auf die Rolle des Vergnügens werden wir ein paar Seiten weiter hinten noch zu sprechen kommen. Es handelt sich um die vergnüglichsten Seiten im ganzen Buch.

## Reibungsloser Einkauf

Die „Reibungsforschung" erfreut sich zahlreicher Anhänger und liefert eine Vielzahl empirischer Belege für die Auswirkungen von Bequemlichkeit auf Verhaltensveränderungen. Wenn Sie Mitglied in einem Fitness-Studio sind, das fünf Meilen von Ihrem Zuhause entfernt liegt, werden Sie durchschnittlich einmal im Monat dort trainieren. Liegt es allerdings 3,7 Meilen entfernt, steigt die Häufigkeit auf über fünfmal pro Monat. Je näher Sie am Studio wohnen, desto wahrscheinlicher ist es, dass Sie hingehen. Weniger Reibung bedeutet konsequentere Umsetzung.

Studien zum Thema Ernährung haben dasselbe ergeben, allerdings auf absurd niedrigem Niveau. Wenn Sie die Wahl zwischen gesundem Essen (einer Schale Äpfel) und ungesundem Essen (einer Schale gebuttertem Popcorn) haben, hängt es im Endeffekt davon ab, wo Sie näher dran sind. Wenn das fettige Popcorn leichter zu erreichen ist als die gesunden Äpfel, werden Sie sich für mehr Kalorien entscheiden (in einem Experiment waren es insgesamt ca. 150). Wenn aber die Äpfel leichter zu erreichen sind als das Popcorn, essen Sie die Äpfel (und damit im Rahmen desselben Experiments ca. 50 Kalorien). In diesen Fällen bezieht sich die Reibung auf die Erreichbarkeit, genau wie bei der Treppe im Bullitt Center.

Damit sind wir unverhofft auf eine mögliche Erklärung – und eine Lösung – für die „5 A Day"-Kampagne gestoßen. Die Erfinder der Aktion hätten vielleicht mehr Erfolg gehabt, wenn sie Obst- und Gemüsestände in Reichweite der Verbraucher aufstellen lassen hätten: wochentags an jeder Straßenecke, samstagabends an den Ein- und Ausgängen der Clubs und sonntagmorgens vor den Kirchen.

Wenn Sie für das Thema Reibung sensibilisiert sind, werden Sie beim Einkaufen feststellen, dass sich der Einzelhandel eingehend damit beschäftigt. Lebensmittelgeschäfte geben sich große Mühe, die Artikel, die Sie unbedingt kaufen sollen, in Augenhöhe zu platzieren. Die Wahrscheinlichkeit, dass sie gekauft werden, steigt aus dem einfachen Grund, dass die Kunden sie bequem und ohne große Verrenkungen nach oben oder unten in den Einkaufswagen laden können.

Die besten Beispiele liefert uns die virtuelle Welt. Unternehmen wie Uber, Airbnb und Rocket Mortgage (Slogan: „Einmal klicken, Hypothek bekommen.")

versuchen allesamt, den Kauf ihrer Produkte und Dienstleistungen so reibungslos wie möglich zu gestalten. Mein Lieblingsbeispiel ist wahrscheinlich Amazon, ein Unternehmen, das den reibungslosen Einkauf zur Kunstform erhoben hat. Meine Lieblingsbeispiele dafür sind die Schaltflächen „Jetzt kaufen" und „Jetzt kaufen mit 1-Click®".

Und wie Sie vielleicht schon gehört haben, ist Amazon dabei, die Welt zu erobern.

## Arten von Reibung

Glücklicherweise gibt es viele Strategien, um geringe Reibung für nachhaltige Verhaltensveränderungen zu nutzen, ohne dass man dabei gleich die Weltherrschaft ins Auge fassen müsste.

Eine dieser Strategien besteht darin, neue Verhaltensweisen mithilfe bereits bestehender Gewohnheiten zu etablieren. Viele Menschen nutzen ihre Zubettgeh-Routine für genau diese Zwecke. Früher habe ich manchmal vergessen, vor dem Schlafengehen die Alarmanlage anzustellen. Ich habe mir dann angewöhnt, die Fernbedienung der Alarmanlage mit ins Bad zu nehmen. So fällt mein Blick darauf, wenn ich nach der Zahnpasta greife, und ich schalte direkt den Alarm ein. Mit der Zeit wurde das neue Verhalten durch die bereits bestehende Zahnputzroutine ausgelöst. In der Forschung wird dieses Verfahren als *Huckepack-System* oder *Stacking* bezeichnet – man „stapelt" eine neue Gewohnheit sozusagen auf eine bereits existierende.

Eine weitere Methode ist das sogenannte *Swapping*. Auch sie bedient sich einer bereits bestehenden Gewohnheit, allerdings nicht um etwas hinzuzufügen, sondern um sie zu ersetzen. Eine Bekannte von mir nutzte diese Strategie für den Start in ein gesünderes Leben. Sie wollte abnehmen und ihren Koffeinkonsum einschränken. Da sie jeden Tag zu Starbucks geht, beschloss sie, ihre Standardbestellung – den Triple Caffè Latte mit aufgeschäumter Vollmilch – in einen halb entkoffeinierten Caffè Americano ohne Milchschaum abzuändern. Damit schlug sie zwei Fliegen mit einer Klappe, und das im Rahmen einer bereits bestehenden Routine.

Wer schlau ist, kann beide Methoden sogar miteinander verbinden. Die im Podcast *Hidden Brain* interviewte Wissenschaftlerin Wendy Woods liefert ein ausgezeichnetes Beispiel dafür: Sie wollte sich zu regelmäßiger sportlicher Betätigung motivieren. Deshalb beschloss sie, gleich nach dem Aufstehen eine Runde Laufen zu gehen und die Bewegung zu einem Teil ihrer normalen Morgenroutine zu machen. Ein klassisches Stacking-Verhalten. Zusätzlich verwendete sie allerdings auch noch eine Swapping-Strategie, und zwar in Bezug auf ihre Nachtbekleidung: Sie ersetzte den Pyjama durch Sportkleidung. So konnte sie nach dem Aufstehen fast „reibungslos" in die Turnschuhe schlüpfen und loslaufen.

Diese Strategien sind ziemlich effektiv, um neue Verhaltensweisen zu etablieren, vor allem solche, die man zur Routine werden lassen möchte. Aber es gibt auch eine weniger gute Nachricht: Sie funktionieren nicht immer und nicht bei allen Menschen, auch wenn sie anfangs einen noch so reibungslosen Eindruck machen. Manche werden der neuen Routine überdrüssig. Andere packen vielleicht zu viel auf bereits bestehende Gewohnheiten drauf. Die Veränderungen langfristig aufrechtzuerhalten, ist auch hier das Problem.

Zum Glück haben die Forscher eine Lösung parat. Sie können die Chancen auf einen reibungsarmen Erfolg erhöhen und eine dauerhafte Verhaltensänderung herbeiführen, wenn Sie sich im Voraus mit ein bisschen Gehirnforschung beschäftigen. Mit diesem bisschen Gehirnforschung, bei dem Ihnen einiges bekannt vorkommen wird, befassen wir uns als Nächstes.

## Das Glücksgefühl von Dopamin

Ein paar Absätze weiter vorne habe ich angekündigt, weiter hinten näher darauf einzugehen, welche Rolle das Vergnügen für Verhaltensveränderungen spielt. Ich freue mich sehr darauf, unsere Ausführungen über Dopamin, den glücklichsten Neurotransmitter der Welt, an dieser Stelle fortzusetzen.

Dopamin wird von bestimmten neuronalen Netzwerken tief im Inneren des Gehirns hergestellt. Diese Netzwerke werden zusammen als *dopaminerges System* bezeichnet. Wahrscheinlich wäre es besser, von *Systemen* im Plural zu sprechen, denn man unterscheidet mindestens vier davon. Es handelt sich um eine talentierte Truppe, die von motorischen Funktionen bis hin zu Belohnung und Vergnügen alles Mögliche vermittelt. Auch in der Anfangsphase der Entwicklung neuer Gewohnheiten spielen sie eine entscheidende Rolle, vor allem die Netzwerke, die zum sogenannten *mesolimbischen System* gehören. Neue Verhaltensweisen haben keine Chance, zu einem dauerhaften Bestandteil Ihres Lebens zu werden, wenn diese Belohnungssysteme nicht aktiviert werden.

Dabei geht es nicht einfach um irgendeine Belohnung. Dopaminerge Lollis müssen drei Voraussetzungen erfüllen, um Verhaltensveränderungen effektiv zu beeinflussen. Einer der Gründe, warum wiederholte Handlungen nicht als feste Gewohnheiten verankert werden, besteht darin, dass wir diese Anforderungen ignorieren. Sie können sich unsere Glückssysteme wie fein regulierte Uhrwerke vorstellen: Damit sie richtig funktionieren, müssen ganz spezielle Bedingungen erfüllt sein.

*1. Die Belohnung muss sofort erfolgen.*

Wenn Sie ein Verhalten praktizieren, das Sie noch nicht gewohnt sind, müssen Sie sich *sofort* dafür belohnen. Und ich meine das wirklich wörtlich. Wenn Sie die Belohnung länger als eine Minute hinauszögern, laufen Sie Gefahr, die entscheidende Unterstützung des Dopamins zu verlieren.

Warum so schnell? Das liegt an der hinlänglich bekannten Tatsache, dass zum Lernen immer neue neuronale Verbindungen geknüpft werden müssen. Diese Verknüpfungen sind in den ersten Momenten ihres Bestehens erstaunlich fragil. Wir haben herausgefunden, dass das Dopamin den Superkleber bereitstellt, um sie zu fixieren. Aber man muss ihn schnell auftragen, bevor sich die Verknüpfungen wieder lösen – so empfindlich sind sie. Mit der Einstellung „Ich mache das jetzt und belohne mich, wenn ich heute Abend nach Hause komme" wird das neue Verhalten kaum haften bleiben. Ihr Gehirn verlangt nach einer sofortigen Belohnung. In dieser Hinsicht verhält es sich wie ein Zweijähriger.

Die nächste Bedingung ist wahrscheinlich die grausamste der drei und bestimmt auch die am besten erforschte, vor allem, weil ein paar Leute dadurch eine Stange Geld verdient haben.

*2. Die Belohnung muss unbestimmt sein.*

Die Vorhersehbarkeit der Belohnung (oder besser gesagt die *Un*vorhersehbarkeit der Belohnung) entscheidet darüber, ob sich neue Verhaltensweisen im Gehirn einbrennen. *Unvorhersehbarkeit* bedeutet hier zweierlei: von unbestimmter Häufigkeit und von unbestimmter Qualität.

Dabei bezieht sich Häufigkeit auf den Zeitpunkt, zu dem eine Belohnung ausgegeben wird. Obwohl die Ein-Minuten-Regel ziemlich wasserdicht ist, zeigen Forschungsergebnisse, dass es besser ist, Belohnungen in zufälligen, nicht genauer bestimmten Intervallen zu erhalten als nach einem vorhersehbaren Plan. Man sollte nicht immer eine Belohnung bekommen, nur weil man etwas richtig gemacht hat (– obwohl man sagen könnte, dass es häufiger Belohnungen geben sollte, wenn man noch ganz am Anfang der Verhaltensänderung steht; ähnlich wie man eine Pflanze direkt nach dem Umtopfen kräftig gießen sollte).

Auch die Belohnungsqualität sollte unbestimmt sein. Belohnungen bewirken am besten dauerhafte Veränderungen, wenn man nicht so genau weiß, wie gut das Bonbon schmecken wird, das man bekommt. Wenn sie größer oder ganz einfach anders ausfallen als erwartet, wirken sie immer besser als Anreize von gleichbleibender Qualität. Offenbar schätzt Ihr Gehirn angenehme Überraschungen ebenso sehr wie

Sie selbst. Die Abwechslung sorgt für eine bessere „Haltbarkeit“ der Gewohnheit, die Sie etablieren möchten.

Um diese Dopamin-Prinzipien am Werk zu sehen, müssen Sie nur dem nächstgelegenen Casino einen Besuch abstatten. Die Entwickler von Spielautomaten wissen schon seit Jahren über die Effekte unbestimmter Belohnungen Bescheid. Ihnen ist bekannt, dass sich eine viel beständigere Spielgewohnheit herausbildet, wenn die Gewinne jeweils nach dem Zufallsprinzip in unterschiedlicher Höhe und Häufigkeit ausgeschüttet werden. Die optimale Frequenz? Halten Sie die Gewinnquote bei etwa 50 Prozent.

Im dritten und letzten Merkmal wird zwischen extrinsischen und intrinsischen Belohnungen unterschieden. Das bedarf definitiv einer Erklärung.

*3. Extrinsische Belohnungen funktionieren nicht so gut wie intrinsische Belohnungen, wenn es darum geht, das Verhalten zu beeinflussen.*

Als *extrinsische Belohnungen* bezeichnet man alle Belohnungen, die außerhalb des auslösenden Erlebnisses liegen, auch wenn sie durch dieses Erlebnis angeregt werden. Früher habe ich mich zum Beispiel mit einem eiskalten Bier belohnt, wenn ich mich an einem heißen Tag dazu aufgerafft hatte, den Rasen zu mähen. Es gibt keine intrinsische Beziehung zwischen dem Rasenmähen und einem kühlen Hellen, aber ich habe mich damit belohnt, weil ich an heißen Tagen einfach gerne eiskaltes Bier trinke.

Bei *intrinsischen Belohnungen* verhält es sich genau andersherum, und interessanterweise sind sie viel wirksamer, um Veränderungen herbeizuführen. In meinem Buch *Brain Rules für Ihr Baby* beschreibe ich eine intrinsische Belohnungserfahrung, die mir zuteil wurde, als ich zum ersten Mal das Computerspiel *Myst* spielte. Ich verliebte mich sofort in dieses alte grafische Problemlösungsabenteuer mit seiner fesselnden Geschichte und den schönsten digitalen Kunstwerken, die ich je gesehen hatte. Ich war die perfekte Zielgruppe für *Myst*, denn je mehr Zeit ich in dieser faszinierenden Umgebung verbrachte, desto mehr wurde ich belohnt. Aber nicht mit Geld oder Ruhm oder irgendeiner anderen auch nur im Entferntesten greifbaren Sache. Nein, ich wurde mit einem neuen, mir zuvor noch verborgenen Teil des Spiels belohnt, in dem es noch mehr digitale Kunst zu bewundern gab. Mein Interesse an dem Spiel wurde immer größer, und das Einzige, was mich antrieb, war mein Wunsch, die Schönheit der sich neu offenbarenden visuellen Welten zu entdecken.

Das ist ein perfektes Beispiel. Intrinsische Belohnungen ergeben sich direkt im Laufe des Ereignisses aus der investierten Anstrengung und hängen vollständig vom eigenen Beitrag im Kontext dieser Erfahrung ab.

Obwohl sich die meisten Menschen mit einer Mischung aus beiden Formen belohnen, sind extrinsische und intrinsische Belohnungen nicht gleich wirksam, wenn es darum geht, neue Verhaltensweisen zu etablieren. Wie bereits erwähnt, üben Belohnungen, die direkt mit den Folgen einer Handlung verbunden sind (z.B. das Gefühl der Zufriedenheit, die man empfindet, wenn man jemandem einen Gefallen getan hat), einen stärkeren Einfluss auf unser Verhalten aus als Belohnungen von außen. Sieht ganz so aus, als würde kaltes Bier gegenüber *Myst* immer den Kürzeren ziehen.

## Es geht nicht um Willenskraft

Jetzt ist es an der Zeit, ein Versprechen einzulösen, das ich weiter vorne gegeben habe. Ich erwähnte ein Missverständnis über die Rolle der Willenskraft bei der Bildung von Gewohnheiten und versicherte, später ausführlicher darauf einzugehen. Dieses Später ist jetzt.

Über viele Jahre dachten wir, dass die Fähigkeit, eine Gewohnheit durch eine andere zu ersetzen, einfach eine Frage des Durchhaltevermögens sei. Wir glaubten beispielsweise, dass 85 Prozent der Menschen, die viel Gewicht abgenommen hatten, es innerhalb von fünf Jahren wieder zunahmen, weil sie einfach zu schwach waren, um „nein" zu sagen.

Neuere Untersuchungen deuten darauf hin, dass diese Erklärung ein Irrtum oder zumindest nicht die ganze Geschichte ist. Einige Forscher kamen zu dem Schluss, dass chronische Rückfälle nicht auf Schwäche, sondern auf Erschöpfung zurückzuführen sind. Der Fachbegriff für dieses Konzept lautet *Ego-Depletion*: Man wacht morgens auf und hat nur eine bestimmte Menge an Willenskraft zur Verfügung; stellen Sie es sich ähnlich vor wie bei Benzin in einem Tank. Wenn Ihre impulskontrollierende Tankanzeige in den roten Bereich kommt – vielleicht mussten Sie an dem Tag zu häufig gegen Versuchungen ankämpfen –, beginnt Ihre Willenskraft zu stottern und stirbt ab.

Das ist eine nette Idee, für die es bestimmt auch überzeugende Beweise gibt, aber sie erklärt nicht alles, was wir über dieses Thema wissen.

In einer groß angelegten Studie aus Deutschland wurde die Selbstkontrolle bei Menschen gemäß dem Goldstandard zur Messung der exekutiven Funktionen ermittelt. Die Forscher setzten dabei ein für die damalige Zeit sehr hoch entwickeltes Aufzeichnungssystem (mit einer Art von Piepsern und Pagern) ein. Damit zeichneten die Teilnehmer auf, wie oft sie im Laufe des Tages in Versuchung gerieten, einer schlechten Angewohnheit nachzugeben, und wie oft sie versuchten, sich aktiv zu widersetzen.

Die Hypothese lautete, dass Menschen, die bei diesem Test gut abschnitten, ihrer wie auch immer gearteten täglichen Versuchung nicht so oft nachgeben würden. Doch das entspricht nicht dem, was die Forscher herausfanden. Sie stellten fest, dass Menschen mit hohen Werten Versuchungen nicht besser widerstanden als Menschen mit niedrigen, sondern dass Erstere während des Tages einfach nicht so vielen Versuchungen ausgesetzt waren. Sie hatten ihr Leben so gestaltet, dass sie nicht permanent in Versuchung geführt wurden.

Dieses Fazit kann bleibende Spuren in Ihrem Gehirn hinterlassen. Die Daten deuten darauf hin, dass das Lebensumfeld einen aktiven Beitrag zum Widerstand gegen Versuchungen leistet. Wer Versuchungen gut widersteht, muss nicht ständig auf seine Willenskraft-Reserven zurückgreifen. Menschen, die ihre Pfunde langfristig loswerden konnten, hatten gelernt, ungesunde Lebensmittel komplett aus ihrem Haus zu verbannen.

Klingt das für Sie nach einem Reibungsproblem? Gepaart mit einem gewissen Maß an Erschöpfung (aka Ego-Depletion) und eingebettet in einen Hauch von Umfeld? Eine reibungsreiche Umgebung kann schlechte Gewohnheiten ebenso leicht verhindern, wie eine reibungsarme Umgebung sie fördern kann. Offensichtlich ist es genauso wichtig, die Versuchungen gering zu halten, wie ihnen zu widerstehen, wenn man ihnen begegnet.

Spielt Willenskraft dann also gar keine Rolle dabei? Schließlich sind auch Menschen, die ihr Gewicht halten, genau wie wir alle nur einen Mausklick von der Pizzabestellung entfernt.

Weiterführende Untersuchungen zeigen, dass Willenskraft sehr wohl eine Rolle spielt, aber nur, wenn sie richtig eingesetzt wird. Sie ist eine feine Sache, wenn es darum geht, kurzfristige Ziele zu erreichen, also Sprints einzulegen, aber für Marathonläufe ist sie völlig ungeeignet. Für langfristige Erfolge hat es sich bewährt, das eigene Umfeld umzustrukturieren. Den Lebensstil so zu verändern, dass man wenig Versuchungen ausgesetzt ist. Dann hat man genug Selbstkontrolle, um ihnen zu widerstehen, wenn sie doch einmal auftauchen.

Wenn Sie also der Ansicht sind, dass Sie sich nicht ändern können, weil Ihre Willenskraft nicht stark genug ist, sitzen Sie einem Mythos auf. Es ist viel komplizierter, als nur „Nein“ zu sagen. Wenn die Versuchung groß ist und oft genug an Ihre Tür klopft, haben Sie den Kampf schon verloren, bevor Sie überhaupt merken, dass er begonnen hat.

## Was Sie am Montag tun sollten

Unser Kapitel begann mit einer kurzen Zusammenfassung der Geschichte von Mike Mulligan und seinem Dampfbagger. Bestimmt erinnern Sie sich daran, dass Mike und seine in die Jahre gekommene Mary Anne vergessen hatten, eine Ausfahrrampe aus dem Keller zu bauen, den sie für das neue Rathaus aushoben. Deshalb steckte der Bagger in einem Loch fest und kam nicht mehr heraus.

Was ich Ihnen noch nicht erzählt habe, ist, dass die Geschichte damit endet, dass einer der schaulustigen Beobachter der Baustelle, ein aufgeweckter kleiner Junge, plötzlich eine Idee hat: Wenn Mike den Dampfbagger an Ort und Stelle zu einem Ofen umbauen könnte, wäre das Problem gelöst. Man könnte das Rathaus dann direkt über der umfunktionierten Maschine errichten – und Mike könnte dort sogar der Hausmeister werden!

Der Vorschlag des kleinen Jungen ist ein großartiges Beispiel dafür, wie man sich so an Veränderungen anpasst, dass sich Vorteile daraus ergeben. Mit den Ausführungen in diesem Kapitel wollte ich aufzeigen, wie diese Anpassung leichter wird.

Nun ist es an der Zeit für praktische Ratschläge. Ich habe Ihnen drei Wissenspakete zum Mitnehmen geschnürt:

*Paket Nr. 1: Denken Sie an die Macht der Reibung.*

Um Veränderungen herbeizuführen, müssen Sie Ihren Lebensalltag umsichtig gestalten. Erhöhen Sie in Ihrem Umfeld die Reibung für Gewohnheiten, die Sie ablegen möchten, und verringern Sie die Reibung für Gewohnheiten, die Sie kultivieren möchten. Denken Sie immer daran: Die Wahrscheinlichkeit, dass Sie das Popcorn essen, ist viel geringer, wenn es schwer zu erreichen ist, und die Wahrscheinlichkeit, dass Sie morgens joggen gehen, ist viel größer, wenn Sie in Sportkleidung schlafen.

*Paket Nr. 2: Denken Sie an die Macht der Belohnung.*

Um sich an Veränderungen zu gewöhnen, sollten Sie sich in kleinen Schritten belohnen. Erstellen Sie als Erstes eine Liste mit Belohnungen, die Sie (a) als angenehm empfinden und (b) schnell umsetzen können. Belohnen Sie sich selbst sofort, nachdem Sie Ihr Verhalten zu verändern begonnen haben. Gehen Sie dann mit der Zeit zu einem immer unregelmäßigeren Schema über. Falls möglich, verwenden Sie Formen der Belohnung, die mit der Aktivität verknüpft sind, die Sie kultivieren möchten (intrinsische Belohnung).

*Paket Nr. 3: Erkennen Sie die Grenzen der Willenskraft.*

Mühsame Selbstbeherrschung ist in der Anfangsphase der Veränderung zwar hilfreich, langfristig aber nur von begrenztem Nutzen. Sie sollten erkennen, dass die Anschauung „Willenskraft kann alles überwinden, was uns stört“ ein Mythos ist.

Formulieren Sie den Satz um in „Willenskraft kann *fürs Erste* alles überwinden, was uns stört".

Wenn Sie sich an diese Tipps halten, werden Sie es schaffen, alle notwendigen Veränderungen herbeizuführen – im Kleinen wie im Großen. Und wer weiß? Vielleicht ergeht es Ihnen am Ende so wie Mike Mulligan und seinem geliebten Dampfbagger. Barton beendet das Buch so:

> *Wenn du nach Popperville kommst, geh unbedingt in den Keller des neuen Rathauses. Dort wirst du die beiden sehen ... Mike, wie er in seinem Schaukelstuhl sitzt und Pfeife raucht, und neben ihm Mary Anne, die dafür sorgt, dass im neuen Rathaus niemand frieren muss.*

**VERÄNDERUNGEN**

**Brain Rule:** Für Veränderungen braucht es mehr als Entschlossenheit und Geduld.

- Menschen mögen keine Veränderungen, weil sie dadurch Gefahr laufen, die Kontrolle zu verlieren. Sie neigen zu der Annahme, dass die „neue Zukunft" schlechter als die „gute alte Gegenwart" sein könnte.
- Um eine Veränderung in Betracht zu ziehen und schließlich umzusetzen, benötigt Ihr Gehirn eine erhebliche Menge an Energie.
- Sie haben mehr Erfolg bei der Entwicklung neuer Gewohnheiten, wenn Sie sich sofort belohnen, nachdem Sie das neue Verhalten ausgeführt haben.
- Erhöhen Sie in Ihrem Umfeld die Reibung für schlechte Gewohnheiten, die Sie ablegen möchten – machen Sie sie „unbequem". Verringern Sie gleichzeitig die Reibung für gute Gewohnheiten, die Sie kultivieren möchten – machen Sie sie „bequem".
- Schaffen Sie zur langfristen Veränderung Ihrer Gewohnheiten ein System aus Reibung (für alte Gewohnheiten, die Sie ablegen möchten) und Belohnung (für neue Gewohnheiten, die Sie etablieren möchten). Willenskraft allein ist nur von begrenztem Nutzen.

# Schlussbemerkung

Am Anfang dieses Buches stand ein Gedankenexperiment: Wie würde das Gehirn auf Arbeitsumgebungen reagieren, die auf seine Bedürfnisse ausgerichtet wären? Mit Mike Mulligans Lektion aus dem 20. Jahrhundert, die wir gewiss auf unsere Zukunft im 21. Jahrhundert übertragen können, sind wir nun am Ende dieses Experiments angelangt.

Erinnern Sie sich an meine Aussage, dass Handschuhe fünf Finger haben, weil auch unsere Hände fünf Finger haben? Unternehmen täten gut daran, ergonomische Aspekte wie diesen zu berücksichtigen und das Arbeitsleben nach der kognitiven Form des Gehirns auszurichten, ob es nun um Macht, Kreativität oder den Umgang mit Stress geht – oder auch darum zu verhindern, dass Menschen bei PowerPoint-Präsentationen einschlafen. Ich hoffe, Sie können die Anregungen in diesem Buch nutzen, um Ihren Arbeitsplatz gehirngerecht zu gestalten.

Es ist in Ordnung, wenn Sie sich nicht an alle Einzelheiten meiner Ausführungen erinnern können. Das meiste lässt sich ohnehin auf eine einzige Sache reduzieren: Bei fast jedem Vorschlag geht es darum zu lernen, sich weniger ichbezogen zu verhalten. Für effektive Teamarbeit sollte man *nicht* das Gespräch dominieren und *niemanden* unterbrechen, wenn man selbst nicht im Zentrum der Aufmerksamkeit steht. Um eine effektive Führungskraft zu sein, sollte man seine Entscheidungen mit reichlich Empathie tränken, also ständig die Perspektive der anderen Menschen in die eigenen Überlegungen miteinbeziehen. Zum Konfliktmanagement gehört, dass Sie sich selbst aus Ihren eigenen Zwistigkeiten herausnehmen und sich quasi in eine dritte Person verwandeln, einen Kameramann, der den Konflikt von außen beobachtet, statt sich aktiv daran zu beteiligen. Die Forschung hat für diesen ganzen Egalitarismus einen schönen Begriff: *soziale Dezentrierung.* Bei der Neukonzeption des Arbeitsplatzes geht es hauptsächlich darum, sich eine der elementarsten Grundregeln ins Gedächtnis zu rufen, die Sie von Ihren Eltern vermittelt bekommen haben: Denken Sie mehr an andere als an sich selbst.

## Möchten Sie nicht mein Nachbar sein?

Wie Sie sich vielleicht schon gedacht haben, ist der Fernsehmoderator Fred Rogers einer meiner Helden. Zum Abschluss möchte ich Ihnen noch eine letzte Geschichte über ihn erzählen. Im Jahr 1997 wurde Fred Rogers bei der Emmy-Verleihung mit einem Preis für sein Lebenswerk ausgezeichnet. Man hätte ihm sicher verziehen, wenn er sich an diesem Abend selbst gelobt hätte, aber stattdessen zeigte seine Dankesrede, wie sozial dezentriert er tatsächlich war. Sie dauerte weniger als drei Minuten, aber das reichte aus, um den hartgesottenen Senderchefs, den ambitionierten Fernsehstars und den überarbeiteten Produktionsteams im Publikum Tränen in die Augen schießen zu lassen.

„Oh, es ist ein wunderschöner Abend hier in der Nachbarschaft“, begann Rogers und nickte dem Schauspieler Tim Robbins zu, der die Laudatio gehalten hatte. „So viele Menschen haben mir dazu verholfen, heute Abend hier zu sein. Einige von ihnen sind hier. Andere sind weit weg. Und manche sind bereits im Himmel. Wir alle haben ganz besondere Menschen, die uns ins Leben ‚hineingeliebt‘ haben.“ Das ausgelassen jubelnde Publikum verstummte plötzlich.

„Würden Sie sich mit mir zusammen zehn Sekunden Zeit nehmen und an diese Menschen denken, die Ihnen geholfen haben, zu der Person zu werden, die Sie sind?“, bat er. „Diejenigen, die sich um Sie gekümmert und sich das Beste für Ihr Leben gewünscht haben? Zehn Sekunden der Stille? Ich achte auf die Zeit.“ Er streckte den Arm aus, schaute auf seine Uhr und zählte schweigend zehn Sekunden herunter. Genug Zeit für die Kamera, diskret zu offenbaren, warum alle so still geworden waren. Die Menschen hatten Tränen in den Augen. Einige blickten wehmütig zu Boden, andere schienen sich an etwas Schmerzliches zu erinnern. Das Gehirn jedes Menschen machte für diese zehn Sekunden Platz für jemand anderen als sich selbst. Als die Zeit um war, beendete Rogers seine Rede so:

> *An wen auch immer Sie gedacht haben, wie froh muss diese Person über Ihr Gefühl sein, dass sie für Sie etwas bewirkt hat. Mein besonderer Dank gilt meiner Familie und meinen Freunden, meinen Mitarbeitern im öffentlichen Fernsehen ... dafür, dass sie mich all die Jahre ermutigt und mir ermöglicht haben, der Nachbar von Ihnen allen hier zu sein. Gott schütze Sie.*

Als der Applaus und die Jubelrufe einsetzten, hielten manche immer noch ihr Taschentuch in der Hand.

Dieser kurze Moment, diese magischen zehn Sekunden verdeutlichen alles, worauf es in diesem Buch ankommt.

Wenn Sie gerade die Möglichkeit dazu haben, sollten Sie zum Abschluss Ihrer Lektüre Rogers’ Aufruf folgen und zehn Sekunden der Dankbarkeit einlegen.

Anschließend sollten Sie ins Internet gehen und sich seine Rede selbst ansehen. Das ist mein letzter Vorschlag dazu, was Sie am Montag tun sollten, und glauben Sie mir: Es wird das Beste sein, was Sie an diesem Tag tun.

# Literatur

Das Literaturverzeichnis zu diesem Titel können Sie über unsere Internetseite nach erfolgter Registrierung abrufen.

Nutzen Sie dazu bitte den angegebenen Link und melden Sie sich nach den dort beschriebenen Schritten an. Sie können auf die Materialien über *Mein Konto* zugreifen, indem Sie unter *Meine Zusatzmaterialien* den Code eingeben. Sie werden dann automatisch in den Downloadbereich weitergeleitet.

Link: hgf.io/download
Code: **B-6XYAYE**

Wir empfehlen Ihnen, sich die Materialien auf Ihrem Rechner zu speichern, um sie jederzeit und dauerhaft nutzen zu können.

# Zehn Brain Rules für den Job

1. Teams sind produktiver, aber nur, wenn sie aus den richtigen Leuten bestehen.
2. Ihr Arbeitstag könnte sich ein bisschen anders darstellen und anfühlen als bisher. Planen Sie entsprechend.
3. Das Gehirn entwickelte sich in der freien Natur und denkt, dass es immer noch dort lebt.
4. Scheitern sollte eine Option sein – solange Sie daraus lernen.
5. Leader brauchen eine Menge Empathie und ein klein wenig Bereitschaft zur Härte.
6. Macht ist wie Feuer. Sie kann für warme Mahlzeiten sorgen oder Ihr Haus niederbrennen.
7. Berühren Sie Ihr Publikum emotional, dann haben Sie seine Aufmerksamkeit – zumindest für zehn Minuten.
8. Sie können Konflikte lösen, indem Sie Ihre Gedanken verändern. Ein Bleistift hilft dabei ungemein.
9. Ihr „Arbeitsgehirn" und Ihr „Heimgehirn" sind ein und dasselbe. Sie haben nur ein Gehirn, aber es funktioniert an beiden Orten.
10. Für Veränderungen braucht es mehr als Entschlossenheit und Geduld.

# Danksagungen

Ein herzliches Dankeschön an meinen Lektor Erik Evenson. Danke für die vielen erkenntnisreichen Ideen, lebhaften Diskussionen und den unerschütterlichen Optimismus. Es hat so viel Spaß gemacht, mit dir zusammenzuarbeiten!

Darüber hinaus danke ich Stephen Branstetter, Tim Jenkins, Ryan Mecklenberg, Margot Kahn Case, Katie Prince, Jenny Fiore, Greg Pearson – und meinem Teilzeit-Mentor und Vollzeit-Freund Lee Huntsman.

Außerdem möchte ich meiner verständnisvollen Familie drei Ehrenmedaillen für Toleranz verleihen: meiner Frau Kari und unseren Söhnen Joshua und Noah. Wir hatten das Glück, während der Pandemie zusammen an einem Ort sein zu können – aber dennoch musste da ein Buch geschrieben werden. Ihr drei habt es hingenommen, dass ich mich nach unten zurückzog, und wenn ich ab und zu bei euch oben frische Luft schnappte, wurde ich immer mit ziemlich cooler Musik, selbstgemachter Pizza und selbstgemachter Liebe empfangen. Ich bin dankbar, dass wir so viel gemeinsame Zeit in unserem Zuhause verbringen durften – eine letzte ausgiebige Wiederholung des familiären Rhythmus, den wir teilten, als wir alle noch viel jünger waren. Die Erinnerung daran werde ich für immer wie einen Schatz hüten.

# Über den Autor

Dr. John J. Medina ist molekularer Entwicklungsbiologe und befasst sich hauptsächlich mit den Genen, die an der Entwicklung des menschlichen Gehirns beteiligt sind, sowie mit der Genetik psychiatrischer Störungen. Seit vielen Jahren unterstützt er biotechnologische und pharmazeutische Unternehmen als Berater bei der Erforschung psychischer Erkrankungen. Darüber hinaus berät er Firmen anderer Branchen, darunter Apple, Boeing, Microsoft und Architekturbüros wie NBBJ, zu Fragestellungen aus den Bereichen Management, Bildung und Innovation.

Medina war Gründungsdirektor zweier Hirnforschungsinstitute und bekleidet eine Gastprofessur für Bioingenieurwesen an der Medizinischen Fakultät der University of Washington.

Neben seiner Forschungstätigkeit berät Medina die Bildungskommission der Bundesstaaten (Education Commission of the States) und hält regelmäßig Vorträge über die Zusammenhänge zwischen kognitiver Neurowissenschaft und Bildung. Für seine Lehrtätigkeit ist er mehrfach ausgezeichnet worden.

John Medina ist Autor zahlreicher Sachbücher, darunter *Gehirn und Erfolg: 12 Regeln für Schule, Beruf und Alltag* (2009), *Brain Rules für Ihr Baby: Wie neurowissenschaftliche Erkenntnisse helfen, dass Ihre Kinder schlau und glücklich werden* (3. deutsche Auflage 2022) und *Brain Rules fürs Älterwerden: Lebensfroh, vital und geistig fit bleiben* (2019) und hat außerdem in Zusammenarbeit mit einer Lernplattform aus Virginia einen 12-stündigen Kurs zur Einführung in die Neurowissenschaften entwickelt.

Ein Leben lang hat es Medina fasziniert, wie unser Gehirn Informationen aufnimmt und verarbeitet. Als Vater zweier Söhne interessiert es ihn, wie die Hirnforschung Einfluss darauf nehmen kann, wie wir unsere Kinder unterrichten.

In seinen Vorträgen gibt er sein Wissen an Politiker, Mediziner, Unternehmer und Vertreter von Schulbehörden und Non-Profit-Organisationen weiter.